BILLION DOLLAR LOSER

里夫斯・威德曼——著
Reeves Wiedeman
吳凱琳——譯

目次

數十年前，以色列國內開始出現帶有烏托邦主義色彩的集體社區「基布茲」。一開始居民形容社區特色是結合社會主義與猶太復國主義，最終目的是在全國各地建立自給自足的社區。基布茲居民會共同分擔育兒義務和專業責任，各自從事不同工作，但薪資相同。日後每當亞當回憶起在基布茲的生活，總是充滿感情。他創辦WeWork後曾說，那段歲月讓他學會某些寶貴教訓。他說WeWork是「資本家的基布茲，一方面這是個集體社區，但另一方面，我們強調要論功行賞。」

傑伊街六十八號的房東古特曼打算翻修大樓。亞當知道經營一家新創公司，房地產管理是相當棘手的問題，他告訴友人米格爾，他有個朋友成立一家公司，專門將大坪數辦公空間隔成更小單位，分租給小型企業。亞當問古特曼，是否願意將正在翻修的某個閒置樓層，改為經營辦公空間出租業務。古特曼決定讓亞當參觀他剛買下的另一棟大樓。之後他告訴亞當，寫好正式的商業計畫書後再來找他。當天晚上，米格爾熬夜撰寫商業計畫書，他決定將新空間取名為「綠色辦公桌」。

二〇〇九年秋季，亞當和米格爾結識了房地產業響叮噹的人物：喬爾・施萊伯。施萊伯問亞當和米格爾，他們認為自己計畫成立的這家公司值多少錢？雖然當時WeWork還沒有設立據點，隔天他們仍告訴施萊伯，WeWork值四千五百萬美元。施萊伯沒有提問、也沒有反駁，立即同意投資一千五百萬美元。有了他背書，亞當和米格爾的個人信譽大幅提升。後來有個朋友建議亞當，去勘察位在蘇活區的格蘭街一五四號大樓。到了十一月，他們與房東終於達成交易。翻修工程立即啟動。

亞當參與WeWork營運各個層面，不過多數時候負責扮演執行長角色，規劃公司願景、吸引潛在合夥人加入。有一天，亞當召集社群經理西蒙斯和一些員工，陪同一名潛在投資人參觀WeWork辦公空間，中途他詢問員工的年齡，西蒙斯和同事回說二十多歲。「看到沒？」亞當說，「我可以雇用大批年輕人，而且不用付錢給他們。」許多WeWork新進員工都是社會新鮮人，歷經經濟衰退後樂於接受任何類型的工作，而且渴望加入承諾將社交生活帶進工作場所的公司。

coworking 一詞是軟體工程師布萊德・紐伯格於二〇〇五年所創，他希望在單調沉悶的辦公室生活與孤單一人的自由工作之間，找到折衷方案。當年，紐伯格向舊金山教會某個女性主義團體租下空間，邀請其他自由工作者到這裡工作。二〇〇六年，梅西納、紐伯格、以及從事行銷工作的泰拉・杭特共同創辦「帽子工廠」，提供可長期承租的工作空間。此後，共同工作空間開始在全美各地興起。亞當說，在成立綠色辦公桌之前，他「從未看過其他共同工作空間」，但他懂得如何經營這份事業。

二〇一二年三月，亞當在夜店舞台上宣稱：「我們將會成為全球第一個『實體社群網絡』。」WeWork的業務與那些誕生於教會區或門洛帕克的科技公司，沒有多少相似之處，二〇一〇年代的科技帝國，運作模式都是建立具有「網絡效應」的平台，愈多新使用者註冊就愈有價值；WeWork則是將數棟大樓的辦公空間出租。但是打從WeWork成立之初，也就是米格爾沒能預見社群網絡興起趨勢、導致其語言學習網站錯失成長機會的十年後，米格爾和亞當就不斷強調，WeWork的經營理念是建立人脈網絡。

雖然亞當會對人大聲咆哮，但基本上是個很懂得鼓舞人心的領導人，不斷激勵WeWork員工為了美好的事業與未來財富，去突破個人極限。對WeWork來說，亞當塑造的氛圍和史蒂夫·賈伯斯散發的「現實扭曲力場」非常相似，這是蘋果員工創造的名詞，意思是賈伯斯擁有強大氣場，總是有辦法說服在現實扭曲力場範圍內的每一個人，讓他們相信完成不可能的任務不只有可能，而且正是他們要做的事。

投資人希望相信亞當能實現他的願景，其中有部分信心似乎是：他們寄望亞當能說服下一個投資者投入更多資金，這就是金融業所說的「比傻理論」。亞當向科技投資人報告時，會強調WeWork在房地產業能夠創造多少獲利；如果是面對比較傳統保守的金融業者，他就會強調WeWork擁有的科技實力。到了二〇一五年，亞當又想出了新的簡報賣點：WeWork是一家「社群公司」，屬於共享經濟的一部分。

二〇〇八年，亞當趁著房地產業景氣跌至谷底，創辦辦公空間事業。二〇一二年，他同樣在災難過後準備開拓新商機。那年十月珊迪颶風肆虐紐約，亞當想要將嚴重受創的某大樓中的五層樓作為WeWork辦公室，利用另外二十層樓成立新事業：WeLive。他計畫將這二十層樓改裝成擁有大面積公共空間的小坪數公寓房間，鼓勵住戶彼此交流。除了WeLive，亞當和米格爾在二〇〇九年製作的簡報中，還列出了WeBank、WeSail和WeConnect等事業單位，全部隸屬於「We品牌公司」。

眼看公司成本不斷攀升，亞當開始有些擔憂。他決定暫緩某些計畫，還說所有人都必須緊縮支出。亞當自己取消了高階主管星期一的燻鮭魚貝果早餐，「這有點好笑，因為貝果早餐的花費大概是八十美元，」一位偶爾需要幫忙買早餐的助理說。另外有不少人認為，亞當的行為根本是偽善。根據《紐約郵報》報導，紐曼夫婦雖然不久前放棄購買上東城價值三千九百萬美元的頂樓公寓，但還是買下位在威斯特徹斯特郡、價值一千五百萬美元的房產。

投資人簡報並非經過稽核的財務報表，即便軟體銀行團隊有疑慮，但他們不是房地產專家，很難去質疑WeWork的預估目標，或是過度強硬地阻撓孫正義的投資期望。某次雙方在東京開會，協商結束後孫正義送亞當離開，當時他對亞當說，無論他們採取什麼策略，「一定要讓公司規模成長十倍」。孫正義時常對他投資的公司這樣說，所以阿里巴巴的高階主管習慣稱呼他「十倍先生」。孫正義告訴亞當，WeWork雖然缺乏大批業務團隊、沒有進行任何行銷操作，依舊持續成長，但是亞當絕不能以此自滿。

在某次會議上，紐曼告訴兩位公關團隊成員，他相信WeWork對所有議題的影響力將會逐漸超越政府。「誰知道？」亞當說，「也許有一天我會成為美國總統。」當時房間總共有三個人，其中一名員工開口說，這房間內只有兩個人依法能參選美國總統，因為亞當不是在美國出生的。「那就成為全球總統！」紐曼開心地回道。員工通常很難知道，到底要不要認真看待紐曼說的話。不過亞當的野心確實愈來愈大，他曾對史黛拉・坦普洛說，也許哪天他想要坐以色列總理大位。

二〇一〇年代整體氛圍，正好鼓勵亞當遵從孫正義的指示行動。WeWork不計一切代價加速成長，完全符合當時在矽谷日益流行的成長策略：閃電擴張。這名詞是由領英共同創辦人雷德・霍夫曼所創造，他在隨後出版的同名著作中承認，閃電擴張概念看似違反直覺，「和傳統商業思維完全不同，但是有目標、而且刻意這麼做」。這個概念背後的邏輯是，不要太過擔憂困擾傳統企業家的風險與成本問題。目標是創造「閃電」成長，網絡效應是核心關鍵。

WeWork工程團隊對自己的工作相當引以為傲，但許多人直到後來才明白，他們的工作根本無助於公司建立護城河、形成實體社群網絡，更無法讓公司估值變得合理。「我們不想承認，其實沒有任何專案真正成功或是創造營收，」科技團隊某位資深經理說，「我們只是在花錢尋找聖杯。」如果WeWork無法透過工程團隊打進矽谷菁英圈，亞當只好動用孫正義的資金尋求突破。短短六個月內，亞當買下五家公司，包括一家程式設計學院，以及由柏魯克學院同學成立的行銷公司。

二〇一七年秋季，WeWork企業溝通團隊某成員，打電話給在教育學院擔任教授的一名朋友。他急需對方幫忙，原因是其團隊看到一則谷歌快訊，當下意識到事情大條了。某位住在翠貝卡的部落客披露一則突發新聞，表示該地區將出現一所新小學：「這是WeWork第一次嘗試投入教育事業；未來他們會在全球各地建立學校，培養具備覺知力的創業家。」主事者蕾貝卡沒有正式接受過教育相關訓練，但曾在自傳中提及「師事多位大師，拜入達賴喇嘛尊者與大地之母門下潛心修行」……

在WeWork，高階主管命運時常出現大逆轉，大家早已見怪不怪。戈梅爾加入後接下亞提．明森原本職務。此前曾有兩年，明森是房間裡的大人，是亞當的接班人，明森與亞當的關係，就如同臉書營運長雪柔．桑德伯格與祖克伯。但是關於WeWork未來發展方向，亞當和亞提一直爭執不下。亞當執意將WeWork定位成科技公司，對此亞提抱持懷疑。某次全體員工大會結束後，亞當沒有意識到他的麥克風仍然開著，所有員工都聽得到他說話，他在走下台時告訴麥可．葛羅斯：「我們必須讓亞提離開。」

員工逐漸發現，在WeWork工作都會經歷類似的週期。新進員工在最初六到九個月會情緒高昂，但隨後興奮感逐漸消褪；工作了十八個月後，就會覺得疲乏、理想幻滅，類似禁止吃肉的政策更是讓他們抓狂。這些員工會離開、被新人取代，然後相同過程不斷重複。許多員工開始覺得WeWork比較像邪教組織，而不是公司。亞當的佈道不斷吸引新崇拜者加入，讓公司能夠持續運作。「從企業經營角度來看，個人崇拜確實有效。」某位人力資源高階主管這麼告訴我。

18 WeWork婚禮……293
A WeWork Wedding

整個秋天，孔特瑞拉斯為了和未婚妻見面，不斷往返墨西哥市和德州兩地。偶爾和未婚妻吃飯時，他會用公司信用卡結帳。他常聽到亞當和其他高階主管說，這家公司就像個大家庭，所以他以為把未婚妻看作這個大家庭的一份子，應該不會有問題。WeWork發現了孔特瑞拉斯和未婚妻的餐費後，要求他把錢退還給公司。孔特瑞拉斯乖乖照做，還向公司坦承，自己早在幾個月前就經常用公帳付餐費。公司要求他立刻辭職。事後他才明白，他竟然相信WeWork真的是個大家庭，簡直蠢到不行。

19 堅韌計畫……311
Fortitude

雖然亞當曾在二〇一五年宣稱，WeWork不再需要任何私人投資，之後WeWork仍持續獲得投資人挹注超過五十億美元。儘管如此，到了二〇一八年，WeWork仍虧損近二十億美元，現金部位再度告急。孫正義和亞當開始擬定新投資方案，其規模達二百億美元。WeWork估值將因此超越四百億美元，大約是一年前軟體銀行要求的估值的兩倍。亞當可以繼續掌控整個公司、實現自己的願景，他個人帳面淨值也將突破一百三十億美元，從此躍升為名列前茅的全球富豪。新計畫代號為「堅韌」。

20 我們當中的我……333
The I in We

對於WeWork迅速崛起，舒瓦茲並不意外，他曾在金融業工作多年，這就是系統運作方式。每當亞當成功說服新投資人加入，隨著WeWork估值飆高，既有投資人的持股價值也跟著水漲船高，隨後投資人便拋售股票，將風險轉給下一個傻瓜。即使WeWork順利上市、首次公開發行股價大跌，亞當仍擁有大約五分之一股權，而且他持有的是優先股，可以比多數員工更早拿回自己的錢。「假設估值縮水到五十億美元，員工會虧錢，投資人慘賠。但亞當還是能保有十億美元身價。」

籌備首次公開發行，最重要的文件是簡稱S-1表格的公開說明書。早在二〇一八年底、也就是堅韌計畫確定腰斬後過沒幾天，WeWork就提交了第一版S-1給證券交易委員會，但它仍需要微調以確保能呈現WeWork最好的一面，同時通過證券交易委員會審核，並清楚說明大眾投資人應該注意的任何風險。例如WeWork就提到，公司業務會因「天然災害、公衛危機、政治危機或其他不可預期事件」受到不利影響。在WeWork內部，S-1的代號為「展翅翱翔」：有隻鳥兒振翅高飛，將鳥群拋在身後。

「大家對於WeWork首次公開發行，並沒有覺得特別興奮，」談到華爾街整體氛圍時，某位在大型投資基金公司工作的房地產分析師這樣說道。幾個月前，我還在撰寫〈我們當中的我〉這篇報導，當時這名分析師告訴我，他可以理解WeWork的業務確實大有前景，但實在看不懂它的估值為何這麼高。他實地參觀並認真研究WeWork使用的科技，但是直到離開時，依舊找不到能明顯區隔WeWork和其他競爭對手的差異。「這有可能是房地產業最重要的發明，」春天時他對我說，「也可能是最大的騙局。」

歷經多次討論，亞當同意讓步：他不再要求每股股票擁有二十票投票權，蕾貝卡也不再有權決定他的接班人。當天晚上，米格爾打電話給納斯達克高階主管，告訴對方WeWork準備在兩星期內上市。米格爾思考著，如何讓WeWork首次公開發行日變成有趣的活動。公司安排了路演，亞當和銀行家都會參與這次旋風式路演行程，爭取潛在投資人支持；他必須拍攝公司路演宣傳影片，未來路演每一站都會播放這支影片給投資人觀看。之前亞當就已經想好了影片主題和標題：陽光從未照射在我們身上。

如果說亞當領取十億美元離職金這件事，代表十年過剩與成長時代的最高潮，那麼席捲全球的新冠肺炎則終結了這個時代。紐曼創辦的事業，正好契合二〇一〇年代的經濟環境：運用大批新出現的自由工作者，填滿大片閒置的房地產，然後說服大型企業認同社群主義精神。但亞當從沒有成功建立他所承諾的人脈網絡社群。他的事業之所以成功，實際上是靠著將人們塞進更狹小的空間。但疫情爆發後這項特點變成了惡夢。各大城市實施封鎖令，會員不能進辦公室，WeWork仍強迫他們繼續付費，同時施壓自己的房東調降房租。

亞當要嘛被判刑入獄，要不就是成為百萬富翁。
——亞當·紐曼讀高中時的駕駛教練

前言
Prologue

二〇一九年四月十二日早上，亞當．紐曼（Adam Neumann）歡迎我到他的辦公室。他在即將卸任WeWork共同創辦人與執行長身分前，接受了幾次採訪，這是其中一次。過去幾年，WeWork總部不知搬了多少次，來拜訪紐曼的人都覺得很不可思議，他的公司竟然有辦法將員工塞進愈來愈小的坪數，但他自己的辦公室卻愈來愈寬敞。之前他的辦公室還可看到拳擊沙袋、大鑼或吧台，新辦公室已不見這些擺設，卻多了一間私人衛浴，裡面有三溫暖烤箱和冷水浴缸。我們坐在一張大圓桌前，如果是在WeWork最常見的玻璃隔間，大概放不下這張桌子。紐曼向我道歉，說他時間有限。「要在短時間認識一個人很不容易，」他對我說，「真實描述真相也是一樣。」

這次紐曼一如往常地遲到了，我也因此有時間四處參觀WeWork總部的主要樓層，它位在紐約市區內一棟六層建築物的頂樓，看起來就像一座辦公樂園。時間已接近中午，一位咖啡師正在為WeWork員工和一群面露微笑的訪客送上第二輪咖啡，這些訪客剛剛搬離同樣位在紐約市區的舊辦公大樓。寬敞的大廳內擺滿了明亮原色的沙發和低腳休閒椅、桌遊、撞球遊戲桌，還有三座遊戲機台，有幾位員工就站在這裡開會。

覆滿垂掛植物的抽風罩下方，有好幾台冷飲機輪流供應各種果汁，包括西瓜汁、鳳梨汁和哈密瓜汁，另外還有供應啤酒、蘋果酒、冷萃咖啡、碳酸飲料、梅洛（Merlot）紅酒、灰皮諾（Pinot Grigio）白酒、以及紅茶菌等飲料的水龍頭。公司還特地貼出一張公告，貼心向員工解釋，倒啤酒時玻璃杯要傾斜，才不會產生大量泡沫。員工看起來稚氣未脫，即使三十多歲的人都感覺自己已經是資深長者。在廚房其中一側，有好幾間像餐廳的小房間，可作為臨時開會用；另一側則擺放了幾張長桌，所有座位都是開放的。每個座位都有安裝感應器，只要有WeWork員工使用某個座位，數位系統就會顯示。

WeWork在全球擁有四百多個據點，這裡的裝潢設計只是其中一種版本。看起來員工都能在這空間裡完成工作，但是也不一定。整層樓空間擁擠，環境吵雜。音響系統大聲播放搖滾樂手藍尼・克羅維茲（Lenny Kravitz）的單曲〈遠走高飛〉（Fly Away）。你還會看到宣傳暢飲時段的招牌，慶祝最後一季《權力遊戲》（*Game of Thrones*）開播。

我終於等到紐曼現身。六樓後方的一排排長桌上，一些員工正用筆電工作，紐曼快步走過這一排排長桌，進入自己的辦公室，接著陪同三名企業家走到門口。紐曼身高六尺五寸（約一九八公分），比那三位企業家都來得高，房間內還有其他人。和紐曼工作關係最密切的高階主管每次面對他都戒慎恐懼，小心翼翼地應付他的野心。但是對於其他人，例如聽完他鼓舞人心的演講大受激勵的員工、樂於滿足他房地產投資欲望的房東、還有渴望順勢搭上下一艘太空船的投資人，紐曼已成為千禧世代預言家，他代表了新工作模式、新生活型態，他一邊將垂落的頭髮往後撥，一邊向大眾宣揚他認為未來將會成真的各種浮誇宣言。

WeWork的核心業務其實很簡單。租下空間，重新隔間，然後分租出去；這些隔間由於設計充滿時尚感、服務有彈性、定期舉辦暢飲時段等特色，所以收費比較高。雖然陸續有其他競爭對手出現，但最後全黯然退出市場，他們提供的服務幾乎沒什麼特色，只想著套利：長期租賃，短期出租，賺取價差。WeWork和其他公司之所以不同，除了實體空間多得驚人、地點遍及三十多國，還有一點就是，紐曼於於公司未來發展一直懷抱著遠大願景。很明顯，WeWork其實就是一家房地產租賃公司，只不過紐曼極力否認，一直堅稱WeWork是一家高科技新創公司、是個社群網絡平台、是一間「社群」（community）公司、是個致力重塑社會的組織。「我們之所以在這裡，是為了改變世界，」紐曼說。「我只關心這件事。」

• • •

WeWork創立九年以來，每位紐約房東、投資人和產業巨頭，都能說出一段紐曼的故事：召開商務會議時總要來上幾杯龍舌蘭酒。我們碰面時，紐曼通常是穿著運動鞋、黑色牛仔褲、灰色T恤，試圖表現得若無其事，他向一位助理要了一杯加了檸檬與生薑的熱水。五個月後，發生了令他猝不及防的事件，他赤腳走在紐約街上，雖然爆發了美國商業史上最難堪的公開發行申報，他仍試圖力挽狂瀾，希望繼續掌控自己的公司，但幾天後他就答應接受十億美元離職金，離開他創辦的這家公司。只不過後來（由於新冠疫情爆發）人們變得不再需要高密度辦公空間，前述離職金方案跟著破局。

如果紐曼能夠意識到他被迫下台的種子早已種下、開始發芽成長，就不會感到恐懼。「我們的發展軌跡和亞馬遜（Amazon）一樣，」紐曼對我說，當時他的辦公桌上放著一顆神奇八號球（Magic 8 Ball）[1]，「只不過我們的市場更大、成長更快。」

紐曼不只一次這樣自誇，但他總是有辦法帶著滿腔熱情說出這些罐頭訊息，讓每個人感覺這是專門為他們量身打造的說詞。到了二〇一九年，每位野心勃勃的新創公司創辦人（還有其他類型的創辦人嗎？），在介紹自己的事業時，都會盡力讓人們相信，他們創辦了一間有能力改變世界的全球化企業巨獸。但只有特別自大傲慢的人才會說：未來某一天，他會從後照鏡裡盯著傑夫·貝佐斯（Jeff Bezos）。「我們現在的業務只是起點，就像當初亞馬遜以賣書起家，」紐曼說，「他們從銷售書籍開始，到後來什麼都賣。我們則是從工作使命（work mission）開始，擴大到更大範圍的類別。」什麼類別？「更大範圍的生活類別。」WeWork才剛宣布在南非約翰尼斯堡設立新據點，事業版圖正式擴張到第六洲。「我們進入非洲市場，並不是因為認為那裡有很大的成長機會，」紐曼對我說。他強調，之所以決定在南非設立據點是出於責任，他說他清楚知道，「我們會如何影響一個國家的國內生產毛額（GDP）、如何影響當地就業機會。」

他宣稱自己有能力讓整體經濟依照他個人的意志發展，以一個即將慶祝四十歲生日的創業家來說，這樣的宣告似乎有些厚臉皮。不過，紐曼如此自信滿滿，確實有他的理由。WeWork已成為紐約市最大的辦公室承租戶，在倫敦則是排名第二，僅次於英國政府。WeWork滿足了某種想望，特別是對年輕工作者來說，他們極度渴望找到更能幫助他們實現夢想的辦公空間，但是上個世代習慣的辦公隔間無法滿足他們的需求。過去十年，WeWork的營收幾乎每年成長兩倍，這段期間紐曼總計募得超過一百一十億美元的資金，其中絕大多數來自日本科技巨頭軟體銀行（Soft Bank）創辦人孫正義，他是全球少數野心大過紐曼的企業領導人。二〇一七年孫正義首次投資WeWork，其中有部分資金來自願景基金（Vision Fund），這支創投基金規模高達一千億美元，幕後最大金主是沙烏地阿拉伯政府。孫正義在二〇一〇年代末期投入空前鉅額資金，企圖重塑全球各大產業，包括：投資優步（Uber）七十七億美元、投資遛狗應用程式開發商三億美元、投資披薩製造機器人廠商三．七五億美元。孫正義確信，在規模達二百兆美元的全球房地產市場，WeWork是唯一有能力顛覆市場遊戲規則的企業，他尤其看好紐曼的能力。二〇一九年一月，就在我採訪紐曼的幾個月前，軟體銀行再度注資，WeWork的理論估值衝上四百七十億美元，在全

1 譯註：神奇八號球是美國占卜玩具，外型和撞球的八號球相似，其中一面有三角形窗口，會顯示二十種解答。玩法是先向神奇八號球問一個問題，然後搖一搖，看看三角形窗口出現什麼答案。

美最有價值私人新創公司中排名第二。WeWork買下羅德與泰勒百貨公司（Lord & Taylor）位在曼哈頓的旗艦大樓，計畫日後作為公司總部。這項交易正好反映了二〇一〇年代的經濟轉變：剛崛起的市場新進者在中東石油資金挹注、科技持續突破、以及強烈渴望建立企業帝國等因素驅使下，大舉併吞傳統企業。

紐曼在辦公室裡翻出他和共同創辦人米格爾．麥凱爾維（Miguel McKelvey）在二〇〇九年合力製作的簡報，當時WeWork第一個辦公空間還沒開始營運。簡報中列出許多以We品牌命名的相關事業單位，例如WeBank、WeSail等等。「這樣清楚易懂，」紐曼提到早期設定的願景時說道。就在這次採訪的幾個月前，WeWork將品牌名稱改為We Company，其中包含三個各自獨立的事業單位：WeWork、WeLive，以及WeGrow。品牌名稱上方寫著全新的使命宣言：「提升全球覺知。」我對紐曼說，當我告訴其他人這句口號，他們的第一個反應通常是問：這到底是什麼意思？「這是好事，」他說，「如果他們只是問：『這是什麼意思？』這話題就太普通了。看來我們達到目的了！」他說，每個事業單位的最終目標是要讓這世界變得更好，但過程中需要投入大量資金。WeWork的使命是幫助人們「創造人生，而不只是賺錢謀生」。WeLive專門出租擁有寬敞公共空間的微型公寓房間給房客，希望能減少孤獨感與自殺案，「再也沒有人感到孤單。」至於最新的投資事業WeGrow，是由紐曼的太太蕾貝卡（Rebekah）負責經營的一所小學，每年學費最高可達四萬二千美元，目標是「發揮每個人的超能力」。

我問紐曼，超能力是指什麼。「改變，」他說。「這是人類擁有的最強超能力。」他說擁有這項能力後，就能夠「獲得所有超能力」，接著他問我有沒有看過電視劇《超異能英雄》(*Heroes*)。二〇一〇年WeWork剛成立時，這齣電視劇正好在全國廣播公司（NBC）播出最後一季，劇情主要是描述一群凡人發現自己突然間具備了不同能力，例如：心電感應、預知和飛行能力。紐曼認為自己很像劇中某個角色：「有個角色非常強大，能夠獲得所有超能力。」事實上，該劇中有兩個角色都擁有這種特殊天賦。其中一個是連續殺人犯賽雷（Sylar），他會奪取他謀殺的受害者所具備的能力；另一位是主角彼得．佩特里（Peter Petrelli），他會吸收周遭人物的能力，等到他變得足夠強大，體內蓄積的能量足以摧毀整個紐約市。

• • •

「你今天來這裡的目的是什麼？」採訪接近尾聲時紐曼問我。「你是想要聽到好消息？還是壞消息？」二〇一〇年代後半段，我在《紐約》(*New York*)雜誌擔任特約撰稿人，寫過好幾篇文章探討新創經濟如何變得扭曲。像是某個饒舌歌詞網站企圖「為整個網路寫註解」；龐克雜誌《Vice》期望成為「新一代CNN（有線電視新聞網）」；共乘公司優步堅稱自己不只是一家提供共乘服務的企業。二〇一七年春季，我造訪了優步總部，當時特拉維斯．卡拉尼克（Travis Kalanick）因為不計後果想要快速取得全球主導地位，得到了教訓。感覺多數新創公司想不到什麼有價值的目標，現在有一家在紐約成立的辦公空間管理公司，仿效那些宣稱要改變世界的矽谷新創科技公司，懂得如何虛張聲勢。

WeWork成立之初時機正好，二〇一〇年代初期市場充滿希望，但是到了二〇一〇年代末期，市場卻逐漸崩壞。WeWork借用歐巴馬的理念「是的，**我們**一定做得到」(Yes, we can)，向那些在後衰退期進入職場的千禧世代工作者承諾，WeWork的使命是要建立社群。紐曼自己是大學中輟生，也是移民，差點被迫離開美國，曾經創業失敗。但是憑藉著勇氣、運氣、魅力、冷酷、絕佳時機、以及膽大妄為等原因，他一舉躍升為全球首富，這裡指的是紙上財富；他甚至成了美國英雄，同時獲得兩黨支持。和其他創業家相比，紐曼更懂得如何緊密結合靈性與商業兩大要素，兩者的界線在二〇一〇年代已逐漸變得模糊，全世界開始大力追捧自二〇一一年史蒂夫・賈伯斯（Steve Jobs）離世後，逐步嶄露頭角、如救世主般的新世代創業家。「過去十年是我的十年，」紐曼說，「現在這十年，是**我們**的十年。」紐曼把自己當成了賈伯斯接班人。

隨著歐巴馬時代落幕，紐曼眼看著自己的好友傑瑞德・庫許納（Jared Kushner）跟隨岳父進入白宮[2]。他倆第一次碰面時，庫許納還只是一個紐約房東，看起來有些孩子氣。一夕之間，言行浮誇、領導風格獨斷、與現實脫節等特質，成為攀向權力頂峰的必要資產。紐曼個人和他的公司總有辦法取得便宜資金，有了創投業者挹注大筆資金，創業家自然願意大膽冒險，他們相信只要憑藉個人企圖心，對外宣稱公司掌握了足以顛覆新產業的科技力量（但不需要確切說出是哪種科技），就能夠創造新財富。例如新創公司創辦人伊莉莎白・霍姆斯（Elizabeth Holmes）也曾受到外界大力讚揚，後來卻遭媒體揭穿根本是個詐欺犯，空口承諾療診公司（Theranos）不可能達成的目標〔3〕。試算表不再重要，狂妄自大才是王道。

WeWork員工非常清楚公司如何成長到如今規模，他們緊盯著療診公司的後續發展，心裡愈來愈不安，因為向來正向樂觀的WeWork企業故事開始出現漏洞。不論用哪種標準來衡量，軟體銀行的投資金額確實相當驚人，身為紐曼首席顧問與企業導師的孫正義，在二〇一八年底再度簽訂金額更龐大的投資案，繼續支持WeWork，不過長達十年的經濟熱潮此時已開始出現衰退跡象。二〇一八年WeWork投入鉅資，在全球各地大肆擴張，導致當年虧損將近二十億美元，甚至連員工也不太清楚，當他們說他們「正在努力提升全球覺知」時，究竟在講什麼。過去十年紐曼一直在和時間賽跑，他成功搭上美國史上歷時最長久的經濟擴張期，每當有人質疑他的成長策略過度冒險，他總是辯解說，自己從來不會依照傳統商業規則行事：他在經濟大衰退後創辦了

2 編註：傑瑞德・庫許納是唐納・川普的女婿、伊凡卡・川普的丈夫。

3 譯註：療診公司是伊麗莎白・霍姆斯創辦的血液檢測公司，號稱只要透過一滴血，便能檢測兩百多項健康指標，公司估值一度高達九十億美元，但事後證明這是一場「世紀大騙局」。此事件可參閱《惡血：矽谷獨角獸的醫療騙局！深藏血液裡的祕密、謊言與金錢》（*Bad Blood: Secrets and Lies in a Silicon Valley Startup*）。

WeWork，目標是在下一次大衰退來臨前，讓WeWork成為一家大到不能倒的企業。

如今到了十年熱潮尾聲，紐曼必須加速跑向終點。WeWork的資金即將用罄。紐曼已經花光私募資金，累積了數億美元債務。他準備讓WeWork公開上市：這是讓公司持續成長的唯一可行辦法，而且正好可利用他和WeWork員工聯手打造的辦公空間事業，趁機大賺一筆。紐曼非常善於利用後衰退期經濟熱潮進行操作，隨著公司股票上市日期逐漸逼近，他最大挑戰在於：能否讓公司如期上市。

「在你提問前，我們得先設定好目的是什麼，」就在我要提出最後一個問題時，紐曼在他的辦公室對我說。「你提問的目的，應該是要讓讀者有機會獲得某些東西，讓他們成長。你可能需要花幾秒鐘想一下。」我暫時打住，然後想到過去一直困擾著我的某件事。這些年WeWork大肆搶占各地房地產，跨足不同的生活類型市場，但是紐曼建立的社群看起來更像一座孤島，極力排除、而不是包容其他世界。他喜歡將WeWork稱為「實體社群網絡」，以此向他希望仿效的科技公司致敬，過去十年那些科技公司已成為新時代的完美典範，卻沒有想到雖然他們為人類社會帶來正面影響，但是也帶來不小傷害。我問紐曼，他是否會擔心自己建立了一個獨立於周遭世界的反烏托邦WeWork，只有少數人獲益，例如他自己，但是對其他人卻有害無益。「這是個好問題，你在壓力下表現得很好，」紐曼說。他相信公司的定位是創造正向改變。「不要把它想成是WeWorld，不妨想成是Powered by We，」他說，「就把它想成是我們內部所稱的WeOS。這是一套作業系統，可以讓工作更有效率、生活更美好。」他希望和我分享未來一年的新企業理念：「專注於開發**我們**的無限潛力。」

紐曼起身和我一起走到門口。「在我們聊天的過程中，我看到了你的改變，只是讓你知道一下，」他說道，站在一旁盯著我看。「你同意我說的，你可以設定目的。我的意思並不是說你看不出問題。」他說，當我花更多時間研究他的公司，如果有任何問題，他很樂意再和我聊聊。「現在我們更了解對方，我希望我們能建立長久的關係，」紐曼說，「我估計會在這裡待上一段時間。」

1

資本家基布茲 Capitalist Kibbutz

亞當．紐曼小時候時常跟著家人四處搬家，在他二十二歲前往紐約之前，總共搬了十三次。青少年時期，亞當和母親、妹妹一起住在以色列，當時他跟著一位駕駛教練上課。亞當就和其他青少年一樣，總希望能掌控自己的命運，一輛車可以帶給一個人渴望擁有的控制權。亞當的母親艾薇特（Avivit）會花時間在加薩走廊東側寧靜的沙漠道路上教導他基本駕駛技術。高中即將畢業前，亞當開始跟著艾瑞．埃根費爾德（Arie Eigenfeld）學開車，當時埃根費爾德在卡法薩巴（Kfar Saba）小鎮開設了駕駛訓練班，卡法薩巴就位在紐曼一家人定居的台拉維夫（Tel Aviv）北方。

不久之後，埃根費爾德就看出亞當和其他同學很不一樣。亞當在十一年級時轉學到後來畢業的高中，同學還記得第一天上學時，亞當看起來有些害羞，不過從此之後他們再也沒見過亞當流露出害羞表情。當時亞當留著長髮，偶爾會跟老師聊天，和高年級學生約會。二十多年後，一位同學還記得，有一次亞當穿越走廊經過一群女生身邊，所有女生同時轉頭，眼神追隨著亞當的腳步移動。埃根費爾德也很喜歡亞當，但是他擔心亞當太有魅力，他完全是為了亞當好。埃根費爾德看著亞當手握方向盤、開著快車，當時他便斷言，紐曼的未來只有兩種可能。「亞當要嘛被判刑入獄，要不就是成為百萬富翁。」

亞當並非天生就是個充滿自信的高中生。他的母親艾薇特和父親多倫・紐曼（Doron Neumann）是在本古里安大學（Ben-Gurion University）醫學院相識的，艾薇特後來成為腫瘤科醫生，多倫則成為眼科醫生。兩人在一九七八年結婚，一年後二十二歲的艾薇特在沙漠城市貝爾謝巴（Beersheba）生下亞當。亞當覺得自己的家鄉實在太不起眼，因此多年後當WeWork員工建議在貝爾謝巴成立辦公室時，他斷然否決。亞當說，貝爾謝巴「就像垃圾堆一樣」。

亞當常形容自己經歷了一段艱辛困苦的成長歷程。（他的曾祖父在一九三四年從波蘭移民到以色列，但是沒有成功說服其他十個兄弟姊妹同行，直到最後一切都太遲了。）紐曼家族不斷遷移到不同的沙漠城市，後來搬到台拉維夫郊區，亞當被迫跟著家人過著遊牧般的生活，一次又一次以新來同學身分，貿然闖入完全陌生的社群。在學校，他總是態度冷淡，沒有人注意到他有閱讀障礙，直到上了二年級他的祖母帶他吃午餐，才發現原來他看不懂菜單。他很會呼攏老師或是哄騙其他人去做他需要他們做的事。就在這時候，他父母的婚姻出了問題，亞當和雙親的關係也開始陷入緊張。艾薇特常帶著亞當和他妹妹艾狄（Adi）去她工作的癌症病房。「他常常看到別人受苦，」艾薇特後來告訴一家以色列出版公司說，「我沒有刻意對他們隱瞞疾病的痛苦。」長時間待在醫院會讓人身心俱疲，某天晚上艾薇特下班後，在女兒床邊朗讀白雪公主童話故事時，女兒突然脫口而出：「白雪公主肝臟有腫瘤，被送到安寧病房。」

就在艾薇特和多倫結婚十週年紀念日的兩星期前，兩人離婚了。亞當後來形容這是他一生中最難熬的時刻。他母親拖著他和妹妹四處搬家，他對母親也愈來愈不滿。艾薇特離婚後，由於需要在印第安納波利斯（Indianapolis）接受住院醫師培訓，便帶著兩個小孩搬到該地。原本處境已經相當艱難的亞當，又得重新適應環境，這次他面對的是全然陌生的國家，他完全不會說這個國家的語言，美國政府還將他們家族姓氏的最後一個字母n刪掉。「他因此情緒崩潰，」艾薇特形容她兒子當時的情況。

在印第安納波利斯生活期間，艾薇特曾帶著亞當去拜訪一位兒童精神科醫生，醫生送給亞當一支閃光魔法棒。亞當一直問說，媽媽什麼時候會和爸爸復合？「只要在你爸媽身邊揮舞魔法棒三次，他們就會破鏡重圓，」醫生說。亞當對醫生說他不相信魔法，精神科醫生回答說，既然如此，為什麼還要死抱著幻想不放？「我們接受了八次療程，他就像重生一樣，完全不用吃藥，」艾薇特後來說道。但是在印第安納波利斯生活期間，紐曼一家人並不快樂，因為他們只能依靠艾薇特微薄的薪水過日子。後來亞當開始擔任送報員，他堅持將一半的薪水交給母親，支付他應該負擔的房租。

在印第安納波利斯生活了兩年後，他們三人在一九九〇年搬回以色列，在尼爾阿姆（Nir Am）定居，這座小鎮位在種滿椰棗樹與石榴樹的岩漠區，與加薩走廊相距約一英里（約一．六公里）。

尼爾阿姆是一座基布茲（kibbutz）社區。數十年前，以色列國內開始出現這種帶有烏托邦主義色彩的集體社區。一開始居民自己形容，這些社區的特色是結合社會主義與猶太復國主義，最終目的是在全國各地建立自給自足的社區。基布茲居民會共同分擔育兒義務和專業責任，各自從事不同工作，但薪資相同。

雖然轉換到更為平等的生活環境，亞當還是很難交到朋友。在基布茲社區，多數小孩在出生後就一直留在當地生活，所以亞當第一次來到社區時就遭到霸凌。為了融入當地社區，亞當也做過不少努力，最後卻功敗垂成。有一天他邀請幾個小孩到家裡，打算用家中錄放影機看電影，但是回到家後卻發現，他母親為了讓一名癌症病患開心，早就把錄放影機搬到醫院去了。

不過日後每當亞當回憶自己在基布茲的生活，總是充滿濃厚感情。後來他開始結交朋友，逐步邁入青少年時期，他想起小時候曾經把頭髮綁成馬尾，直接跳入社區游泳池中裸泳。但是他也強調，當時尼爾阿姆的烏托邦理想主義部分核心已開始腐爛。在尼爾阿姆社區，有人耕種作物、採摘柑橘丁香、或是為乳牛擠奶，不過主要產業是生產銀器。亞當觀察到，有人一天工作長達十六小時，負責管理銀器工廠營運，確保基布茲社區持續順利運作；但是幫忙照顧基布茲社區花園的人，工作時數卻只有前者的一半。「我知道兩個人的薪水是一樣的，」亞當後來說，「但這完全沒有道理。」在此之前，亞當的生活動盪不安，歷經父母離婚、四處搬家，內心缺乏歸屬感，直到有一天他發現某個社區能填補他生命中的某些空缺，結果卻又事與願違。亞當和他母親、妹妹只在尼爾阿姆短暫生活了幾年，後來亞當創辦WeWork，他曾說在尼爾阿姆生活的那段歲月，讓他學會了某些寶貴教訓。他說WeWork是「資本家的基布茲，一方面這是個集體社區；但是另一方面，我們強調要論功行賞。」

• • •

出乎所有同學的意料，高中畢業後，亞當進入以色列海軍學院（Israeli Naval Academy）就讀，這所軍官訓練學校通常要求學生至少服完六年兵役，而不是一般要求的三年。亞當的同學還記得，他是個能力頂尖的海軍士兵，但似乎把軍官學校當作一場遊戲，時常違反規定，只做他想做的事情。有一位同學提到，亞當在沒有獲得授權的情況下，和他妹妹一起接受電視採訪，結果受到斥責，當時他妹妹贏得全國模特兒大賽，成了家喻戶曉的名人，亞當也跟著變得小有名氣。「每個體制都應該有一個亞當，」紐曼的一個同學說，「這樣人生才更有趣味。」

亞當自軍官學校畢業後，被派到部署於以色列北部海港海法的飛彈快艇上服役，但是役期屆滿前他就離開了。後來亞當會根據不同觀眾喜好，使用不同說詞描述他在海軍的服役生涯，創業初期他告訴WeWork員工，他就是個勢利小人，雖然身材高大卻申請去海軍服役；另外有一次亞當和一群朋友在西村某家時尚夜店喝酒時誇耀說，自己曾負責指揮駐防在波斯灣的軍艦。

搬去紐約有許多好處，其中之一是你想要怎麼說故事都行。艾狄已經搬去紐約，追求她的模特兒生涯，她三不五時就會打電話給亞當，懇求他去紐約。亞當在九一一恐怖攻擊事件發生後不久抵達曼哈頓，當時他根本不知道自己想要做什麼。但是艾狄已經成功建立了自己的模特兒事業，還曾登上俄羅斯版《時尚》（*Vogue*）和西班牙版《她》（*Elle*）雜誌的封面。艾狄在翠貝卡區（Tribeca）租下一棟十五層公寓大樓的頂樓，翠貝卡區位在世貿中心遺址「原爆點」（Ground Zero）北方，兩地相隔十個街區。她讓哥哥搬過去和她同住，不收房租。祖母則幫亞當支付曼哈頓柏魯克學院（Baruch College）的學費，二十二歲的他成了大一新鮮人。

亞當抵達紐約後，就急著想要建立新生活，但同時他又得再次適應新的文化。某一天，亞當赤腳走到充滿波希米亞情調的東村聖馬克廣場（St. Marks Place），進入一家菸具館購買大麻菸管，他的一位紐約朋友知道後，完全不知該如何反應。在亞當和他妹妹居住的公寓大樓，坐電梯時沒有人會聊天，這一點讓亞當非常反感。以色列人如果需要某樣東西，一定會毫不猶豫地去敲鄰居大門，但是在紐約，亞當幾乎不認識任何新鄰居。「只有美國人會這樣？還是一般人真的不想說話？」他問妹妹。艾狄試著解釋，有時候人們只是希望在一天結束後，能保有少許不受打擾的安靜時刻，但亞當無法接受這樣的說法。他說服妹妹和他比賽，兩個人用一個月時間，盡可能認識更多鄰居，比賽衡量標準是他們能不能自在地去敲鄰居大門，向對方要一杯咖啡，或是提出更大的請求。最後艾狄贏了這場比賽，「因為她是超模，」亞當解釋妹妹具備這項優勢，但是他沒有；

不過亞當依舊宣稱自己獲勝。自此之後，這幢公寓的氣氛變得更為友善，住戶會替新鄰居舉辦歡迎會，如果有住戶要搬走，其他人也會準備禮物送行。

這次比賽激發了亞當的靈感。當時創業課程日漸受到歡迎，柏魯克學院也開設了相關課程，亞當正好是第一批有機會選修這些課程的大學生。後來亞當決定參加校園創業競賽，他的提案是成立一家專門經營公共公寓的房地產公司，目的是鼓勵人們走出原來的住家，進入公共空間。但是他在第一輪就被淘汰，因為某位教授認定他的構想不切實際。教授說，即使亞當知道如何勸誘人們放棄個人空間，他也不可能取得足夠資金，顛覆紐約市的住宅房地產市場。

亞當依舊對學業不感興趣，但是他把紐約當作一間大型生活教室。依據他日後的說法，他會和保安人員或是「在城市裡遇到的每位女孩搭訕」，藉此磨練談判技巧。（亞當說，他的課堂作業多數鎖定「女性研究」主題。）在紐約各大酒吧和夜店，亞當和妹妹永遠是眾人矚目焦點。艾狄在模特兒界已經闖出一片天，兄妹兩人時常參加各大品牌服裝秀，或是出現在報紙社交版照片中。紐曼一家人住在以色列的時候，宗教並非日常生活的重要元素，但是亞當和妹妹後來加入了蘇活區猶太教堂，這是一間以宗教為主的社交俱樂部，目標是成為「全球第一間呈現休閒酒吧風格的聖所」，希望吸引崇尚流行的年輕群眾加入。（他們在聯絡表單上註明的年齡區間為二十一至三十八歲。）紐曼兄妹位在翠貝卡的公寓，後來成了熱衷追逐名利的以色列年輕人的聚會場所，俊男美女們來來去去，每天晚上忙著在各地狂歡派對之間趕場。

但不論是公寓或是名氣，大部分都屬於艾狄所有，亞當仍在絞盡腦汁想著如何建立自己的地位，不再依附妹妹。他告訴一些朋友，他可能會嘗試當模特兒，不過大家印象最深刻的是，亞當會一直待到夜晚結束，逢人便誇耀說自己如何努力實現駕駛教練的預言，在短時間內迅速致富；又或是心灰意冷地感嘆自己一文不名，以後大概也很難翻身。

隨著時間流逝，熱愛跑趴的亞當年紀也愈來愈大。經過前一晚狂歡後，每次醒來都感到胃不舒服，但不是宿醉。就在亞當搬到紐約兩年後，一位從以色列來的朋友去拜訪他，想要了解他在紐約的生活情況，當時這個朋友問他，紐約生活帶來的快樂，是否足以彌補遠離家人和家鄉的缺憾。隔天早上亞當醒來，決定做出改變。他下定決心，要創辦自己的第一份事業。

• • •

二〇〇〇年代初期，九一一恐怖攻擊事件和網際網路崩盤留下了歷史傷痕；到了二〇〇〇年代中期，新經濟自這兩大事件殘留的廢墟中崛起。YouTube開始提供串流影音服務，柏魯克學院學生受邀登錄臉書（Facebook）。面對新的環境轉變，亞當做出了決定。他認為如果要創業，專門生產能夠轉換為平底鞋的女性高跟鞋，最有可能成功。他的想法是，所有像他妹妹一樣的女性或是他所研究的女性，都能穿著這雙鞋四處參加試鏡，又不會被翠貝卡街道上的鵝卵石絆倒。後來他形容，這個概念就好比「《飢餓遊戲》（*Hunger Games*）遇上《慾望城市》（*Sex and the City*）」，不過實際完成的高跟鞋比較偏向前者。但是當他收到第一雙高跟鞋樣品，卻發現折疊功能的結構設計太鋒利，差一點割傷員工手指。

接下來一個月，亞當焦燥不安，不斷思考「這雙危險女鞋」究竟是哪裡出了問題。某天晚上他和朋友外出，其中一個人開玩笑地問說，為什麼嬰兒服沒有護膝。嬰兒在硬木地板上爬行時，難道不覺得痛嗎？第二天早上，亞當立刻為新公司註冊商標，取名為「趴趴嬰兒服」（Krawlers），他將英文單字的c改成k[1]，「這樣才夠酷，」後來他說。他還加了一句標語：「雖然他們沒有告訴你，但不代表不會造成傷害。」

亞當開始全力投入趴趴嬰兒服事業，辦公地點就在艾狄的翠貝卡公寓。他的第一筆創業種子資金十萬美元（約台幣二百八十萬元）來自祖母贊助（艾狄個人也投資了數千美元）。雖然柏魯克學院的同學並不看好，亞當還是成功說服了一位教授親自飛到中國，尋找供應商。他們找到了一家工廠願意接單，但是後來收到的樣品設計卻慘不忍睹。鈕扣造型尖銳，很容易刺傷；褲管太長、太鬆垮，護膝尺寸和隔熱手套一樣大。亞當介紹新產品時，經驗老道的零售商懷疑，是否有必要為了只有幾個月的嬰兒爬行期，特別增加護膝功能，更別提那些照顧過小孩的人。不過，亞當在

1 譯註：crawler的意思是「還沒學會走路、只會爬行的嬰兒」。

柏魯克學院念書的時候，就已經是大家公認的簡報達人，在他選擇創業的嬰兒服飾產業，他自己就是某種獨角獸：在嬰兒服飾貿易展現場，一名單身、沒有小孩的二十多歲男子坐在桌前，旁邊有一群人排隊等著聽他簡報：「我們的世代不會接受自己的小孩在地上爬行，導致膝蓋受傷。」

後來亞當經常利用創辦趴趴嬰兒服的經歷自我宣傳：這是一則關於年輕創業家如何想出瘋狂點子的精彩故事。不過，亞當確實是認真看待這份事業，除了附帶護膝功能的連身衣之外，後來他又開發了一系列嬰兒服飾。正當亞當即將完成在柏魯克學院最後一學期的學業，趴趴嬰兒服的業務規模已經大到需要增加人手。但是亞當雖然很有個人魅力，卻很難談成生意，更別提徵才了。「我的銷售額大概是兩百萬美元，成本支出是三百萬美元。」之後他說道。由於壓力太大，他每天可以抽掉兩包菸。市場競爭激烈，亞當害怕再度失敗，於是決定全心投入趴趴嬰兒服事業。他認為，是需要加倍努力的時候了。他決定自柏魯克學院休學，事實上他只差幾個學分就能順利畢業。亞當的祖母聽到消息後非常生氣，她慫恿公司員工告訴亞當，他根本是個傻子。

• • •

二〇〇七年某一天，史黛拉・坦普洛（Stella Templo）的一位同事突然衝進她的辦公室，當時坦普洛在曼哈頓的史帕爾伯恩斯坦（Spar & Bernstein）法律事務所工作，這家事務所擅長處理移民法律問題。坦普洛和同事早已懂得如何應付那些陷入絕望深淵的客戶，但是當天早上有位潛在客戶跑來事務所，情緒異常激動，坦普洛的同事幾乎聽不懂他在說什麼。這位同事提議，如果坦普洛願意接手這名客戶，她就請坦普洛吃飯。

「你們不能在裡面抽菸，對吧？」亞當在坦普洛的辦公室裡坐定後說道。接著他開始解釋自己的情況，坦普洛盡可能跟上他的說話速度。當初亞當利用學生簽證來到紐約，原本希望在美國賺到錢之後就回去以色列，但現在他並沒有賺到錢，也不準備回以色列。他已經從大學休學，專心經營嬰兒服飾事業，但是他的簽證即將到期。他諮詢過紐約市其他移民律師，但結果令他失望。如果他找不到解決方法，就得離開美國。

坦普洛覺得跟亞當交談相當耗神，而且很難跟得上。不過亞當全身充滿活力，這點倒是很吸引她。她覺得和亞當聊天其實挺有趣，雖然她不知道他說的哪些話是真的。坦普洛問亞當想要做什麼，他立即回答說，他希望為這世界帶來正面影響。

坦普洛笑了出來。剛剛亞當不是說他正經營一家嬰兒服飾公司？

亞當承認，如果要創造改變，他現在選擇的職業並不是最可能邁向成功的路徑，但他認為，這或許是完成某件事的起點。「我會想要成為以色列總理嗎？」亞當說。「或許吧。」

坦普洛為亞當一一篩選可能的解決方案。他不是大使，也不會回學校。雖然他最近開始和一位美國人約會，但是短時間內兩人不會結婚，所以亞當不可能馬上取得綠卡。最後，坦普洛建議亞當申請O-1A簽證，這是專門為「在科學、教育、商業、或運動領域擁有專長的人」核發的簽證。坦普洛解釋說，只有在特定領域排名前百分之一的頂尖人才，才符合資格；她最近才協助一位癱瘓的前賽車手申請該項簽證，他宣稱自己是全球最優秀的癱瘓賽車手，他也確實是這世上唯一一位。正如同坦普洛所說的，「只要拿過諾貝爾獎就能申請。」但是在當時，亞當的身分是銷售嬰兒連身衣的輟學生。

「我甚至不知道你相不相信自己夠特別，」坦普洛對亞當說。亞當在她辦公室裡一直坐立難安，急著想要到室外抽根菸。

「現在，我也不確定。」亞當說道。

坦普洛開始準備申請流程。（她送了幾件趴趴嬰兒服給她剛生完小孩的姊姊，但是她姊姊澆了一盆冷水：「嬰兒根本不可能穿這種衣服。」）她要求亞當找人寫推薦信，亞當聯絡柏魯克學院教授、嬰兒服飾貿易展主辦人、以及他的新事業夥伴蘇珊・拉札爾（Susan Lazar），請他們幫忙寫推薦信，然後寄給坦普洛。拉札爾是時尚設計師，二〇〇〇年結束熱門的服飾品牌。（節奏藍調歌手羅倫・希爾（Lauryn Hill）是拉札爾的鐵粉，拉札爾決定結束品牌時，希爾買光了倉庫內所有的牛仔服飾。）一年後，拉札爾推出高級嬰兒服飾品牌「寶貝蛋」（Egg），一件喀什米爾羊毛連身衣搭配一頂帽子，要價一百九十五美元（約台幣五千四百三十元）。後來透過雙方共同認識、在蘇活區猶太教堂服務的拉比牽線，亞當終於與拉札爾碰面，雖然趴趴嬰兒服和寶貝蛋的目標市場不同，兩人仍開始討論如何合作。許多名人都是在曼哈頓精品店購買拉札爾設計的嬰兒服飾，但是拉札爾不知道要如何拓展品牌；另一方面，亞當的產品雖然有很大改進空間，但是他懂得如何推銷。於是兩人決定成立母公司「大帳篷」（Big Tent），旗下包含趴趴嬰兒服和寶貝蛋兩個品牌。

為了省錢，亞當將公司搬到仕紳化的丹波區（Dumbo），過一座橋就是曼哈頓。丹波區的房租相對便宜，因此亞當能夠擁有一間私人辦公室，其他員工則在另一個房間處理商品。亞當不常和員工談論要如何影響這世界；他似乎更專注於建立自己在這世界的位置，努力提高公司獲利。亞當喜歡走進堆滿箱子的員工辦公室，計算每批出貨金額。有員工問亞當，什麼樣的父母會願意花四百美元買一件嬰兒皮外套，亞當回說媽媽和爸爸並不是目標客群。「阿公阿嬤願意買單，」他說，「沒有父母會想買，但是阿公阿嬤都會溺愛自己的孫子。」

為了讓業務持續成長，亞當需要籌募資金。前陣子艾狄開始和內森尼爾・羅特希爾德（Nathaniel Rothschild）約會，他不僅繼承了家族的龐大財產，同時也是對沖基金合夥人。最後亞當如願與羅特希爾德會面，依照常理，羅特希爾德不可能投資嬰兒服飾公司，不過他最後還是同意投資亞當的公司數十萬美元。

二〇〇八年初，坦普洛提交的簽證申請獲得通過，亞當可以繼續留在美國。他的嬰兒服飾在全國數百家店面販售，其中多數是家庭精品店。但是隨著經濟陷入衰退，連祖父母都開始緊縮開支。「我們已經注意到，現在正處於經濟低迷時刻，」二〇〇八年初亞當告訴《女裝日報》（*Wear*

Daily）說。（當年稍後，莎拉・裴林（Sarah Palin）和她最小的兒子特里格（Trig）一同出席共和黨全國代表大會，當天她兒子穿了一件六十美元的寶貝蛋藍色條紋連身衣，公司業績曾短暫回升。）亞當已經燒光了家人贊助的第一筆創業基金，開始動用羅特希爾德提供的資金。他總是菸不離手。由於急需現金，亞當決定將部分布魯克林辦公空間出租給另一家公司，這是他第一次當房東。

・・・

某個炎熱傍晚，仍在苦思如何經營嬰兒服飾業的亞當，滿身大汗地騎著單車穿越曼哈頓，前往蕾貝卡・派特洛（Rebekah Paltrow）位在東村的公寓接她，這是他們第一次約會。此前在某個派對上，亞當結識了蕾貝卡的大學朋友安德魯・芬克爾斯坦（Andrew Finkelstein），是他幫亞當和蕾貝卡牽線的。當時亞當二十八歲，素有花花公子稱號；蕾貝卡大他一歲，過去六年從沒有和任何人認真約會過。她曾前往好萊塢，希望能和她堂姊、演員葛妮絲・派特洛（Gwyneth Paltrow）一樣成為優秀演員，之後她搬回東部，在紐約市區外的度假中心歐米家（Omega）花了一個月取得認證，成為吉瓦木克提（Jivamukti）[2]瑜伽老師。後來她談到亞當時說道：「我遇見他的時候，心裡只想著：『我們要如何將這美好的心靈感應擴展到全世界？』」

這對情侶初次見面時，氣氛相當緊張。「我的朋友，你根本是在鬼扯，」第一次約會時蕾貝卡對亞當說，「從你嘴巴吐出來的每個字都是假的。」亞當雖然充滿自信，卻沒錢搭計程車接她，也付不起兩人的餐費。他不斷談到關於錢的話題，反而更讓人確信他手裡一毛錢也沒有。

「看得出來你根本沒錢，」蕾貝卡對他說。

「我不是沒錢，」亞當說。「我是創業家。」

蕾貝卡回說，她父親也曾經是個創業家，但是他仍會設法確保她有飯吃。亞當根本不關注嬰兒服飾，也不懂得如何銷售這些衣服。或許他選錯了行業。

後來亞當表示，他和蕾貝卡的第一次約會相當關鍵，從此扭轉了他的人生。「蕾貝卡和我是人生的夥伴，」他告訴我。沒有人能夠像蕾貝卡那樣，有辦法讓亞當擔負起責任，他開始思考或許她是對的。亞當總愛說大話，卻拿不出證明。但是蕾貝卡也看到了亞當的潛能，只是很難具體形容。「我們兩人之間存在某種能量，我感覺這個能量大過我們兩人，」後來她說道。亞當或許一直在鬼扯，但是他們兩人第一次約會時，她感覺時間彷彿停止，她甚至預見兩人未來共同生活。兩個人約會幾個月後便決定訂婚。後來亞當很感謝蕾貝卡不斷鼓勵他放棄嬰兒服飾，去追尋更有意義的事業。「我知道他的潛能，或者說我們兩人的潛能無限，」蕾貝卡說，「我就是知道，他一定會成為有希望協助拯救世界的男人。」

2 譯註：由美國瑜珈大師大衛・萊夫（David Life）和莎朗・甘農（Sharon Gannon）於一九八四年創立，強調身心靈的全方位修練，課程內容包括梵文吟唱、冥想、呼吸練習、音樂和閱讀，提倡素食觀念，重視環保。

2 綠色辦公桌 Green Desk

「我時常在想未來的事，」米格爾．麥凱爾維從希臘寄明信片給母親時寫道。當時是一九九九年，他剛從奧勒岡大學（University of Oregon）畢業，取得建築系學位，開始環遊世界。「我大概不會再夢想成為一個百分之一百一十的建築師，因為這樣似乎很難好好經營一段關係、生小孩等等，」他寫說。他正考慮重新回到學校，或是和兒時玩伴一起創業。但是他那位朋友想留在太平洋西北地區（Pacific Northwest）〔1〕，米格爾不希望就此放棄心中醞釀多年的理想。「我知道自己一直想去紐約，」他寫道，「我還是希望能闖出一番事業。」

和與他一同創辦WeWork的亞當一樣，米格爾的成長環境有些特殊。一九六〇年代時，他母親露西亞（Lucia）住在新墨西哥州陶斯鎮（Taos），當時她和三個朋友在短時間內接連懷孕，孩子的父親則一個接著一個離開，這些新手單親媽媽決定一起生活。米格爾形容她們是母系集體社

1 譯註：大西洋西北地區指的是美國西北部和加拿大西南部地區，包括阿拉斯加州東南部、卑詩省、華盛頓州、俄勒岡州、愛達荷州、蒙大拿州西部、加利福尼亞州北部和內華達州北部。

區；她們分開住，但是合力撫養小孩，想辦法在不同於一般社會結構與期望的美國基布茲社區內養活自己。

一位和米格爾親如手足的「兄弟」形容，這些單親媽媽過著「吉普賽」生活，最後選擇奧勒岡的尤金市（Eugene）定居。她們反對使用「嬉皮」（hippie）這個字眼，如果一定要有稱呼，她們比較喜歡自稱「鄉村知識嬉皮」（country intellectual hippie）。米格爾這個名字，「就一個白人小孩來說，真的很怪，」麥凱爾維自己也承認，不過再怎麼怪，也比不上他的中間名：安格爾（Angel）。早在烹煮豆腐和天貝[2]蔚為風潮之前，他家裡就已出現這些食物，他們通常會圍成圓圈坐著，分析彼此的夢想。米格爾記得在他七歲時，某次參加音樂節活動的時候，他母親突然不見蹤影，但是他並沒有感到緊張或焦慮，就直接躺在草地上睡覺。一位兄弟形容，這個奇特的家庭已經建立了「自己的宗教信仰」。

就和多數信奉集體主義的人一樣，金錢來源始終是個大問題。這些母親是社區組織者、運動分子，她們時常拉著小孩一起參加反戰示威遊行；露西亞向米格爾解釋說，當她們必須外出找工作時，「我們每個人都很聰明，有辦法假造履歷。」（許久之後，米格爾以他母親創辦的地方活動報紙《發生了什麼事》（*What's Happening*）為例，說明如何運用創業家思維推動社區參與。）他們會去雜貨店後方的垃圾箱尋寶，大部分時候依靠食物券維生，卻捨得每年花交通費參加吃到飽自助吧（King's Table Buffet），米格爾可以連吃好幾碗霜淇淋，直到想吐為止。至於娛樂活動，米格爾最常玩的遊戲，是將彈力球朝著家中那台富豪（Volve）汽車生鏽底盤的洞口丟下去，然後看著彈力球沿路彈跳。

米格爾一直極力反抗自己的成長環境。「我想吃麥當勞，而不是集體社區的天貝，」他說。他告訴其他小孩他不能談論父親，因為他是臥底警察。米格爾身材高大，但是對自己的身高與體重超重一事相當敏感，總是盡可能隱身幕後。他加入南尤金高中（South Eugene High School）籃球隊，教練立下嚴格的規則，例如不准在限制區外跳投、禁止用左手運球，不過嚴苛的環境反而更能提振米格爾的精神。高中畢業那年夏天，他在阿拉斯加的水產加工廠每天工作十二小時，通常可領取六小時的加班費，增加收入。

之後米格爾進入科羅拉多學院（Colorado College）就讀，這是一所私立博雅學院，之所以錄取米格爾，是希望他能加入籃球隊。如今米格爾的生活早已遠離他原本的人生抱負。他打算主修商業，不過很快就發現自己討厭經濟學，卻非常熱愛藝術課程。上雕塑課時，教授卡爾．瑞德（Carl Reed）在米格爾的作品中發現某種「建築」特性，他似乎是透過藝術解決空間問題。瑞德認為，如果米格爾投身建築領域，或許就能兼顧個人興趣和人生理想，也會變得更快樂。

米格爾離開科羅拉多學院後，花了一年在餐廳清理餐桌，讀完所有能找到的建築書籍。後來

2 譯註：印尼的傳統發酵食品，是壓成長形的黃豆餅。

他回到尤金，進入奧勒岡大學就讀，但是在學校建築學系這個特殊小圈子裡，他依舊顯得格格不入。（一位同學在自己的桌子旁搭起遮棚，脫掉所有衣服，直接住在裡面。）米格爾身高六尺八寸（約二〇七公分），他加入了奧勒岡大學籃球隊，不過在體育迷看來，他算是相當安靜。他通常會在建築工作室待上十四個小時，戴著耳機一遍又一遍聽著同一首歌。他會陷入他所說的「暫時無意識」狀態，直到幾小時後才能重新打起精神，近視問題有些困擾他。他極度安靜的樣子還挺嚇人的。有一天一個同學走向他，問說能不能和他聊天。「你知道所有人都認為你就是個混蛋，是吧？」她說，「我只是想告訴你，其實你人真的很好。」

•••

米格爾在一九九九年畢業，學業成績平均點數（GPA）為四．〇〔3〕，但是他不清楚自己的未來要做什麼。他原本已經計畫搬去紐約，結果卻跟著朋友約翰．海登（John Hayden）飛到東京。他們跑去夜店，發現常常有人要求他們把美國流行歌詞的日常用語翻譯成日文。（很多人都在問TLC樂團的歌名No Scrubs是什麼意思。〔4〕）有天晚上，海登和米格爾想到，不如架設一個網站幫助人們學習口語英文。他們將網站取名為「英語，寶貝！」（English, baby!），並加上標語：「學英語，交朋友，才夠酷。」

「英語，寶貝！」與建築八竿子打不著，但是米格爾畢業時，正好碰上網際網路泡沫高峰。突然間，外表看起來不如他聰明、有智慧的年輕創業家賺進大把鈔票。「竟然有這麼多人能拿到這麼多資金，可是他們的創業點子看起來根本一文不值，」後來他說道。米格爾回到尤金擔任「英語，寶貝！」創意長。到了二〇〇〇年，網站已經擁有三千名用戶、遍及六十個國家，預期未來還會有更多用戶加入。米格爾推估，一年內「英語，寶貝！」將能募集到大筆創投資金，員工將擴編到一百名，並以九位數的估值上市。

當時創業經濟泡沫急速膨脹，所以米格爾的預估並非全無道理。標準普爾五百指數（S&P 500）市值在一九九〇年代後半期成長三倍，每週都有新公司上市，這些公司宣稱他們將會善用網路的新興力量，顛覆一個又一個產業。例如軟體銀行的孫正義原本沒沒無聞，但是因為眼光神準，投資了幾家科技新創公司，到了二〇〇〇年躍升為全球首富。

雖然後來網際網路泡沫開始破滅，海登和麥凱爾維依舊相信，和其他新創公司相比，「英語，寶貝！」定位精確。「你只要沿著街道走，就能找到最近的一家書商。但是『英語，寶貝！』不

3 譯註：學業成績平均點數，英文全名為Grade Point Average，是全球各地許多大學或高等教育學院錄取學生的成績參考指標。GPA分數介於0.0至4.0之間，不過也有些學校最高分為4.3。如果想要申請比較好的大學，學校多半要求GPA必須在3.5或3.7以上。GPA分數與台灣習慣使用的百分制成績之間如何換算，可參考以下連結：https://bit.ly/3kq6R5D

4 譯註：TLC是一九九〇年代美國知名女子樂團，三名成員皆為黑人，曲風融合藍調節奏、嘻哈、放克等，「No Scrubs」的意思是「渣男滾開」。

是網路書店，很難複製，」某家奧勒岡報紙在二〇〇〇年刊登的新創公司報導中提到。他們沿用了報導科技公司時常見的誇張說詞：「英語，寶貝！」正在「重塑全球各地人們的學習方式」。

但是海登和麥凱爾維犯下嚴重錯誤：二〇〇三年，「英語，寶貝！」出現獲利。他們決定縮減目標，改變業務方向，轉而鎖定美國大學，因為這些大學有可能付費購買他們的服務，協助外籍學生學習英語。但是在此同時，網際網路熱潮的果實全部流向最有企圖心的新創公司。「現在回頭來看，我們的公司走得不夠遠，無法形成社群網絡，因此錯失大好機會，」後來麥凱爾維說道。簡單來說，他為公司設定的願景不夠遠大。

米格爾即將迎接三十歲生日之際，他開始懷疑自己正在做的事。「英語，寶貝！」並非他的熱情所在，如果他無法變得有錢，為什麼還要繼續待在這裡？他開始懷念建築，對紐約更是念念不忘。二〇〇四年，他應徵紐約市的建築業工作，位在布魯克林的某家公司回覆他，問他是否願意隔天到公司面試。他沒有誠實告知自己住在哪，而是直接買了機票，第二天早上出現在這家公司的辦公室裡。在這之前，他從沒有來過布魯克林，他搭乘F線地鐵在丹波下車，走進一棟破舊大樓，牆上可以看到用黑色夏比麥克筆潦草寫下的企業名單，他找到了「喬登·帕拿斯數位建築事務所」(Jordan Parnass Digital Architecture，JPDA)的名字。

事務所的兩名建築師似乎不在意米格爾已經離開建築領域將近五年。(他仿效母親的做法，誇大自己的履歷。)他們急需幫手滿足一名新客戶的需求：美國服飾公司(American Apparel)雇用喬登．帕拿斯數位建築事務所，協助開設第一家紐約門市。米格爾能在第二天開始上班嗎？面試當天是星期四，米格爾說服對方，讓他下星期一再開始上班。他立刻飛回家打包行李，只帶了一個旅行袋就飛回紐約。米格爾的生日是七月四日，就在他抵達紐約後不久，他站在布魯克林某棟公寓的屋頂上，看著東河沿岸施放的煙火，慶祝自己年滿三十歲，之後他一直沒有離開紐約。就這樣了，當時他心想。我終於做到了。

米格爾正要邁入所有年輕建築師都會踏上的漫長生涯旅程。他只是公司的菜鳥繪圖員，時薪十美元，不過他發現自己意外搭上了一艘太空船。美國服飾公司的銷售開始起飛，公司創辦人達夫．查尼（Dov Charney）要求喬登．帕拿斯數位建築事務所協助他們在全國各地設立門市。突然間，米格爾的角色不像建築師，反而更像全國展店經理。四年內，他協助設立了一百多間美國服飾門市。他很享受這份工作，也很認同美國服飾的說法，他們宣稱在美國本地生產衣服對社會有益。「我們可以在美國創造工作機會，善待員工，用正面方式運用移工人力，」二〇〇六年米格爾接受報紙採訪時說道。

但是當某個門市開始變得老舊，公司就會要求快速設立另一個外觀設計相似的新據點，再加上檯面下的企業文化問題，讓米格爾身心俱疲。達夫．查尼要求嚴苛、情緒反覆無常，他的企圖心是將這個品牌擴張成為服飾帝國。「這是你人生中最重要的時刻！」當他知道丹佛（Denver）的新門市有可能無法在黑色星期五當天準時開幕後，對著米格爾大吼，威脅他說如果辦不到將會面臨嚴重後果。查尼催促所有人加緊趕工，但米格爾卻認為應該放緩腳步，他親眼看到毫無限制的成長可能會引發某些風險。「我們決定稍微放慢速度，把心力放在組織和管理，」米格爾向南卡羅來納某家報紙記者解釋，為何美國服飾延後當地門市的開幕時間。

米格爾開始對紐約感到不耐。物價昂貴，公寓空間狹小。他重新檢討做過的工作，發現自己最大成就感來自於：在建築事務所的丹波辦公室待到很晚，幫忙解決老鼠問題。他看到老鼠會把身體攤平得像鬆餅一樣，鑽進下方門縫；於是他詢問谷歌大神：「老鼠真的會自己把身體攤平嗎？」結果發現真的可以，他因此想出了解決方法：直接堵死門縫。但是米格爾來到紐約，可不是為了取得這種微不足道的成就。某天他決定外出散步，在街上晃蕩了好幾個小時。他心想，當時懷抱的紐約夢究竟將他帶向了何處，他發現結果令他大失所望，於是暗自決定，只要眼前出現任何機會，他都願意接受。

• • •

幾星期後，米格爾在布魯克林搭地鐵到翠貝卡，和同樣在喬登・帕拿斯數位建築事務所工作的以色列建築師吉爾・哈克雷（Gil Haklay）一起外出。在哈克雷居住的大樓，有個人跟著米格爾進了電梯，從許多方面來說，你實在很難忽視這個人：身材高大、說話大聲、而且沒有穿襯衫或鞋子。當時紐約雖然是炎炎夏日，但這種裝扮還是很怪異。隨著電梯往上升，這個人開始和電梯內的其他人聊天，當那些人走出電梯，他竟然擋住門不讓它關上，繼續聊。這傢伙真是瘋了，米格爾心想。這個人向米格爾說，他是哈克雷的室友亞當・紐曼。

米格爾不太確定，自己究竟為什麼會被紐曼吸引。他們都是單親媽媽帶大的，成長環境不同於一般家庭，而且他們可以雙眼平視地和對方說話：高度大約是六尺八寸。米格爾是少數亞當必須抬頭仰視的人之一。除此之外，在其他多數面向，兩人可說是南轅北轍。亞當的頭髮整齊地垂落到肩膀，米格爾則是一頭短髮，留著經過修剪、略為鬆散的鬍鬚；兩人的外型正好反映了曼哈頓和布魯克林的美學差異。米格爾個性害羞、嚴謹而有條理，習慣隱藏自身性格，順應外在環境要求。亞當則是個性魯莽、精力旺盛，說話時會顯得更有氣勢，是個旁人總會找到理由繼續聊下去的人。後來亞當將嬰兒服飾公司搬到丹波區傑伊街（Jay Street）六十八號，正好與喬登・帕拿斯數位建築事務所的丹波辦公室位於同一棟大樓，兩人很快就變成好友。米格爾性格沉穩鎮定，總能夠安撫紐曼的情緒；另一方面，米格爾在亞當身上看到了「傲慢自大」，「我覺得這點很酷，這是我缺少的，」他說，「我喜歡成為焦點旁邊的那個人。」

在布魯克林，亞當仍在努力想辦法讓事業步上軌道。每當他需要思考，就會在辦公室內四處走動，然後到丹波區街上散步，而且常常拉著米格爾一起。兩個人都對自己的生涯感到焦慮，對紐約人的感受也大致相同：米格爾不理解，為什麼他幾乎不認識布魯克林公寓的鄰居。亞當談到自己在柏魯克學院曾提出一個構想，希望興建更多適合共同生活的大樓，之後兩人花了幾個月尋找適合搬遷的住宅大樓。

後來他們發現，傑伊街六十八號的房東正打算翻修大樓。亞當從經驗得知，經營一家新創公司，房地產管理是最棘手的問題，他告訴米格爾他有個朋友成立了一家公司，專門將大坪數辦公空間隔成更小的單位，分租給小型企業。米格爾待在奧勒岡時，就已經在思考辦公室設計的問題。米格爾走路到「英語，寶貝！」辦公室途中會經過一棟大樓，他發現只有地面樓層有一扇窗戶，地下室被切割成許多單調隔間，幾乎沒有任何自然光。他認為一定可以有更好的設計。

亞當一時心血來潮，決定詢問房東約書亞．古特曼（Joshua Guttman），是否願意讓正在翻修的某個閒置樓層，改為經營亞當提過的辦公空間出租業務。「你根本不懂房地產，」古特曼說。「現在你的大樓是空著的，」亞當回說。「你又對房地產了解多少？」

亞當知道自己其實是在虛張聲勢。古特曼在布魯克林各地擁有多棟大樓，亞當自己有時候連準時繳房租都有困難。但他還是問個不停，後來古特曼決定讓亞當參觀他剛買下的另一棟大樓。這裡原本是一間擁有百年歷史的咖啡工廠，建築物磚塊外露，天花板上的木梁清晰可見，向外可遠眺東河。古特曼詢問紐曼要如何運用這個空間。亞當說他不會加蓋牆面，而是將整層樓劃分成許多間半私人辦公室，由一名接待員負責處理所有行政事務；他和古特曼可分拆獲利。古特曼告訴亞當，寫好正式的商業計畫書後再來找他。

亞當聯絡米格爾，告訴他發生了什麼事。「那我們要怎麼做？」米格爾說。

「我不知道，」亞當回說。他還沒想到公司名稱，只是大略知道要如何經營這家公司。亞當靠著三寸不爛之舌邁出成功的第一步，但是需要有人協助實現他想像的事業藍圖。

「好，我來想辦法。」米格爾說。

• • •

當天晚上，米格爾通宵熬夜撰寫商業計畫書。他決定將新空間取名為「綠色辦公桌」（Green Desk），鎖定具有環保意識的顧客。亞當和米格爾都不是氣候變遷鬥士，他們只是單純地認為，這樣的品牌定位可以吸引他們想要的顧客。米格爾設計了企業標誌，寫好使命宣言，然後到影印連鎖店金考（Kinko）列印名片和宣傳單。隔天早上，米格爾帶了一份粗略完成的樓層平面圖，還有一頁試算表，展示基本的商業模式，他希望自己利用一個晚上拚出來的成果，能夠讓古特曼以為他們已經籌劃了好幾個月。

他們的簡報成功了。古特曼同意翻修這個空間，兩位合夥人各出資五千美元進行改建。亞當持續經營自己的嬰兒服飾公司，米格爾則全心投入綠色辦公桌，他與同事哈克雷合作設計辦公空間，哈克雷也因此成為第三名合夥人。他們跑去宜家家居（Ikea）購買拼板當作辦公桌使用，另外在每個辦公桌之間安裝玻璃隔牆。在辦公空間都還沒有裝潢好，只能用膠帶標示各個隔間位置時，米格爾就已經在克雷格列表（Craigslist）刊登廣告[5]，為有興趣的房客舉辦導覽活動。

他們預計在二〇〇八年春季開幕，但似乎沒有比這個時間點更糟的時候了。全球經濟如自由落體般急速衰退。古特曼警告他們，一旦市場萎縮，沒有人會想要承租新辦公室：大企業進行整併，小公司倒閉，自由工作者選擇在家工作。

但是綠色辦公桌在五月開幕後，立刻受到市場歡迎：「所有被公司解雇的人都來了，」亞當說，「每個人都不想待在家，因為心情鬱悶。」綠色辦公桌將辦公室出租給時尚設計師、私有股權基金公司、書法家、高譚人網站（Gothamist）[6]等個人或公司。「我清楚記得，亞當和米格爾組裝了辦公室所有的宜家家具，」高譚人共同創辦人鍾仁（Jen Chung）說。這個空間後來發展為迷你社群，會定期舉辦暢飲活動，時常有人在茶水間聊天；雖然大家總有意見不合的時候，但彼此之間仍會保持應有的禮貌。高譚人和綠色辦公桌曾因為由誰支付會議室設備的費用爭論不休，但最後雙方達成和解，由米格爾支付會議桌的錢，高譚人負擔椅子的費用。

綠色辦公桌成長快速，又陸續租下古特曼大樓其他樓層，亞當和米格爾開始思考，這項事業成功的因素是什麼。簡報內容以永續性作為訴求固然很好，例如使用公平貿易咖啡或代代淨公司（Seventh Generation）生產的清潔用品，但是這些行動無法解決氣候變遷問題。以環保主義作為事業主張，只不過是一種行銷手段。提供按月租賃的彈性化服務，以及創造志同道合的感受，似乎才是最有吸引力的兩大賣點。當亞當和米格爾順利找到房客，填滿整棟大樓所有辦公空間後，他們在一樓舉辦慶功宴，邀請所有人參加破冰活動。就很像之前紐曼和他妹妹比賽誰能破除公寓大樓的冷漠氣氛，如今綠色辦公桌已經成為更友善的辦公空間。

古特曼希望，綠色辦公桌的業務，能擴展到他在布魯克林區的其他房產。但是亞當和米格爾的野心更大。「我們不會用綠色改變這世界，」亞當說。他們曾創辦了自己並不熱衷的事業。不過，將人們聚集在一起的概念，聽起來確實令人興奮，而且或許真的有利可圖，原因是愈來愈多工作者不再對美國企業抱有幻想，他們期望在數位時代找到實體連結。當經濟衰退結束，願意冒險的人就能賺到錢。他們認為，這項事業可以擴展至全國，甚至全球。

二〇〇九年，紐曼、麥凱爾維和哈克雷三人，將各自持有的綠色辦公桌股權賣給古特曼，古特曼已經計畫將業務推廣到他擁有的其他大樓。三位創辦人每人大約淨賺五十萬美元，古特曼將會逐年支付這筆款項。哈克雷認為自己已經賺到了夠多財富，於是飛回以色列——衣錦還鄉，這正是亞當初次來美國時設定的夢想。但是歷經好幾年勉強度日的生活後，亞當僅僅花了一年，便將原本的小規模投資變成了巨額報酬。這下亞當不打算回家鄉了。他還想要更多。

5 譯註：克雷格列表是美國分類廣告網站。
6 譯註：高譚人網站是專門報導紐約地方事務的新聞網站。

3

起家厝：格蘭街一五四號

154 Grand Street

亞當告訴米格爾，別將他出售綠色辦公桌股份所得報酬存入活期存款帳戶。「你知道我會把錢花掉，」亞當告訴他。他們達成共識，決定將資金投入新事業。他倆在新事業的地位是平等的，他們也希望在新辦公空間推動這種合作精神。這兩名合夥人個性大不相同、優先順序也有些差異，不過在公司的創業文件中有段文字寫道，如果共同創辦人不同意某件事，他們會一起待在一個房間，直到解決問題為止。

他們做的第一個決策，是確定公司名稱。就如同米格爾所說的，名字必須能凸顯社群精神，但又不會顯得「太嬉皮」。米格爾談到童年的生活經驗影響了他日後經營事業的態度，關鍵並不是因為他曾在母系集體社區成長，而是他有機會在孕育耐吉品牌的小鎮上生活〔1〕，就近觀察品牌

1 譯註：耐吉創辦人菲爾・奈特（Phil Knight）和比爾・包爾曼（Bill Bowerman）在一九六四年於奧勒岡尤金市成立藍帶體育公司（Blue Ribbon Sports），代理日本運動品牌鬼塚虎（Onitsuka Tiger）球鞋。一九七一年，藍帶體育公司結束和鬼塚虎的合作關係，自行研發和生產球鞋，將公司改名為耐吉。

行銷能發揮多大力量。畢竟這是在經營事業，而不是邀請人們圍成圓圈坐著、分析彼此的夢境。除了辦公室，亞當和米格爾還想到了其他同樣適合重新改造的空間類型，例如公寓、飯店、餐廳、銀行、咖啡店。他們必須想出能夠真正展現他們企圖心的公司名字。

歷經好幾個月毫無結果的腦力激盪後，曾經把亞當介紹給他現任妻子蕾貝卡的安德魯．芬克爾斯坦，在某天晚上丟出了一個想法。（芬克爾斯坦是好萊塢經紀人，後來簽下丹佐．華盛頓〔Denzel Washington〕和林．曼努爾．米蘭達〔Lin-Manuel Miranda〕。）「可以叫做WeWork，」芬克爾斯坦說，「或是WeLive、WeSleep、WeEat。」

現在他們需要找到空間。之前亞當和米格爾離開綠色辦公桌時，簽訂了競業條款，幾年內不得在布魯克林經營辦公室出租業務，所以他們只好到曼哈頓和舊金山尋找適合的大樓。由於全球金融危機爆發，曼哈頓房地產價格仍處於低點；至於舊金山，因為科技公司大量湧入，成功取代華爾街，成為實現美國企業夢想的基地。兩大城市紛紛出現大量共同工作空間，自由工作者在充滿自助式美學的共享空間裡租用辦公桌，使用筆電工作。亞當和米格爾期望，共同工作空間同時具備開放性與傳統辦公室具有的隱蔽性。

但是房東無法接受他們的想法。先前曾試圖跨足辦公室仲介市場的公司，因為經濟衰退而苦苦掙扎。房東多半偏愛租給租期長達十五年的房客；一家未經過市場考驗的企業，將空間出租給另一家未經過市場考驗的企業，這種經營模式完全與房東的想法背道而馳。「一開始和我們碰面的房東，有四分之三的反應是：為什麼我自己不跳下來做，去賺你們認為有可能賺到的錢？」米格爾後來說道，「關於這問題，我們想不出很好的答案。」

另一方面，當時連雷曼兄弟（Lehman Brothers）〔2〕也無力支付房租，房東得盡快找到新房客。亞當也一直鍥而不捨，三番兩次回頭找那些房東，就和當初他死纏著古特曼不放一樣。二〇〇九年秋季，亞當和米格爾與運河街（Canal Street）上某棟大樓的房東碰面，他們希望這個房東接受得了公共公寓的概念。這名房東雖然不願將大樓出租給他們，但是提議他們應該和他一位朋友見面，事實上這個朋友已經在來的路上。

喬爾・施萊伯（Joel Schreiber）穿著深色西裝，留著傳統哈西迪（Hasidic）〔3〕教徒常見的鬍鬚，走進房間時沒有跟任何人握手。施萊伯是一名房地產開發商，年僅二十多歲，比亞當和米格爾都還要年輕，二〇〇〇年代前半段時間，他在布魯克林和紐澤西兩地買下好幾棟住宅，隨後又跨足曼哈頓下城商業房地產市場。米格爾不知道該如何看待這個人，不過亞當倒是很樂意擔任交易員。亞當和施萊伯坐進一輛車內，花了幾個小時討論自己的創業想法。最讓施萊伯印象深刻的是，

2 譯註：雷曼兄弟是一家國際性金融機構，創辦於一八五〇年，二〇〇八年因為受到美國次貸風暴波及，在美國財政部、美國銀行及英國巴克萊銀行放棄收購談判後，宣布申請破產保護。最後由野村證券收購雷曼兄弟在歐洲、中東、亞洲區的業務，巴克萊銀行收購雷曼兄弟在美洲的業務。

3 譯註：哈西迪屬於正統猶太教哈雷迪教派（Haredi Judaism），男性教徒習慣穿黑衣、戴黑色高帽、留著大鬍鬚，女性則是穿著長裙與絲襪，不能裸露胳膊和腿部。

亞當非常有魅力，而且充滿活力。

兩人在談到WeWork估值失控的原罪後，便結束對話。當時施萊伯手上沒有大樓可以出租，但是他說他有錢，也想要投資。他問亞當和米格爾，他們認為自己計畫成立的這家公司值多少錢？雖然這兩名創辦人認為，沒必要再加一名合夥人，但是他們覺得，報個高得嚇人的數字也不會有什麼損失。隔天他們告訴施萊伯，WeWork值四千五百萬美元；當時WeWork可還沒有設立任何據點。施萊伯沒有提問、也沒有反駁，立即點頭同意投資一千五百萬美元，資助兩人的創業構想，條件是取得這家連個影都還沒有的公司三分之一的股份。

• • •

在當時，施萊伯已經是房地產業響叮噹的人物，有了他背書，亞當和米格爾的個人信譽大幅提升。施萊伯將兩人介紹給其他房東，並為新公司的租約提供個人擔保。多年後我和施萊伯談話，他說他自認是WeWork的第三位創辦人；還有人告訴我，如果沒有施萊伯，就沒有WeWork。

當年秋季，有個朋友建議亞當，去勘察位在蘇活區的格蘭街一五四號大樓。在市場上，所有商業房地產會被分成A到D四種等級，A級包含全球重要摩天大樓，D級則是指待修房屋，例如紐曼正要勘察的這棟。該大樓座落在格蘭街和拉法葉街角，外牆使用條形磚作裝飾，大樓的北側

有一家在克雷格列表刊登廣告的非法旅館，整棟建築必須從裡到外全面翻修，花費可能高達數百萬美元。大樓對面是一片空地，整棟建築總計有六層，只有一部空間狹小的電梯，到達頂樓得花五十六秒。

雖然這棟大樓看起來破敗不堪，房東卻不想租給亞當和米格爾。「我們沒有理由簽下四萬平方公尺的租約，」米格爾承認。和房東的談判陷入僵局，亞當和米格爾想盡辦法壓低房租，還要求房東提供大筆建築補助金，以支付大樓翻修費用，這是公司未來能夠持續擴張的重要因素；另一方面，房東希望WeWork雇用他的兄弟負責大樓翻修工程。在這兩名創辦人當中，米格爾從來就不是經驗老道的談判高手，即便在多年後，每當他走路經過這棟大樓，想起剛創辦WeWork時面臨的緊張局面，還是覺得有些不好受。亞當拒絕支付全額仲介佣金給介紹他們勘察這棟大樓的朋友，談判氣氛變得更加緊張。

不過到了十一月，雙方終於達成交易。翻修工程立即啟動，他們的計畫是一次開放一層樓。雖然舉辦導覽活動時，沒有任何實體成果可以展示，不過亞當的企圖心適時填補了空缺。他告訴潛在房客，他計畫在地下室設立健身房，另外他正和市政府洽談，預計在對面空地興建公園。（十年後，地下室仍不見健身房蹤影，對面空地依舊閒置。）

亞當滔滔不絕地談論自己的願景，米格爾則是一手包辦所有瑣事，努力實現亞當的願景。他們驅離大樓北側的住戶後，發現其中一個房間內有一座性虐地牢。每一層樓地板面積，大約和之前米格爾協助開設的美國服飾門市相當，只不過美國服飾公司已經建立一套運作順暢的工作流程，但WeWork幾乎是從零開始，所以必須盡量壓低成本，公司才有可能活下來。後來某家外包廠商提報網路線架設費用為十萬美元，這筆金額高得令人咋舌，米格爾有些猶豫，他認為只要花八千美元購買材料，再花五十個小時反覆測試就能完成。他直接讓網路線外露，所以在走道上你可以看到不同顏色的網路線束；雖然不怎麼美觀，但能用就好。米格爾希望已經漆上油漆的磚牆恢復原始樣貌，所以他決定開車到紐澤西，買了好幾袋小蘇打粉塞進行李箱。每袋小蘇打粉重達五十磅（約二十三公斤），結果回程穿過荷蘭隧道（Holland Tunnel）時，因為行李箱過重導致底盤下墜，和輪胎產生摩擦。米格爾回到格蘭街一五四號大樓後，立即用小蘇打粉去除牆面油漆，沒想到竟冒出一陣陣煙霧。「實在是太可怕了，」他後來回憶道。

米格爾希望WeWork看起來不要那麼像辦公大樓，而像一間矗立在紐約市區的精品飯店。他選購了不少住宅家具裝潢室內，安裝白熾燈照明，還要求大樓窗戶必須透明無色，才能引入更多自然光。每間辦公室都安裝有以鋁製支架固定的玻璃隔板。理論上，玻璃隔板會使人們感覺空間更為寬敞、讓光線穿透每個空間，同時又能保有些許隱私，這種設計概念和新開幕的標準飯店（Standard hotel）很類似，這間飯店跨立於高架公園（High Line）上〔4〕，房內旅客和路上行人可相互眺望。WeWork辦公室選擇使用透明玻璃隔板，就是希望在裡面工作的人們感覺彼此是一體的。

二〇一〇年二月，WeWork正式營運，共有十七個房客，包括音樂家、科技新創公司和建築師。想在政府機關求官的人，不會對這種工作環境感興趣；穿著雕花皮鞋的人，也不太可能簽約承租這裡的辦公室；只有穿球鞋的人有可能。不過，不論是外露的磚塊，或是擁有百年歷史、時常發出嘎吱聲響的木質地板，對於那些剛離開職場，只想遠離陰謀詭計、追求真實感的工作者來說，處處都充滿了美感，是理想的容身之處。在紐約，WeWork並不是最便宜的辦公室，但是由於裝潢設計用心、租賃條款有彈性，再加上有社群感，所以人們願意多付錢。**需要律師嗎？沿著走道往下走，經過五個玻璃隔板後，你就能找到一位**。亞當和米格爾開始稱呼房客為「會員」（member），這樣有雙重好處，一方面可以淡化WeWork其實是辦公室房東的事實，另一方面會讓人們感覺自己是某個俱樂部的一分子。

關於公司定位，亞當和米格爾的核心想法是，WeWork不只是經營辦公空間而已。WeWork向外界展現了實現美國夢的另一種途徑，未來人們不再需要花費數十年，在一家公司費力地往上爬。在後衰退時期，如果你想要致富，就去成立新創公司，顛覆既有工作模式。WeWork為那些創造改變的人提供安身之地：它是孕育新創公司的新創公司，年輕創業家可以在這裡製作摺疊式鞋跟原型，如果失敗了就搬出去，不需要受制於長期租約。有誰知道一家公司五個月內需要多大空間，更何況是五年？新經濟充滿太多不確定性。「我是在和工作競爭，」亞當常這樣說，「我是

4 譯註：高架公園位於紐約中下城西區，是由廢棄高架鐵道改造而成的帶狀公園。

在和過去怎麼做、現在就怎麼做的傳統觀念競爭……我為什麼要追求我父母的夢想？那些不是我的夢想。」米格爾設計了公司第一個標誌：是一幅簡單的人物線條畫，畫面中的人拿著大錘子，準備砸向一台桌上型電腦。

• • •

隨著格蘭街一五四號的空間逐漸被占滿，亞當和米格爾得開始尋找第二個據點。他們的朋友在多倫多和舊金山幫忙搜尋可能標的。施萊伯帶他們參觀中城第五大道上，帝國大廈對面的某棟大樓。先前摩根大通（JPMorgan Chase）借貸與房貸部門的部分員工曾在這棟大樓上班，但是房貸危機爆發後業務量大減，幾個月前大樓房東公開招租，施萊伯正好認識房東札爾家族，他們是伊朗裔美國人，經營傳統事業，厭惡投機風險。施萊伯告訴亞當，如果他有辦法讓最年輕的家族成員大衛．札爾（David Zar）產生興趣，或許有機會成交。

當天亞當身穿短夾克、白色T恤，在第五大道三四九號大樓與札爾碰面。原本札爾希望找到六家公司，分別承租六個樓層。亞當花了十五分鐘四處參觀，最後他告訴札爾，他想要承租整棟大樓。

「你又是誰？」札爾問。

亞當邀請札爾造訪格蘭街一五四號大樓。亞當帶著他參觀，然後在一樓會客室聊了好幾個小時，直到深夜，他們一邊喝著約翰走路黑牌（Johnnie Walker Black）〔5〕，一邊協商租約條款。之後札爾告知其他家族成員，他和亞當在深夜達成交易，但是家族成員的態度卻有些遲疑；札爾家族傾向出租給可長期承租的房客。後來亞當回想當時的交手過程：札爾回頭去找他，當面表示他家族有不同意見，但是亞當把這話當作耳邊風，說道：「我知道波斯人向來言而有信。」

先前亞當簽訂的格蘭街一五四號大樓租約只有五年，目的是測試市場水溫。至於第五大道三四九號大樓，亞當同意提出更符合傳統做法的十五年租約。札爾家族會支付將近一百萬美元的翻修費用，WeWork有權使用位在大樓某一側的四個大型廣告版位，WeWork後來稱呼這棟大樓是它的「帝國大廈據點」。翻修工程開始前，亞當就在大樓外懸掛大型WeWork橫幅廣告，只要遊客排隊進入這個「帝國大廈據點」，就能看到他的新公司名稱。幾個月後，亞當和札爾在某個活動現場相遇，亞當一把拉住札爾，給了他一個擁抱，對他表示感謝——不是為了那棟大樓本身，而是大樓帶來的宣傳效果。「你讓我們聲名大噪，」他告訴札爾，「你讓我們夢想成真。」

5 譯註：約翰走路旗下較低價的酒款，使用超過四十種十二年以上的威士忌調配而成。

4 「我就是 WeWork」
"I Am WeWork"

「一九九〇年代和二〇〇〇年代初期，是屬於我的十年，例如 iPhone、iPad，」二〇一一年亞當對紐約《每日新聞》（*Daily News*）記者說，當時 WeWork 位在曼哈頓米特帕金區（Meatpacking District）的第三個據點正式開幕。「一切都和我有關。」

就和許多創業家一樣，亞當非常欣賞史蒂夫・賈伯斯（Steve Jobs），還有他所代表的一切：非凡的企圖心、堅定的魄力。但是他也提出警告，賈伯斯革命的某些層面已經引發負面效應。「看看我們現在的處境：經濟陷入嚴重衰退，」亞當說，「社群將會是未來所在。」不久之後，美國將投票支持善於組織社群的候選人出任總統〔1〕。占領華爾街（Occupy Wall Street）〔2〕人士占據曼哈頓下城一座公園，人們意識到舊有的全球秩序再也無法滿足人性需求。WeWork 最初的創辦理念是：

1 譯註：指二〇一二年十一月十六日，歐巴馬（Barack Obama）擊敗共和黨候選人羅姆尼（Willard Romney），成功連任總統。

2 譯註：二〇一一年九月至十一月爆發的群眾運動，參與者透過占領華爾街表達訴求：抗議大型企業貪婪導致社會不公、貧富不均，對美國民主政治造成傷害。後來包括舊金山、洛杉磯、華盛頓特區、西雅圖、芝加哥、波士頓等城市也出現占領運動。

即使是最反傳統的創業家，也不可能在沒有任何幫助之下建立事業。賈伯斯為了治療胰臟癌離開蘋果後，亞當似乎迫不及待要將WeWork定位為新經濟的明日之星，將自己塑造成美國下一任創業總司令。「下一個十年是我們的十年，」他告訴《每日新聞》，「如果你仔細觀察，我們其實正在經歷一場革命。」

許多WeWork第一批員工在聽到亞當的浮誇言論後，都感到疑惑不解。WeWork的辦公環境確實很不錯，但怎麼會把它說成是一場革命？亞當一再對外宣揚WeWork的使命是建立社群，也吸引許多工作者離開原本待遇優渥但枯燥乏味的工作。但是WeWork無法給予高薪，也沒有辦法像多數新創公司一樣，提供股票選擇權，所以亞當和米格爾承諾，WeWork將會幫助員工建立更好的工作模式，這是他們徵才時最重要的賣點。

丹尼・歐倫斯坦（Danny Orenstein）是WeWork第三位員工，來自米格爾老東家喬登帕拿斯數位建築事務所，經濟衰退不僅衝擊趴趴嬰兒服的業績（亞當仍擁有這個服飾品牌，只不過已經將日常營運交給其他人負責），也迫使美國服飾暫停展店計畫。建築事務所原本有二十五名員工，喬登・帕拿斯（Jordan Parnass）決定裁掉大部分人力。雖然歐倫斯坦躲過裁員，但他決定換工作，後來他在克雷格列表上看到WeWork刊登的職缺。幾天後，他到曼哈頓下城的電器行採購電視機，再小心翼翼地開車將電視載回到格蘭街一五四號大樓，同行的還有米格爾和凱爾・歐基夫・沙利（Kyle O'Keefe-Sally），歐基夫・沙利正是以前在奧勒岡、與米格爾親如兄弟的「手足」之一，他特地從加州飛到紐約助兄弟一臂之力。歐倫斯坦比米格爾矮一英尺，但是他們很快就變成好友，畢竟兩人都是建築師。其他的姑且不論，如果從此不用替野心勃勃的老闆火速找到新辦公空間，感覺會很不錯。

加入WeWork沒幾天，歐基夫．沙利便把歐倫斯坦拉到一旁說，他必須和亞當見面。「他說的話千萬別照單全收，」歐基夫．沙利提醒。亞當向來喜歡做白日夢，相較之下米格爾就比較務實。歐倫斯坦和亞當的這次交談非常簡短，但是歐倫斯坦當下就發現，自己很難應付亞當的嚴格要求和野心。亞當不斷提到格蘭街一五四號大樓的施工工程。

早在創業初期，亞當就想著要建立一百個據點，他還告訴朋友，他要創辦規模達一千億美元的事業。在紐約房地產業，沒有人理解為何亞當老愛穿著T恤和牛仔褲，當時的紐約市長麥克．彭博（Michael Bloomberg）和亞當碰面時，就曾當場對他說他應該剪頭髮；也沒有人知道為何亞當看起來總是自信滿滿。有一次亞當參加在公園大道舉辦的房地產研討會，他詢問一位觀眾，在紐約哪家公司承租最多辦公空間。答案是摩根大通，總面積達三百萬平方英尺。那時候亞當租下的辦公空間並不多，但是他說，他決心要超越這家投資銀行。

某天晚上，歐倫斯坦在辦公室工作到很晚，亞當問他，他女友對於他和其他人工作這麼長時間有什麼想法。歐倫斯坦說她能夠理解，因為WeWork是新創公司，需要他全心投入。亞當點頭同意，接著又問說，一旦WeWork開始擴張，歐倫斯坦就得忙著在全球各地設立WeWork新據點，那麼到時又會怎麼樣呢？之前他和米格爾曾在一張紙上畫了一幅世界地圖，標示出日後希望進入的市場，包括舊金山、洛杉磯和多倫多，「這些城市對世界其他地方來說非常重要，」那時他還畫了幾條線，分別指向蒙特婁、波士頓、芝加哥、以色列和倫敦。

歐倫斯坦告訴亞當，如果真的走到那一步，他和女友肯定會分手。歐倫斯坦認為自己當時的語氣明顯是在挖苦，但是亞當似乎沒有注意到。那時候他的英文還不夠好，某些含義在語言轉換過程中流失了。亞當表情嚴肅地看著歐倫斯坦。「你女朋友應該要理解，這樣做對她很不好，」他說，「她現在約會的對象，正在一家將成為下一個谷歌（Google）的公司工作。」

• • •

當時WeWork工作團隊基本上是一群烏合之眾。米格爾一位高中朋友畢業後回到奧勒岡擔任律師，後來被聘任為WeWork法務長，從此之後公司就可以在信紙上方抬頭使用他的律師尊稱。歐基夫・沙利的姊妹基亞（Chia）也加入WeWork，協助公司在舊金山設立新辦公空間，這是WeWork在紐約之外的第一個據點。曾在易洛魁酒店（Iroquois hotel）擔任接待專員的馬加・史奈德（Marga Snyder）答應負責籌辦公司的宣傳活動。公司第一位資訊系統主管是一名高中生，綽號「喬伊電纜」（Joey Cables）。WeWork第一位創意總監戴文・韋爾梅倫（Devin Vermeulen）來自服飾公司布魯克林工業（Brooklyn Industries），這家公司開創了融合潮青風格與專業上班族的服飾美學。WeWork告訴韋爾梅倫，只要他有筆電就能得到這份工作，因為公司不會買筆電給他。就和二〇一〇年代多數新創公司一樣，WeWork雇用了一群不支薪的實習生，他們的工作是在谷歌搜尋「如何修復彈珠台機器」等問題，因為亞當和米格爾不願付錢雇用專業人員；實習生的工作還包括想辦法買到稀有的紐約寶物：二一二電話區號〔3〕。後來他們發現，格蘭街一五四號大樓某位房客願意出售，但價格超過一萬美元，於是亞當要求實習生，再去搜尋其他價格更便宜的賣家。

所有在初期加入WeWork的員工都沒有清楚的角色定位，此外還要擔負和原本職銜完全不相干的裝修工作。「我要一直做這麼多體力活嗎？」韋爾梅倫加入公司沒幾天，便忍不住向歐倫斯坦抱怨。公司逐層翻修格蘭街一五四號大樓時，員工必須頻繁地來回搬運各種設備，到後來他們乾脆把電梯塞滿，甚至把東西堆在電梯頂部上方，這樣就可以少跑幾趟。新樓層接近完工、正式開放使用前，每個人都要花一整夜油漆牆壁、清理垃圾、安裝燈座、裝設燈泡。另外，公司只提供肉舖使用的長型木板作為辦公桌面，所以員工得自己動手鑽孔，再將其他人從宜家家具買回來的桌腳與長型木板組裝在一起，但是數量太多，大家總感覺永遠組裝不完。員工要求延期開幕，亞當斷然拒絕，甚至強迫員工週末加班。他說只要無線網路能用，即使某些牆面油漆工程還沒完

3 譯註：二一二是曼哈頓地區的電話區號，後來成為身分和地位象徵，在市場上相當搶手。

成，房客還是願意支付房租。

所有人瘋狂趕工。某天傍晚六點，一位經理看到某位早期加入公司的員工正準備收工回家，他直接跑去問這名員工：「可以多留半天嗎？」後來WeWork只花了二十九天，便順利完成「帝國大廈據點」一樓的翻修工程，並繼續往其他樓層邁進。同時間亞當也順利談定第三個據點的租約，地點在米特帕金區、靠近高架公園南側附近。亞當希望立即翻修新據點。某天早上，他前往米特帕金區新據點視察新完工的樓層，當場指出了許多小瑕疵。一群員工通宵熬夜，好不容易完成任務，卻得不到亞當肯定。

團隊試圖延後亞當原先設定的進度，但是亞當很懂得說服人。有好幾次，員工和亞當談過話後改變態度，為自己一開始抱持懷疑表達歉意。但現在團隊已經瀕臨崩潰，他們指派歐倫斯坦和韋爾梅倫向創辦人施壓，要求他們解決趕工不及的問題。他們說，每個人都已經筋疲力盡，一旦犯錯很可能會傷害到公司。結果不出所料，亞當的回覆非常簡短，他說員工已經同意他設定的加速完工時程，米格爾的回應同樣冷淡，這點倒是讓員工大感意外。「帶著解決方案來找我，而不是問題。」他說。

某天歐倫斯坦、歐基夫．沙利和韋爾梅倫，跟著米格爾來到「帝國大廈據點」的頂樓。雖然紐約正在下雪，但至少可以大口呼吸新鮮空氣、趁機放鬆心情，暫時擺脫早已成為工作日常、看似永無止境的施工環境。他們在WeWork工作還不滿一年，整體來說，他們熱愛和一群同事攜手創辦一家公司，雖然過程混亂，卻充滿樂趣，彼此也成為好友。雖然公司產品大受歡迎，等著租用新辦公空間的客戶大排長龍，但是有些員工開始擔憂，公司已經出現迷失自我的初期徵兆。他們之所以願意加入WeWork，部分原因是公司承諾不再讓員工經歷你死我活的激烈競爭，甚至提出了解決方案。但是隨著時間過去，發展社群、建立更好的工作模式逐漸變成次要目標，效率、成長、公司估值反而變成對話焦點，更不用說估值的數字其實是亞當、米格爾和喬爾・施萊伯三人自行敲定的。

在屋頂上，歐倫斯坦詢問米格爾，他是否一直在思考這樣的工作時間和壓力是否值得。米格爾曾一天連續工作十八小時忙著處理漁獲，或是忍受美國服飾公司的達夫・查尼的火爆脾氣，所以對於亞當施加給公司和員工的嚴苛要求，他已經有些麻木。此外，米格爾也希望公司能快速成長。就在WeWork正式營運之前沒多久，他太太剛生下他們的第一個小孩，他得想辦法兼顧父職和工作；十年前在寫給母親的明信片中，他就提到自己很擔心這個問題。在屋頂上米格爾告訴其他同事，他認為這一切都值得，但是他也承認公司擴張得太快，必須時時保持警惕，才能不違背最初使命。

• • •

亞當和米格爾在WeWork各自扮演不同角色。米格爾的正式職銜是創意長，負責設計所有辦公空間以及管理施工流程。但是每當一天工作結束，有時甚至是過了午夜，他會回想過去，對於自己在創業時期每天早晨醒來後所做的一切，他覺得有些不可思議：他的工作內容包括處理帳單、銷售、會計、偶爾解決電腦程式問題、到宜家家具採購上百個馬克杯。

至於亞當，則會參與WeWork營運各個層面，他堅持所有新空間設計都必須經過他同意，不過多數時候他負責扮演執行長角色，規劃公司願景、吸引潛在合夥人加入。在紐約，所有人都知道亞當習慣在開會時喝烈酒，早期是伏特加，後來則偏愛龍舌蘭酒。亞當是天生的夢想家與交易員；米格爾則負責確保WeWork運作順利。亞當原本希望在行銷文案中將WeWork定位為「社群」，但米格爾反對。他說，你必須贏得人們信任，才能自稱為「社群」作市場區隔，但是WeWork做得還不夠，不能提出這種主張。

在公司，米格爾負責管理WeWork的施工工程，亞當負責組織後勤團隊，大部分員工都是他的朋友和家人。他的同輩姻親克里斯．希爾（Chris Hill）原本任職於批發經銷商，後來加入WeWork擔任營運長。二〇一〇年，亞當的移民律師史黛拉．坦普洛走進格蘭街一五四號大樓，協助亞當更新簽證；她在大樓內四處閒逛，發現每個人都面帶微笑。但是處理移民法律問題是一份苦差事，於是她決定辭去工作，降薪擔任亞當助理，協助米格爾在奧勒岡的朋友，處理公司日益繁重的法務需求。亞當會邀請朋友從以色列飛來紐約，表面上他親切地招待他們參觀WeWork

辦公室，實際目的卻是提供工作機會，讓他們為公司賣命。隨著公司業務逐漸擴張，希爾要求增加人手協助管理，於是亞當雇用來自卡法薩巴小鎮的高中好友茲維卡·沙查爾（Zvika Shachar），他原本在以色列的壽司森巴（Sushi Samba）餐廳工作，在加入WeWork紐約辦公室之前，有六個月透過Skype分擔希爾的工作。亞當還邀請在海軍認識的好友艾瑞爾·泰格（Ariel Tiger）擔任WeWork第一位財務長，泰格畢業於以色列海軍學院，和亞當同班，以第一名成績畢業，但是亞當卻向員工吹噓說，他的航海課成績比泰格要好。

「但是其他課程，我的成績比你好，」泰格說。

「在其他課程，你打敗了**所有人**，」亞當回答。

某天，一群員工觀看紐曼和泰格出席海軍學院畢業典禮的影片，所有人一眼就看到泰格站在隊伍前方。他們花了一些時間才找到亞當，他站在隊伍中間，不過依舊非常顯眼，因為他比其他人來得高，步伐也和其他人不一致。

亞當習慣只和少數好友往來。某天晚上，歐倫斯坦在「帝國大廈據點」和一位同事聊天，這名同事向他抱怨亞當的一些事情，歐倫斯坦發現有個人就坐在附近，不過這個人似乎沒有注意到他們，歐倫斯坦也不認識他。歐倫斯坦和亞當時常在工作開始前或結束後，到紐曼兄妹的住處開會，前述事件發生幾個星期後，他倆一起從翠貝卡公寓走路到WeWork在米特帕金區的新據點途中，亞當告訴歐倫斯坦，他聽說了員工對他的抱怨。他說，那名神祕男子正好是他的朋友。亞當對於那些抱怨非常火大，也對歐倫斯頗為失望。亞當希望下次如果有人公然反對他，歐倫斯坦能為自己的老闆挺身而出。

在WeWork基布茲社區，開始出現階級差異。亞當看到有些員工穿著短褲、破舊T恤在辦公室四處走動，於是召集員工當面告訴他們，每位員工都是代表WeWork「頂級」品牌的大使，穿著必須符合公司形象。但事實上，他看到的那些員工在前一晚，還在熬夜忙著改裝新樓層。歐基夫・沙利聽完亞當訓話後立刻跳出來說，亞當自己也常穿著T恤和牛仔褲，就連現在也是啊。亞當回說，他的T恤是詹姆斯・伯斯（James Perse）這品牌的[4]，要價二百美元（約台幣五千六百元）。「我這件T恤和你身上穿的不一樣，」他說，「我看起來就像是人們想要成為的那種人。」二〇一一年，WeWork要求員工簽訂競業條款，承諾離開公司後十八個月內不得創辦相關事業。在當時，類似的辦公空間如雨後春筍般在全美各地出現，亞當和米格爾當然不希望出現新的競爭對手。

WeWork第二位員工麗莎・絲凱（Lisa Skye）是唯一拒簽競業條款的人。她在格蘭街一五四號大樓開幕前幾星期加入WeWork，當初亞當是在她主辦的商業社交活動上認識她，於是便邀請她擔任WeWork第一位「社群經理」（community manager），工作內容包山包海，例如：銷售、顧客服務、簡單的接待工作，還有當你幾乎是獨自經營整棟大樓時、可能需要處理的所有其他工作。

絲凱真心熱愛這份工作、這家公司。後來喬爾・施萊伯無法兌現承諾投資一千五百萬美元，絲凱二話不說立刻拿出二十萬美元，緊急借貸給公司。亞當建議絲凱，與他在卡巴拉中心

（Kabbalah Centre）認識的拉比艾坦．亞德尼（Eitan Yardeni）碰面，她眼睛眨都沒眨就答應了；亞當也和其他員工提過相同建議。亞德尼告訴絲凱：她必須和亞當分工合作，讓亞當無後顧之憂地持續向前衝鋒、完成交易、擴張領地，因為他知道絲凱和其他人會在大後方守住城池。但其實毋需亞德尼多說，絲凱早已清楚自己的角色定位。

絲凱拚了命地工作。星期日一整天，她都忙著為辦公室玻璃隔牆貼上霧面磨砂膜。（看來WeWork會員只想和鄰居維持這種程度的連結。）公司業務快速成長，但是協助完成大部分翻修工程的員工獲得的福利，卻沒有跟著增加。亞當和米格爾維告訴員工，再過不久公司就會配發股票給員工，但實際發放日期卻不斷往後延。當絲凱和其他員工要求加薪，亞當卻抱怨說，依照目前情況來看，他的投入並沒有獲得應有的回報。他告訴一名員工，他可以找室友節省房租。

某天亞當和米格爾把絲凱叫進會議室，詢問她為何拒簽競業條款。她說她終於明白，雖然自己從無到有協助創辦這家公司，但在這裡她還是無法真正表達自己的意見。她已經三十三歲，如果亞當依舊希望公司和過去一樣快速成長，那麼她寧可自己經營一、兩家辦公空間，就和亞當與米格爾原本在做的事一樣，那樣她會比較快樂。〔5〕

「你為什麼想要那樣做？」米格爾說，「工作量會很大。」

4 譯註：詹姆斯．伯斯是一九九六年成立於加州的服飾品牌，極簡風的設計深受好萊塢明星喜愛。
5 譯註：依據絲凱在領英帳號顯示的工作經歷，她於二〇一一年三月離開WeWork。

這句話隱含的意思是，公司創辦人比其他所有人都要辛苦——聽了就讓人惱火。亞當離開會議室後，米格爾繼續留下來和絲凱聊天。很明顯，雖然公司成立還不到一年，但兩位創辦人已不再是地位平等的合夥人。米格爾承認，他心裡確實有些疑慮。亞當的野心，讓他回想起先前協助美國服飾公司在全國各地展店的經驗。但是米格爾也提到，他無意阻擋亞當。他已經下定決心繫好安全帶，看看WeWork可以走到哪。

• • •

二〇一一年中，經由一位曾參與拍攝亞當太太蕾貝卡·派特洛主演的短片的朋友介紹，喬許·西蒙斯（Josh Simmons）順利得到WeWork的工作。西蒙斯原本在紐約某家飯店的水療按摩中心櫃檯工作，不過在接受亞當面試時，大部分時候兩人都在閒聊他在南卡羅來納州某間學院的校園團契工作經驗。在蕾貝卡要求下，亞當愈來愈虔誠。和西蒙斯面談時，亞當順便把太太叫進辦公室，一起聊了更多關於亞當如何開始信仰猶太教神祕傳統卡巴拉（Kabbalah），以及靈性（spirituality）如何在WeWork扮演重要角色等等話題。

一開始西蒙斯擔任「帝國大廈據點」的社群經理，在第一個樓層開幕六個月後，六樓、也就是最後的樓層終於順利開幕。「帝國大廈據點」就相當於格蘭街一五四號大樓的改良版，西蒙斯主要任務是協助社群建立更專業的工作氛圍，不過這裡是第一個長期配備有啤酒桶的據點，房客來自各行各業。（日本軟體銀行集團旗下創投公司「軟體銀行資本」〔SoftBank Capital〕的某個工作團隊，在二〇一二年時曾考慮承租 WeWork 辦公室，但後來認為它無法滿足軟體資本更精細的需求。）某天，西蒙斯的一名同事拉開沙發底部的抽屜，赫然發現裡面塞滿了衣服。西蒙斯發現，有一名會員的穿著似乎愈來愈邋遢，後來才知道，這名會員成立的新創公司業績不如預期，他無力負擔公寓房租，所以決定搬到自己在 WeWork 承租的辦公室。

雖然工作內容和當初簽約時有些出入，西蒙斯倒是覺得 WeWork 這家公司很有趣、充滿挑戰。「不能有任何東西空著不用，」亞當告訴西蒙斯和其他社群經理，他們除了要處理銷售業務，還要擔負其他工作責任。雖然這裡不是團契，但西蒙斯還是希望所有會員每天都能過得更好。「我們時常被提醒，這一切和金錢無關，」西蒙斯說。有一天，亞當陪同一位潛在投資人參觀 WeWork 辦公空間，他召集西蒙斯和一些員工跟這位投資人碰面。亞當詢問員工的年齡，西蒙斯和其他同事回說二十多歲。

「看到沒？」亞當說，「我可以雇用大批年輕人，而且不用付錢給他們。」

最糟的是，西蒙斯發現，紐曼確實說得沒錯。許多 WeWork 新進員工都是剛畢業的社會新鮮人，歷經經濟衰退後，他們樂於接受任何類型的工作，而且非常希望加入承諾將社交生活帶進工作場所的公司。但是西蒙斯已婚，而且小孩即將出生；在 WeWork，每星期有好幾個晚上，員工會和同事外出狂歡，或是邊工作邊和同事享用免費啤酒，但這些對西蒙斯來說不算是福利。亞當從來沒有為任何人工作過，而且就和許多新創公司一樣，WeWork原先承諾的基本福利時常中途喊卡。前不久WeWork開始提供健康醫療保險，卻沒有育嬰假，因為他們知道男性員工通常不會請太多天假；蕾貝卡在二〇一一年生下第一個小孩，亞當幾乎沒有停下手邊工作。

加入WeWork一年後，西蒙斯得到新工作機會，薪水是WeWork兩倍，雇主不是大型企業，而是一間地方教堂。西蒙斯告訴營運長克里斯·希爾這項消息，但希爾說公司無法提供同等薪資。「教堂本來就比較照顧人，」西蒙斯解釋。亞當曾和西蒙斯聊到靈性如何影響他經營事業的方法，但那些話現在卻顯得有些虛偽。前陣子亞當把西蒙斯叫進辦公室，似乎是在測試他的忠誠：亞當之前曾和某位員工發生爭執，所以他想要確認西蒙斯究竟站在哪一邊。會議上亞當下達了一道指令，後來西蒙斯離開WeWork、加入地方教堂時，腦海一直浮現那道指令。「我，」亞當說，「就是WeWork。」

5 性、共同工作空間，以及搖滾樂

Sex, Coworking, and Rock 'n' Roll

每個世代都會設法打造吻合自身需求的辦公室。工業革命爆發後，工廠興起，機械工程師佛德列克・泰勒（Frederick Taylor）大力推廣的大型製造現場，是最原始的開放式辦公空間。到了二十世紀，首度出現白領工作空間，外觀設計和生產線非常類似。一九三九年，法蘭克・洛伊・萊特（Frank Lloyd Wright）操刀設計的美國莊臣總部（Johnson Wax Headquarters）順利完工，整體建築採光更明亮、也更符合人性需求。到了一九八〇年代，隨著桌上型電腦應用普及，愈來愈多公司在辦公室加裝隔板，讓員工保有更多個人隱私，從此成了主要辦公室設計，直到矽谷新創公司全力拆除隔牆，擺放懶骨頭沙發和桌上足球台，雇用可以使用筆電工作的員工。

「共同工作空間」（coworking）出現，是另一場辦公室改造運動。coworking 一詞是舊金山軟體工程師布萊德・紐伯格（Brad Neuberg）於二〇〇五年創造的，他希望在單調沉悶的辦公室生活與孤單一人的自由工作之間，找到更適合的折衷方案。星巴克沒有提供免費無線網路，而提供免費網路的咖啡店如瓦倫西亞街（Valencia Street）上的儀典咖啡（Ritual Roasters），又太擁擠，如果想要在那裡工作，就得不斷和其他人搶位子、找插座。紐伯格希望經營類似啟蒙時代咖啡屋的空間，當時人們會在裡面交流意見或談生意。在現代的這類空間，可能會有工程師在裡頭討論程式設計，並且嘲笑奇美克斯（Chemex）[1]手沖咖啡壺梗圖。

當年，紐伯格以每月三百美元價格，向舊金山教會區（Mission）某個女性主義團體租下一個空間，邀請其他自由工作者到這裡工作，他自己負責擺放和收拾桌椅。紐伯格到各地咖啡店發送傳單後，開始陸續有人進駐，其中之一是產品設計師克里斯・梅西納（Chris Messina），他正是推特標籤（hashtag）的發明人。二〇〇六年，梅西納、紐伯格、以及從事行銷工作的泰拉・杭特（Tara Hunt）共同創辦「帽子工廠」（Teh Hat Factory，定冠詞拼法錯誤是刻意為之的無聊玩笑：一般人偶爾會因為手殘，將the誤打成teh），提供可長期承租的工作空間。帽子工廠位於一棟舊倉庫改建的公寓大樓，床單自天花板垂掛而下作為區隔。沒有人想著要賺錢。「開放性對我們來說很重要，」杭特說。「還有，共同工作空間商業模式根本是垃圾，我們認為不會得到創投支持。除非你把人榨乾，否則永遠不可能擴大規模。」

自此之後，共同工作空間開始在全美各地興起：二〇〇八年，就在綠色辦公桌成立的幾個月前，《紐約時報》刊登一篇文章，報導紐約市等各地大量出現的共同工作空間。米格爾參觀了其中一家以工程師為目標客群的工作空間，霧面黑色牆壁、昏暗的燈光、喧鬧的音樂聲，這些特色不禁讓他聯想到柏林夜店。另外，距離布魯克林綠色辦公桌約一英里（約一・六公里）遠的地方有一家「綠色空間」（Green Space），同樣以環保為訴求。不過多數共同工作空間提供的服務都大同小異，例如提供午睡房間、暢飲時段、美味咖啡等等。

後來亞當說，在成立綠色辦公桌之前，他「從未看過其他共同工作空間」，但是他懂得如何經營這份事業。亞當就讀柏魯克學院期間，班上同學瑪爾卡・耶魯沙爾米（Malka Yerushalmi）介紹亞當和她兒子欽尼（Cheni）認識。年輕的欽尼是個以色列創業家，經營一家辦公空間公司「陽光商務中心」（Sunshine Suites）。欽尼是在二〇〇一年創辦陽光商務中心，現在已經在紐約擁有多個據點，亞當正是在這一年移居紐約。據欽尼・耶魯沙爾米表示，當時他親自帶領亞當，參觀他位於華盛頓廣場公園（Washington Square Park）附近的工作空間，向亞當解釋公司的運作模式。他說建立社群是經營辦公空間的關鍵，他稱呼房客為「光點」（Shiner），甚至組織了一支壘球隊參加比賽，只不過成績爛透了。另外，他和律師特別擬定全新的授權合約，希望提供傳統租約所沒有的好處。二〇〇七年，亞當沒有事先告知耶魯沙爾米，以潛在房客身分再次造訪陽光商務中心。後來耶魯沙爾米說，關於這件事當時他並沒有多想。

一年後，紐曼成立綠色辦公桌，耶魯沙爾米完全不在意；亞當的公司在河對岸的布魯克林，

1 譯註：一九四一年德國出生的化學博士彼得・施倫伯姆（Peter Schlumbohm）化學博士發明這款經典手沖咖啡壺，他是參考實驗室的玻璃漏斗和錐形燒瓶進行修改。壺身的上半部與下半部合而為一，中間的壺頸用環形木頭包覆，可做為防燙把手，另外在壺身增加了排氣通道和出水口。這款咖啡壺多年來一直由位於美國麻州的奇美克斯公司生產。

當時根本沒有人想像得到，商業辦公室市場日後將會由單一個人所主導。紐曼和耶魯沙爾米偶爾還是會相互討論各自的事業、分享各種建議，例如：如何提供安全的無線網路、如何調查潛在房客的來歷。二〇〇九年某日，亞當邀請耶魯沙爾米共進午餐，他告訴耶魯沙爾米他將要離開綠色辦公桌，成立自己的辦公空間公司。隨後WeWork第一個據點，也就是格蘭街一五四號大樓正式開幕，地點就位在亞當參觀過的陽光商務中心的南方。另外，WeWork擬定的會員合約內容，也和之前耶魯沙爾米跟他分享的合約非常相似。

眼看WeWork持續成長，陸續擴張新據點，耶魯沙爾米終於忍不住打電話給亞當。他提醒亞當是他母親介紹他倆認識的，他說亞當簡直是「他媽卑鄙的混蛋」。史黛拉．坦普洛加入WeWork之後，優先任務之一就是重擬會員合約。

耶魯沙爾米和其他共同工作空間經營者，缺乏像亞當一樣的強烈企圖心，以及出色的募資能力。施萊伯實際投資金額，只占原先承諾的一小部分，所以他從未取得百分之三十三股權，不過後來亞當開始將注意力轉向他在紐約結識、擁有深厚人脈關係的好友圈。二〇一一年夏季，亞當在漢普頓（Hamptons）租下一間房屋，他告訴員工，這裡的租金雖然有些超出預算，但如果要打動紐約富豪、和他們建立關係，這筆花費絕對值得。最後街頭服飾品牌奇思（Kith）的創辦人山姆．本阿夫拉罕（Sam Ben-Avraham）決定投資數百萬美元，亞當其他朋友也紛紛出資。在當時，多數共同工作空間經營者如果能夠湊足六位數資金，就已經非常幸運了。但是到了二〇一二年，亞當光是向好友和家人募集的資金，就高達七百萬美元。

• • •

WeWork創業初期的其中一筆資金，來自紐曼的太太蕾貝卡，她從父母贈與她的一百萬美元積蓄中拿出一筆錢，投資她先生和他的公司——她相信她先生能夠拯救這世界。鮑比（Bobby）和伊芙琳・派特洛（Evelyn Paltrow）生下三個孩子十多年後，在一九七八年生下蕾貝卡，「這個家百般呵護的將她撫養長大，」她堂姐葛妮絲・派特洛說，「她就像意外來到人世的美麗公主。」

蕾貝卡比葛妮絲小六歲，葛妮絲母親是女演員布萊絲・丹娜（Blythe Danner），父親是好萊塢製作人布魯斯・派特洛（Bruce Paltrow）。（史蒂芬・史匹柏是她教父。）蕾貝卡父親鮑比是布魯斯的弟弟。派特洛家族的祖先是波蘭猶太人，家族姓氏為派特洛維茲（Paltrowicz），蕾貝卡的天祖父是專門研究卡巴拉的拉比，傳說他擁有神祕力量，據說某天他居住的波蘭小鎮外發生火災，他走到陽台上揮舞手帕，成功滅火。

蕾貝卡在紐約長島大頸鎮（Great Neck）出生，此地正是法蘭西斯・史考特・費茲傑羅（F. Scott Fitzgerald）小說中的西卵村（West Egg）[2]靈感來源，當時葛妮絲時常往返洛杉磯和紐約兩地。蕾貝卡全家最後搬到曼哈頓北方約一小時車程的富人區貝德福德（Bedford），日後她接受時尚雜誌採訪時，宣稱自己出生平凡，「我是在泥巴路旁類似樹屋的地方長大的。」但是她堂姐很客氣地修正她的說法。「他們家境優渥，」葛妮絲說，「她媽媽繼承龐大財富，他們家擁有大筆房產。她母親伊芙琳品味出眾，使用的亞麻面料都是最頂級的。他們得到非常多幫助，生活相當安逸。」

布魯斯．派特洛在好萊塢為自己打下江山之際，鮑比則是成立北美電信公司（North American Communications），提供垃圾郵件管理服務。「我覺得對他來說，業務內容沒那麼重要，」蕾貝卡說，「重點是他熱愛創業過程。」一九八六年，蕾貝卡八歲時，鮑比掌管的兩家慈善組織「美國癌症研究基金」（American Cancer Research Fund）和「美國心臟研究基金」（American Heart Research Foundation）承認十項郵件詐騙罪名，他們透過假造的慈善郵件募得約兩百萬美元。政府宣稱，鮑比運用「傳統詐騙手法」，將慈善捐款匯到個人帳戶。首先北美電信公司替慈善組織列印、封裝郵件廣告，慈善組織再借用本身的稅務身分，以優惠費率寄送這些郵件；但是收到的捐款沒有半毛錢流入醫學研究組織。最終兩家慈善組織被判罰十萬美元，並且必須捐贈三十萬美元給合法慈善機構。將近二十年後，二〇一四年鮑比承認稅務詐欺罪名。

蕾貝卡就讀的高中是霍瑞斯曼（Horace Mann）中學，這所菁英私立學校位在布朗克斯區，學業壓力沉重，不亞於在社交圈出人頭地的壓力。蕾貝卡的高中同學都叫她「蕾比」（Rebbi），一名同學提到，不論是追求課業表現或社交地位，蕾貝卡都不怎麼上心。「蕾比根本就不屑一顧，」這名同學說，「你可以在她身上，明顯感受到那種凡事不在乎的準名媛氣場，或許比班上其他人都還要明顯。」蕾貝卡結交了一群有錢的名流，大家也都很喜歡她。她看起來沒什麼野心，畢業紀念冊上所記錄的兩大事蹟是：「貢獻最多酒稅給紐約州」以及「駕照累積最多違規記點」。

蕾貝卡一直活在堂姐葛妮絲的巨大陰影之下。一九九六年，蕾貝卡進入康乃爾大學就讀，同年葛妮絲主演了一部改編自小說《艾瑪》（*Emma*）的電影〔3〕，正與布萊德．彼特（Brad Pitt）交往。（葛妮絲以《莎翁情史》〔*Shakespeare in Love*〕這部電影作品贏得奧斯卡獎，她將這座獎獻給許多人，其中一位是蕾貝卡的哥哥凱思〔Keith〕，他在一九八九年因為癌症過世。）蕾貝卡總會刻意凸顯自己的家族關係。在康乃爾大學自我介紹時，雖然只要說出名字就好，但她都會介紹說自己是蕾比．派特洛；後來《喧囂》（*Bustle*）雜誌報導說，蕾貝卡曾告訴姊妹會的一位朋友，她想要參加布萊德．彼特和葛妮絲的婚禮，還說自己會收到邀請。葛妮絲在青少年時期就開始表演生涯，但蕾貝卡一直不知道自己要做什麼，不過她畢竟出身創業家庭，畢業後她搬到紐約，加入所羅門美邦（Salomon Smith Barney）的股票經紀人培訓計畫。

但是過程並不順利。幾個星期後蕾貝卡辭去工作。她父母多年來水火不容，已經離婚；蕾貝卡的男友愛上她最要好的朋友，和她分手。「有太多背叛與痛苦，」她後來說，「但最終，感謝上帝，一路引領著我。」恢復自由身不久，二十三歲的蕾貝卡飛到印度，坐了十四小時的巴士抵達

2 譯註：費茲傑羅的代表作《大亨小傳》（*The Great Gatsby*）的主角傑．蓋茲比（Jay Gatsby）致富後，就住在長島西卵村。

3 譯註：《艾瑪》是英國小說家珍．奧斯汀（Jane Austen）的文學作品，改編的電影中文名為《艾瑪要出嫁》。

山城達蘭薩拉（Dharamsala），這裡正是達賴喇嘛自西藏逃亡後生活的地方。她每天花幾小時冥想，研究瑜伽，和達賴喇嘛會面，狂喝印度奶茶。

回到美國後，一開始蕾貝卡還不確定自己要做什麼，她去看了放克饒舌樂團麥克法蘭提與先鋒（Michael Franti and Spearhead）的演唱會，他們的音樂創作探討各種社會公義議題。（前不久他們剛發行新專輯《保持人性》（*Stay Human*）。）蕾貝卡跟著樂團前往下一場演唱會，還寫了一封信給他們。幾星期後，法蘭提的經理人打電話給她，說她的信激勵了樂團，問她是否願意和樂團一起待在舊金山？後來大概有一年時間，蕾貝卡跟著樂團一起生活、巡演，她沒有擔任特定角色、也不支薪。「這不是重點，」她說，「我正踏上一段自我發現的旅程，我知道這些人是這段旅程的一部分。」後來她終於歸納出結論：「我看到麥克如何運用藝術發揮影響力，所以我決定了，我要當演員。」許多茫然不知所措的二十多歲年輕人，都會得出同樣的結論。

隨後蕾貝卡搬到洛杉磯，在那裡待了幾年上表演課、參加試鏡。她堂姐的表演事業持續發光，拍攝了《天才一族》（*The Royal Tenenbaums*）、王牌大賤諜（Austin Powers）系列電影其中一部，主演天才詩人希薇亞．普拉絲（Sylvia Plath）的傳記電影〔4〕，但蕾貝卡一直得不到肯定。「表演需要花很多心力，我沒有達到自己希望的目標，」蕾貝卡說，「所以我回到紐約，後來便遇到了亞當。」

• • •

蕾貝卡答應亞當的閃電求婚，條件是他必須戒除某些壞習慣。他們將亞當使用的抽菸工具和常喝的碳酸飲料，倒入蕾貝卡公寓大樓的垃圾槽裡，當作某種儀式性宣告。她不太喝酒，通常比亞當還要早回家，她總能適時壓制亞當的旺盛精力。「我很喜歡亞當，但是他真的很難搞。」葛妮絲談到堂妹夫時表示；她還說如果沒有蕾貝卡在身邊，亞當很可能會隨時爆發。

WeWork創業初期，蕾貝卡並不常出現在公司，也不太主動在深夜幫忙裝修。但是她對亞當卻有非常大的影響力。WeWork員工有時候晚上回到家想到解決方案，結果隔天早上亞當卻告訴他們，他和蕾貝卡討論後已經擬定新的行動方案。蕾貝卡會幫亞當回覆郵件、做午餐，只要他有需要，她就會伸出援手。「我真的很希望他能發揮最大潛能，」蕾貝卡說，她形容自己的角色「就像繆思，年輕時這會是個問題，那時候我會希望自己是主角」。

當亞當忙著創辦WeWork，蕾貝卡仍夢想成為演員。就在WeWork正式營運幾個月後，公司與時尚雜誌《燈芯絨》（*Corduroy*）在曼哈頓地區的頂級攝影棚「米爾克工作室」（Milk Studios）共同主辦一場社交派對。這場派對是專門為WeWork和紐曼夫婦舉辦的，WeWork特地在角落設置一間玻璃辦公室作為展示。亞當身穿黑色西裝外套、Converse球鞋，擺好姿勢拍攝活動宣傳照，西恩・藍儂（Sean Lennon）受邀擔任表演嘉賓。（原本英國獨立搖滾高手皮特・多赫提〔Pete Doherty〕[5]要參與

4 編註：電影英文名稱為*Sylvia*，中譯為《瓶中美人》。

5 曾是放蕩樂團（The Libertines）的主唱之一，非常有音樂才華，後因染上毒癮而引發爭議。

表演，但是遭到客戶反對。）雜誌刊登了一篇簡短的人物報導，文中介紹蕾貝卡是演員。「這位派特洛小姐非常接地氣。」雜誌寫道。蕾貝卡加入由一群新進演員組成的「老維克新聲音」（Old Vic New Voices）劇團，參與演出了由英國女演員伊芙．貝斯特（Eve Best）執導、改編自契訶夫小說《三姊妹》（*Three Sisters*）的戲劇。由於劇團缺乏排練空間，蕾貝卡出借格蘭街一五四號大樓某側的辦公空間。演員排練時不停在樓梯間跑上跑下，使盡力氣大吼，嚇到不少員工。

二〇一〇年夏季，蕾貝卡和亞當主動聯繫年輕的編劇杭特．理查茲（Hunter Richards），當時他寫了一部劇本，講的是兩位科學家探索人性良知深度的故事，亞當想要買下劇本版權。某天，理查茲和紐曼夫婦在西村的熱門景點維佛利酒店（Waverly Inn）碰面，共進晚餐、品嘗苦艾酒。亞當對理查茲說，他完全不理解拍電影時導演究竟扮演什麼角色，理查茲回覆說有點類似企業執行長。理查茲誇耀說，自己在二十多歲時就成功賣出劇本，賺到人生第一個一百萬，亞當立即打包票說，他一定會超越理查茲。「我會賺到我人生的第一個十億。」

蕾貝卡告訴理查茲，她正要成立電影製作公司「波希米影業」（Boheme Films），專門製作「精神進步」（spiritually progressive）的電影。她計畫拍攝一部短片，想詢問他是否考慮執導？既然亞當有錢，理查茲自己又想要試用新攝影機，於是點頭答應，他告訴紐曼夫婦，整部電影的拍攝成本只要三萬美元，但是蕾貝卡希望所有事情做到最好。攤開演員名單，可說是眾星雲集，包括蘿莎瑞．道森（Rosario Dawson）、西恩．藍儂、以及在《慾望城市》（*Sex and the City*）扮演米蘭達管家而一舉成名的琳恩．柯恩（Lynn Cohen），此外還有多達二十人的工作團隊，其中一位電影攝影師特地從加拿大飛來紐約，還有一名副導演曾參與拍攝獲得奧斯卡最佳影片的《危機倒數》（*The Hurt Locker*）〔6〕。理查茲以為是由蘿莎瑞．道森擔綱主角，他說道森自己也這麼以為，但是當他們抵達拍攝現場，蕾貝卡卻表明主演是她。「原本我想要阻止，但是他們已經準備要付錢，」理查茲說。

到最後，紐曼夫婦花費超過十萬美元，拍攝僅有十五分鐘的短片。「這是我拍過最貴的短片，或許到現在還是，」副導演阿提特．沙阿（Atit Shah）說。紐曼夫婦很捨得砸錢為電影加上各種炫目特效，其中一幕場景是蕾貝卡全身周圍散發耀眼光芒，夫婦倆堅持必須額外加上視覺特效。但是對於某些基本開銷，這對夫婦卻斤斤計較，比如某天劇組在威斯特徹斯特郡（Westchester County）拍了一整天，製作人安排所有人住飯店，這樣就不用當天開車返回紐約，結果被夫婦兩人痛罵一頓。

《覺醒》（*Awake*）的多數工作人員，都沒看到這部短片最後的剪輯版本，但是亞當和蕾貝卡倒是邀請所有WeWork員工，參加在翠貝卡大飯店（Tribeca Grand hotel）舉辦的首映會。在電影中，道森是蕾貝卡的好友，她走進蕾貝卡居住的公寓，發現她身邊散落一堆藥丸和酒瓶，於是決定開車載蕾貝卡出城，她建議蕾貝卡不妨去森林走走。蕾貝卡在森林中看到一座帳篷，帳篷內西恩．

6 譯註：這是一部小成本獨立製片電影，描述一群菁英士兵被派往伊拉克前線拆除炸彈的故事，在二〇一〇年奧斯卡頒獎典禮總共抱走六項大獎，包括：最佳影片、最佳導演、最佳原著劇本、最佳音效、最佳音效剪輯、最佳剪輯。

藍儂盤腿坐在枕頭上。「請坐，」藍儂說，「你一直在尋找自己的完整人生，從宗教到人際關係、從性到物質、從精神分析到實境電視節目，但是答案就在你的內心。」

「抱歉，我無意冒犯，但是我不相信上帝、靈性和占星，」蕾貝卡含淚說著，「我只希望痛苦消失。」

「恐懼是這世上所有痛苦和磨難的源頭，從每一次暴力行為到每一場戰爭，」藍儂說，「現在恐懼正在毒害你。」他要蕾貝卡寫下她曾有過的所有想法和記憶。

蕾貝卡坐在壁爐前一一寫下自己的記憶，現實生活的影像一幕幕浮現，包括她的兒童時期、與亞當的婚禮。她把寫好的內容交給藍儂，藍儂卻直接丟進壁爐裡。「聽好，親愛的，每個想法都會產生感應，」藍儂說，他鼓勵蕾貝卡跟著他一起吟唱，這時候她全身周圍出現耀眼光芒。

「你到底是誰？」蕾貝卡問說。

「我，」藍儂說著，打了一下響指，螢幕瞬間全黑，「是覺醒。」

• • •

蕾貝卡堅持亞當必須充實自己的精神生活，這是當初他們訂婚時的附加條件。他第一次答應接受治療，從此以後，他對於小時候的困苦，不再像以前那樣感到難堪。蕾貝卡還帶著亞當參加由女星鄔瑪・舒曼（Uma Thurman）弟弟德欽・舒曼（Dechen Thurman）主持的冥想課。課程結束後，亞當和蕾貝卡會前往德欽・舒曼位在格林威治村的無電梯公寓。舒曼另外有在教吉瓦木克提瑜伽，亞當問他，如果蕾貝卡成立自己的瑜伽教室，會過著什麼樣的生活。舒曼大略解釋了既有體制存在的不公現象，年輕老師得長時間工作，收入卻少得可憐，只有極少數頂尖老師，有辦法在財務和精神上長期獲得穩定回報。

蕾貝卡也開始帶著亞當，參加曼哈頓卡巴拉中心開設的課程。卡巴拉信徒最早是在十二世紀出現的，這些人幾乎全是拉比，就和蕾貝卡的天祖父一樣，他們期望和上帝建立更緊密的個人關係，而不僅僅遵守教義。現代卡巴拉融合了部分美國文化特色。卡巴拉中心是由來自布魯克林的保險業務員暨拉比菲利普・伯格（Philip Berg）和他太太凱倫（Karen）共同創辦，伯格離開第一任妻子和八個小孩後，與凱倫成婚，夫妻兩人於一九八四年在洛杉磯成立卡巴拉中心，之後在兩人的兒子麥克（Michael）和耶胡達（Yehuda）協助下，不斷擴張版圖。

到了一九九〇年代末期，伯格夫婦宣稱卡巴拉信徒已經累計多達數千名，他們真正要談論的並非上帝、而是「能量」。夫妻倆將卡巴拉定位成「為靈魂服務的科技」，他們宣揚的成功神學理念融合了不同派別的猶太教義。信徒參加禮拜時，會穿著白色服裝吸引正向能量，所有人一起唱歌，進入原始的狂喜狀態。某天《浮華世界》（*Vanity Fair*）記者參加洛杉磯卡巴拉中心舉辦的禮拜活動，親眼目睹信徒們大聲喊叫、雙手在空中緊握。「我們正在將能量傳遞到車諾比，」其中一人說，「我們要將負面能量轉換成光！」

伯格夫婦甚至將卡巴拉中心變成賺錢的商業機器。他們銷售書籍，信誓旦旦地向讀者保證，只要透過某些方法，就能達成「完全實現」和「無限喜悅」的目標，例如「巧克力能帶來狂喜」。除此之外，卡巴拉中心也販售各式各樣的蠟燭，像是「性能量與召喚上帝」（Sexual Energy and Dialing God）；另一項產品是「卡巴拉山泉水」（Kabbalah Mountain Spring Water），伯格夫婦宣稱山泉水能治療各種病痛。（事實上其水源是加拿大某座汙水處理廠。）他們成功獲得眾多名人支持，包括：瑪丹娜（Madonna）、黛咪・摩爾（Demi Moore）和艾希頓・庫奇（Ashton Kutcher）、蘿珊・巴爾（Roseanne Barr）、劉玉玲、時尚設計師唐納・凱倫（Donna Karan），以及唐納・川普的第二任妻子瑪拉・梅普爾斯（Marla Maples）。伯格夫婦鼓勵卡巴拉信徒在手腕上佩戴紅繩手鍊，說是能驅散各種負面能量，中心的網站也有販售同款手鍊，售價二十六美元（約台幣七百二十元）。到了二〇〇〇年代，紅繩手鍊成了某種地位象徵；有人看到名媛芭莉絲・希爾頓（Paris Hilton）和女星琳賽・蘿涵（Lindsay Lohan）等人手腕上都佩戴著紅繩手鍊。

蕾貝卡待在洛杉磯期間，跟隨堂姊葛妮絲加入卡巴拉。（這段期間蕾貝卡獲得幾次演出機會，不過都是和其他卡巴拉中心成員一起，例如她曾在艾希頓・庫奇主持的整人實境秀《明星大整蠱》（*Punk'd*）其中兩集中現身，或是在劉玉玲參與演出的電影中露臉，但只有一句對白。）到了二〇〇〇年代末期，亞當和蕾貝卡成了紐約卡巴拉中心常客。中心講究階級，喜歡拉攏名人和有錢人，在星期五晚宴現場，亞當和蕾貝卡通常被安排坐主桌，就在拉比艾坦・亞德尼旁邊，亞德尼通常花很多時間和卡巴拉貴賓們打交道。（「我感覺自己責任更重大，」亞德尼有次談到與瑪丹娜共事的經驗時說道。）雖然蕾貝卡出身名門，但某些卡巴拉成員依舊對亞當有些質疑，亞當急切地想要證明自己；當時有位朋友說，亞當不希望自己是因為娶了派特洛小姐而出名。「亞當是真心信仰卡巴拉，」在卡巴拉中心結識紐曼的某位WeWork高階主管說，「他向來是聚會的焦點人物，不過他也在那裡學到了關於覺知的鬼東西。」

亞當雖然在以色列長大，卻對宗教沒什麼熱誠；他父母通常不會過猶太節日或安息日。猶太教教規嚴格，讓他覺得很厭煩，像是星期六他不能去海邊玩耍，因為巴士暫停營運。亞當來到紐約後雖然力爭上游，起初卻一事無成，直到十年後才出現轉機。信仰卡巴拉讓他的生活真正步上軌道，人生從此有了意義，甚至學會用另一種方式觀看世界。亞當和蕾貝卡後來選定唐納・凱倫在西村經營的活動空間「城市禪意中心」（Urban Zen Center）舉辦婚宴，當時亞當也開始佩戴紅繩手鍊。亞當和蕾貝卡在翠貝卡公寓的床鋪上方掛了一幅畫，上面寫著一段字跡扭曲的文字：

改變你
看待每件事的
方法

卡巴拉改變了亞當看待自身工作的方式。就實務層面來說，亞當和蕾貝卡積極參加紐約卡巴拉中心的活動，成功打進另一群紐約富豪圈，二〇〇九年在艾希頓・庫奇主演的電影首映會現場〔7〕，蕾貝卡就坐在黛咪・摩爾旁邊；他們還因此找到願意投資WeWork的第一批金主。二〇一二年，亞當接受紐約某家房地產刊物採訪時表示，卡巴拉是他創辦WeWork的靈感來源。「我發現在卡巴拉社群，大家真的會相互幫助，」他說，「我希望把這種社群精神變成事業。」WeWork員工注意到，卡巴拉中心的用語和教義，逐漸融入公司的日常工作。紐曼夫婦時常把「能量」掛在嘴邊，亞當常對員工說，他在諮詢亞德尼的意見後做出了決定。亞當要求員工參加卡巴拉課程，他自己也開始在WeWork總部定期與亞德尼開會，並鼓勵資深員工參加。

接觸卡巴拉後，亞當不僅有了目的感，更深受啟發，懂得如何和忠誠的追隨者共同管理一個組織。對許多成員來說，參加卡巴拉中心的課程需要全身心投入。依據卡巴拉思想，所有人內在都存在著「上帝火花」（spark of God），他們擁有的天賦代表神性能量（divine energy），能夠傳散至全世界，但是卡巴拉拉比具備祕傳知識，所以有能力對追隨者發揮強大影響力。

「亞當像是迷失的靈魂，個性非常外向，願意不計代價地去做任何事，但是缺乏核心價值系統，」在卡巴拉中心與亞當相識的WeWork高階主管說，「透過卡巴拉信仰，亞當變得像個先知。就好你比把籃球交到麥可・喬登（Michael Jordan）手中一樣。」

•••

二〇一一年十一月，大約有兩百名歐洲人全神貫注聆聽演講，亞當的身影出現在投影螢幕上，他身穿有領襯衫，領口瀟灑地敞開。這群歐洲人在柏林，亞當則在紐約，透過視訊參加第二屆共同工作空間歐洲研討會。

一個月前，亞當的助理聯繫研討會創辦人、比利時籍的尚・伊夫・胡瓦特（Jean-Yves Huwart），告訴他WeWork是全美規模最大的共同工作空間公司。胡瓦特第一次聽到這項消息，他從沒有聽過WeWork，在網路上也找不到幾張WeWork的辦公室照片。當時共同工作空間產業相當破碎，幾乎全是一些不成氣候的公司。胡瓦特從未想過，會有一家公司在自己的國家成為該產業的主導者。亞當的助理在信中，附上了幾張用繪圖軟體合成的辦公空間照片，她說WeWork即將在紐約和舊金山成立共同工作空間；她還附上了亞當的簡歷，說明她老闆正在進行哪些專案：他仍握有嬰兒服飾公司的所有權，之後「成立WeWork……改變人們的工作方式」。

艾力克斯・希爾曼（Alex Hillman）是少數在柏林參加共同工作空間歐洲研討會的美國人之一，他在費城經營一家共同工作空間公司。希爾曼聽過WeWork和紐曼，所以非常期待他的演講：「共

7 譯註：電影名為《情聖終結者》（*Spread*）。

同工作空間、企業二・〇與內部創業：下一個谷歌、星巴克或臉書將自共同工作空間誕生」。但是在聆聽演講的過程中，希爾曼卻愈來愈擔憂。亞當運用各種浮誇說辭談論如何建立社群，希爾曼當初決定成立共同工作空間，確實是為了建立社群，但是在他看來，亞當的演講比較像說給投資人聽的簡報，而不是針對志同道合的同好發表演說。希爾曼沒有想到，這場研討會竟然吸引了大批企業房地產開發商，除了穿球鞋的觀眾，台下還可看到不少穿著雕花皮鞋的人；更讓希爾曼感到不可思議的是，許多與會者在聆聽紐曼演講時，流露出巴結奉承的眼神。「就很像是螢幕上出現斗大的《一九八四》標題，一群人無腦地直盯著這則像是救世主一樣的信息，」希爾曼說。

希爾曼回到家後，在部落格發表了一篇文章，標題為「性、共同工作空間，以及搖滾樂」，內容主要是描述原本陷入沉寂的產業，似乎正要迎接新時代到來。

幾個月後，尚・伊夫・胡瓦特和亞當相約在WeWork位於紐約瓦里克街（Varick Street）最新開幕的據點碰面。WeWork向來偏愛玻璃隔板這種半隱私設計，所以嚴格說來，之前開幕的辦公大樓不算真正的共同工作空間，但瓦里克街新據點確實是開放式辦公室，不同區域分別鎖定不同產業的工作者，例如：WeCross以建築師和設計師為主，WeWork實驗室（WeWork Labs）則是以科技新創公司為主。這個共同工作空間相當寬敞，擁有七百張辦公桌，是胡瓦特所看過規模最大的開放式辦公室。他倆碰面時，亞當告訴胡瓦特，他正計畫前往以色列，希望在當地成立WeWork第一個海外據點。或許亞當可以順道造訪胡瓦特的家鄉布魯塞爾，在當地成立新據點？

紐曼和胡瓦特兩人都前往德州奧斯汀，參加全球共同工作空間大會（Global Coworking Unconference，GCUC），這活動源於二〇〇八年，原本只是「西南偏南」（South by Southwest）的暢飲活動[8]，後來隨著產業成長，全球共同工作空間大會的規模日漸擴大，最終發展成為持續多日的活動。GCUC的創辦人莉茲．艾蘭（Liz Elam）邀請亞當參加她在W飯店（W Hotel）舉辦的「美國新創公司慶祝派對」（A Celebration of American Start-ups），擔任嘉賓。正當某個地方樂團上台表演，亞當的助理告訴艾蘭，她得去幫自家老闆弄到一些大麻。

在當年的GCUC上，亞當算是小有名氣，前不久WeWork的事業版圖正式擴張到美國西岸，在舊金山成立新據點。亞當已經代表WeWork接下好幾場公開演講邀約，因為米格爾不喜歡扮演這種角色。有一次亞當參加了一場名為「為何房地產會讓你賺錢或破產」（Why Real Estate Can Make or Break You）的講座，同台講者包括來自各地的共同工作空間執行長，從波士頓到邁阿密都有。亞當告訴觀眾，經營共同工作空間其實是在經營兩種事業：房地產和社群。他宣稱自己不太在意投資報酬率（return on investment，ROI）問題，而更重視社群報酬率（return on community，ROC）。

亞當努力讓自己看起來像是很懂得投資房地產。當時房地產業正擺脫衰退、逐步回溫，亞當說他用低價簽下三十年租約。「如果WeWork失敗——但願不會——那麼價值數千萬美元的租約

8 譯註：「西南偏南」創立於一九八七年，內容包含音樂節、影展和創意產業商展，二〇二一年因為新冠疫情影響，首度改為線上舉辦。（本註解沿用文策院的中譯和簡介說明。）

就歸我所有，」他誇耀說，但緊接著他抱怨現在情況開始轉變了。他說舊金山的租金不斷飆升，WeWork有筆交易的價格，在協商過程中上漲了百分之十五。

到目前為止，亞當是舞台上最有魅力的講者，在大會上一路強辯到底。他說一開始他不確定是否要參加GCUC。「我問我自己，為什麼要去一個地方，對著所有未來可能的競爭對手演講？」亞當說。但認真思考過後他終於想通了，WeWork這家公司強調「我們以及合作」，他應該將所有人視為潛在合作夥伴、而不是敵人。「在這裡，所有擁有共同工作空間，或是正在思考經營共同工作空間的人，請直接聯繫WeWork，」他說，「我們計畫快速拓展到全國。我們不需要自己成立所有新據點，我們很樂意和你們當中某些人合作……我們可以合作建立社群，改變世界。」

• • •

對於紐曼的潛在合夥人來說，這段話聽起來不像邀請，反而更像警告。帽子工廠的紐伯格、杭特和梅西納不知道要如何看待亞當的公司業務逐漸擴張一事。將人們關在玻璃箱內，偶爾舉辦暢飲活動，這並非他們想要建立的社群類型，但是很明顯WeWork確實有它的吸引力。紐伯格一直在思考，或許未來將會出現共同工作空間版星巴克，也可能到最後成為星巴克。最初成立共同工作空間懷抱的無政府主義理念逐漸被吞沒。最終，紐伯格接受了谷歌提供的工作機會。

共同創辦WeWork實驗室的傑西・米德爾頓（Jesse Middleton）邀請梅西納，和亞當討論共同工作空間的初期發展情況。他們約定在靠近市政府、WeWork新總部大樓頂樓的亞當辦公室碰面。亞當告訴梅西納，他正在開發「工作場所版微軟視窗」，也就是能夠協助人們完成各種工作的通用平台。根據梅西納的理解，亞當是想要為工作者提供「從出生到死亡的完整體驗，掌控自己的生活」。亞當似乎無意聽取梅西納的意見，只是想要確認梅西納是否在計畫什麼可能阻礙WeWork發展的事。「對我來說很好笑、或許某個角度來講也算不幸的是，其他人看到我們建立的社群後，就會開始動腦筋想著怎麼分一杯羹，」梅西納對我說。他感覺，和亞當聊天就像親身經歷《駭客任務》（*The Matrix*）的場景。「我是尼歐，我看到你了，史密斯探員，」梅西納說，「如果你覺得有必要，你會不顧一切立刻把我殲滅。」

就在這時候，亞當即將贏得一場消耗戰。二〇一一年，聯合辦公服務公司（General Assembly）正式在曼哈頓熨斗區（Flatiron District）成立[9]，擁有大面積共同工作空間，吸引大批紐約科技公司進駐。聯合辦公服務公司獲得傑夫・貝佐斯鉅額投資，所以完全不擔心WeWork的競爭。「你們為什麼要擔心？」創辦人之一布萊德・哈格里夫斯（Brad Hargreaves）告訴其他合夥人，「他們把公司取名為WeWork。」

9 譯註：這座大樓原本以建造者喬治・富勒（George A. Fuller）的名字命名為富勒大樓，但因為建築物形狀近似熨斗，後來人們習慣稱它為熨斗大樓，大樓所在的三角街區則稱為熨斗區。

聯合辦公服務公司還開設電腦程式設計課程，業績相當不錯，經營共同工作空間後，創辦人開始停下來認真思考。和其他公司相比，他們的共同工作空間缺乏特色，而且歷經前兩次經濟衰退後，辦公室仲介已沒有任何生存空間，房客不再續租，但是仲介公司卻受制於長期租約而動彈不得。聯合辦公服務公司創辦人之一傑克・舒瓦茲（Jake Schwartz）在二〇〇〇年代一直任職金融業，親眼見證了對沖基金潮起潮落，事實上對沖基金的投資原理也相當類似：同樣屬於利差交易，以低利率借款，然後投資能創造更高報酬的標的，期望在還款日到期之前取回報酬。但是如果報酬不如預期，這筆投資就會泡水。

所以，如果要經營共同工作空間，就得承擔風險，但是聯合辦公服務公司的創辦人無法接受這一點，最後他們決定將共同工作空間業務切割出去。「如果你仔細思考，問題的關鍵就在於：什麼時候可以獲利？」舒瓦茲說，「我們之所以退出共同工作空間市場，是因為利潤太低，感覺永遠不可能獲利。」某天舒瓦茲和亞當共進午餐，表示自己對於共同工作空間產業的發展有些疑慮。「我不需要擔心，」亞當說，他解釋只要景氣持續熱絡，就不會有問題，他的目標只有一個。「我要做的就是持續成長，直到我大到不能倒。」亞當希望WeWork和房地產業緊密結合，就如同大型銀行與整體經濟已變得密不可分；如果WeWork的規模夠大，房東就不得不低頭。

亞當犧牲獲利、專注成長的策略，相當符合新興的商業理論——運用一切必要手段爭取顧客，之後再找出方法獲利，這才是最佳經營策略。二〇一二年，亞當擊敗紐約另一位共同工作空間經營者朱達・蘇魯爾（Juda Srour），成功租下布萊恩公園（Bryant Park）附近的辦公空間，亞當的出價比蘇魯爾高出兩成五以上。蘇魯爾無法理解，亞當支付這麼高的租金，要如何獲利。某天他倆在電話上聊天，亞當告訴蘇魯爾他完全搞錯重點。「我看到了你沒看到的，」亞當說，「我並沒有期望現在就賺錢。現在我只想要增加人數。」

• • •

GCUC結束幾星期後，大會創辦人莉茲・艾蘭飛到紐約和亞當共進早餐。艾蘭對於WeWork快速擴張印象深刻，但她覺得WeWork辦公空間的美學設計有點太過頭，而且玻璃隔間設計非常不適合工作。他們還討論到WeWork的商業模式，亞當保證WeWork能創造高額獲利，但是艾蘭非常熟悉共同工作空間的產業現況，那和亞當的承諾有很大落差，所以艾蘭最想知道的是，WeWork設定的財務數字要如何填補兩者之間的落差。亞當一直強調要採取擴張策略、不需要擔心是否能立即創造獲利，但是艾蘭認為這樣的說法毫無意義。艾蘭還指出，至今沒有人能成功找到方法「擴張」社群感，因為這需要花費時間、精力和個人化接觸，而這些做法都與紐曼為了盡可能讓公司快速成長，而必須採取的改進策略背道而馳。

「這正是我雇用你的原因，」亞當告訴艾蘭。他說他希望買下她公司和GCUC，他認為艾蘭並沒有太多選擇。「如果你不加入我的行列，就必須和我競爭，」亞當說，「你會輸。」

艾蘭對亞當的提議不感興趣。「如果你不能向我解釋你的財務模型，我就不會為你工作，」她稍後說道，「還有，我感覺自己像在與惡魔交易。」不過艾蘭在業界闖蕩多年，接觸過不少成功的創業家，她承認亞當具備某些難以言喻的特質，某些創辦人因為擁有這些特質，所以總是有辦法說服員工、投資人、以及他們身邊的每一個人，讓這些人相信他們的公司能夠達成不可能的成就。當時艾蘭坐在亞當的辦公室裡，中途亞當接了一通電話，處理一筆他一直希望談定的房地產交易。「他是我見過最厲害的談判高手：傲慢自大、說話簡單扼要、在腦中飛快計算複雜數字，」艾蘭說，「感覺輕而易舉。」

艾蘭當場目睹紐曼出手處理的那筆交易，比起之前亞當完成的任何一筆交易都還要冒險。當年春天，亞當在一場婚禮上，和蕾貝卡表親、在房地產業工作的馬克．拉皮德斯（Mark Lapidus）聊到，他想要談定一筆交易。「我一直想買下一棟大樓，你可能已經聽說了，是伍爾沃斯大樓（Woolworth Building）。」

拉皮德斯知道伍爾沃斯大樓，這是曼哈頓地區非常具有代表性的大樓，曾是全球最高建築。

「你說你要買這棟大樓是什麼意思？」拉皮德斯說。

「我要買下較高的樓層，」亞當說，「但事情有些複雜。」

「什麼意思？」拉皮德斯說。

「嗯，我沒有股權，」亞當繼續說道，「也沒有負債，但現在我得想辦法搞定公寓（condo）〔10〕文件。我不知道自己在幹嘛。」

施萊伯曾建議亞當，伍爾沃斯可以成為WeWork另一個據點。亞當也曾考慮過，但是他認為這棟大樓不適合WeWork，不過或許可以改建成高級住宅大樓，他已經開始著手研究這塊市場。那一年紐曼夫婦用一百七十萬美元，在漢普頓買下一棟房產，擁有一座溫水游泳池和四間臥室，從此他們再也不需要在夏天時，為了打進紐約菁英社交圈另外租房。紐曼夫婦指派丹尼・歐倫斯坦和部分WeWork員工，重新裝修面積達五千平方英尺（約一百四十坪）的翠貝卡公寓，將多數空間漆成黑色，包括樓面地板。

亞當雖然沒有足夠財力買下整棟伍爾沃斯大樓，但是在紐約金錢世界，他擁有豐厚的人脈資源。他邀請之前在卡巴拉中心結識、曾出錢投資WeWork的開發商馬克・施密爾（Marc Schimmel）以及另一家房地產公司「煉金」（Alchemy）加入。他們共同支付六千八百萬美元，買下伍爾沃斯大樓最高三十層樓，投資人負責提供現金，談成這筆交易的亞當則取得少數所有權，交換條件是他必須持續提供行銷和品牌專業意見。「我不知道是什麼原因讓他以為自己做得到，但是他確實做到了，」煉金公司合夥人肯尼斯・霍恩（Kenneth Horn）說。亞當的談判技巧讓霍恩印象深刻，霍

10 譯註：正式名稱為condominium，同樣是公寓，但是住戶擁有房屋的所有權，至於apartment則是出租公寓，住戶只是承租房屋，沒有所有權。

恩說亞當就是「一隻鬥牛犬」。伍爾沃斯大樓其中一位房東後來也承認，或許是亞當說服他以低於原本應有的價格出售。

完成交易後的某個星期五深夜，亞當帶著幾位WeWork員工來到伍爾沃斯大樓五十七樓，這裡有座觀景台，可以遠眺曼哈頓全區。亞當總愛向人炫耀自己擁有的房產，希望大家對他刮目相看，他告訴員工，他要以「雲端套房」（suites in the clouds）的概念，銷售最高三十層樓的公寓房間。當時這些樓層仍是空蕩蕩一片，亞當帶著員工四處閒逛，把啤酒空瓶丟入電梯井中，聽著它一路叮噹聲作響，最終破碎。亞當隨意拿起放在地上的一瓶啤酒，鼓勵員工喝個痛快。接著他叫所有人跟著他走到沒有護欄的窗台上。只要一不小心，就有可能跌落下去，但是在那一刻，亞當就站在他的商業帝國頂端，凝望著紐約市的天際線。

6

實體社群網絡
The Physical Social Network

二〇一二年三月，WeWork包下位在下東城的夜店「箱子」（Box）。那年是WeWork成立兩週年，公司特別舉辦一場派對，取名為「我們晚會」（WeSoirée）。公司鼓勵員工穿著晚禮服，來賓都會收到上面印有WeWork品牌名稱的警示膠帶，讓他們到達夜店時斜披在肩上，然後站在自動攝影機前拍照。這場派對獲得四家啤酒和飲料公司贊助，公司還邀請了魔術師表演娛樂節目。其中一位魔術師和亞當一起上台，他站在亞當身邊隨手拿出一個錢包，錢包瞬間燃起火焰。

當天亞當穿著黑色西裝外套，繫著紅色領巾。為了加速WeWork成長，亞當大量認識新投資人，希望爭取更多資金，其中有幾位投資人也受邀參加這場晚宴。當時WeWork在紐約的第四個據點以及洛杉磯的第一個據點正要開幕。這場派對除了慶祝公司生日，同時公布了品牌再造的新口號，並播放宣傳影片。影片中一個動畫人物走在標示有WeWrok名字的辦公大樓間，「班有傑利[1]，」影片旁白開始敘述，「賈伯斯有沃茲尼克[2]，披頭四擁有彼此。」這支影片的核心概念是，只有當所有人在同一個空間一起工作，才有可能建立橫跨全球的合夥關係。「我」這個字出現在螢幕上，接著英文字上下顛倒，變成「我們」。隨後出現一張美國地圖，數道光束從WeWork在網路世界中心舊金山成立的新據點發射而出，而不是從紐約總部。

亞當站在夜店舞台上對群眾說，他的公司並不是從事房地產業務，而是一家與矽谷新崛起的重要企業相互連結的公司。「直到今天，我們一直是精品辦公空間，」亞當說，「但是從明天開始，我們將會成為全球第一個實體社群網絡。」

乍看之下，WeWork的業務與那些誕生於教會區或門洛帕克（Menlo Park）的科技公司沒有太多相似之處，二〇一〇年代的科技帝國，包括臉書、推特、優步和Airbnb，運作模式都是建立具有「網絡效應」（network effects）的平台（platform），愈多新使用者註冊就愈有價值；至於WeWork的運作模式，則是將數棟大樓的辦公空間出租，由房客支付房租。但是打從WeWork成立之初，也就是米格爾沒能預見社群網絡興起趨勢、導致「英語，寶貝！」錯失成長機會的十年後，米格爾和亞當就不斷強調WeWork的經營理念是建立人脈網絡。二〇一〇年，麗莎・絲凱加入WeWork的第一天早上醒來，就發現收件夾有一封亞當寄來的信，裡面只有兩句話：「早安。讓我們一起努力，建立全球最大的社群網絡。」亞當的想法是，讓WeWork辦公大樓和會員之間相互連結，在未來，成為WeWork社群一分子這件事本身，將會和辦公空間一樣有價值。「我們正好需要大樓，就好比優步需要車，」亞當說，「以及Airbnb需要公寓一樣。」

二〇一〇年代的經濟環境正好提供許多誘因，促使亞當決定以社群網絡概念推銷WeWork。

在紐約，他可以輕易找到富豪朋友，願意投資幾百萬美元給一家穩定成長的房地產公司，如果要達成他和米格爾設想的全球擴張目標，就必須仿效那些企業，對外宣稱他們將會運用科技、顛覆產業，以順利取得大筆投資。一名成功的房地產大亨或許可以說服投資人相信，他的公司估值是營收的五倍；某些科技公司創辦人更是大膽喊價，宣稱公司估值是整體營收的十倍、甚至二十倍，他們向投資人保證，他們建立的網絡會創造指數性成長。由大衛・芬奇（David Fincher）執導、描述臉書崛起過程的電影《社群網戰》（*The Social Network*），雖然有些醜化馬克・祖克伯（Mark Zuckerberg）形象，不過依舊在宣揚一個重要概念：矽谷牛仔是新一代名人，億萬富豪是新世代百萬富翁。

亞當一直試圖打進這個圈子。MySpace[3]共同創辦人安伯・惠特科姆（Aber Whitcomb），在WeWork創辦初期曾投資十萬美元，他形容：「他喜歡坐大孩子桌。亞當一心想要創辦一家十億

1 譯註：班・柯恩（Ben Cohen）與傑利・格林菲爾德（Jerry Greenfield）原本是高中同學，兩人二十七歲時共同創辦了班傑利冰淇淋店，之後擴展為跨國企業。

2 譯註：美國電腦工程師史蒂夫・沃茲尼克（Steve Wozniak）與賈伯斯在一九七六年共同創辦蘋果電腦，並開發出第一代和第二代蘋果電腦，但之後他逐漸淡出蘋果。二〇〇二年，沃茲尼克成立「宙斯之輪」（Wheels of Zeus），專門開發GPS定位裝置，二〇〇六年結束營運；二〇一一年，創辦Privateer Space太空旅行公司。

3 譯註：MySpace為社群網絡服務平台，創辦於二〇〇三年，二〇〇五年被新聞集團（News Corporation）收購，二〇一一年新聞集團將MySpace賣給Specific Media，二〇一六年被併入時代集團（Time Inc.）。

美元的公司，成為億萬富翁。」亞當從外圍開始，逐步打進以西恩・帕克（Sean Parker）為核心的紐約社交圈，帕克是Napster創辦人〔4〕、臉書總裁，在《社群網戰》電影中由賈斯汀・提姆布萊克（Justin Timberlake）飾演。所有人都知道，帕克時常在西村的連棟別墅舉辦奢華派對，紐曼一直死纏著一位共同朋友不放，希望透過這位朋友認識帕克。「亞當很想打進那個圈子，」這個朋友說，「他知道這名億萬富翁創辦人將會是下一個搖滾明星。」後來亞當終於如願和帕克碰面，大略介紹WeWork：「我正在建立社群網絡，不過是實體的社群網絡。」然而，帕克一直沒有投資WeWork。

・・・

說亞當是科技創業家，其實有些名不符實。他根本不懂得如何寫程式；事實上，他幾乎不用電腦。亞當有閱讀障礙，所以交由蕾貝卡和他的助理處理大多數電子郵件，他打出的文字訊息很像某種摩斯密碼。二〇一一年底某天，史黛拉・坦普洛告訴亞當，標竿創投（Benchmark）合夥人麥克・艾森伯格（Michael Eisenberg）寄了一封電子郵件給他，「這是不是對我有某種意義？」亞當問道。坦普洛告訴他，標竿是矽谷頂尖的創投公司，曾投資eBay、Instagram和優步等公司。米格爾曾經歷第一次網際網路泡沫，對這些公司也相當熟悉。亞當決定和他會面。

艾森伯格的工作地點在以色列，他先飛到紐約和亞當會面，之後再飛往灣區，向標竿的其他合夥人簡報WeWork這家公司。其中一位合夥人，是一九九五年共同創辦標竿的布魯斯・鄧利維（Bruce Dunlevie），在他主導之下標竿曾投資eBay六百七十萬美元，短短幾年內這筆投資的價值已高達五十億美元。一開始鄧利維對WeWork完全不感興趣，標竿向來以嚴格篩選投資標的聞名，投資的公司數量低於其他知名創投公司。鄧利維認為WeWork是一家房地產公司，但標竿並不熟悉這個領域。WeWork追求的是持續擴張規模；它必須不斷增加新空間，吸引更多顧客，但是相較於吸引新用戶下載應用程式、註冊新帳號，或是說服人們使用自家轎車擔任你的計程車司機，WeWork的經營成本顯然要昂貴許多。

不過標竿也觀察到，整體經濟環境正發生劇烈轉變，而不只是競爭優勢改變這麼簡單。標竿的合夥人以及投資的公司都很努力想要了解，人數逐漸成長的千禧世代勞動力，有哪些需求和渴望。標竿也開始投資像優步這類，試圖改變實體與數位世界的公司。標竿或許不太了解房地產業，但這個產業似乎正在經歷某種革命：標竿投資的某些紐約公司都有承租WeWork辦公室。因此鄧利維決定打電話給紐曼。亞當在電話上說，鄧利維如果想要了解WeWork有哪些不同，唯一的方法就是到紐約親自查看。鄧利維很少自己搭機拜訪新創公司；多數時候都是對方來拜訪他。不過

4 譯註：Napster是成立於一九九九年的點對點音樂共享平台，因為提供未獲授權的音樂免費交換，二〇〇一年被美國法院裁定侵犯著作權，因此被迫關閉、後申請破產。二〇一一年線上音樂訂閱服務商Rhapsody收購Napster，二〇一六年Rhapsody宣布將公司名改回Napster。

他告訴亞當，三星期內他會到紐約，要亞當這段時間不要答應其他人的投資。

鄧利維和亞當在WeWork「帝國大廈據點」碰面。接著兩人一起在市區步行，前往米特帕金區辦公大樓，然後轉往WeWork實驗室所在的瓦里克街。兩人邊走邊聊，鄧利維被亞當的熱誠吸引，兩人從辦公室租賃業務瑣事聊到馬斯洛需求層次理論[5]：如果擁有工作的基本需求獲得解決，也就是說如果一個人擁有薪資收入後，那麼WeWork可以滿足他更高層次的渴望嗎？鄧利維比亞當年長二十歲，WeWork辦公空間展現的年輕氣息瞬間吸引了他，他不禁回想起當年投資eBay的情景。那時候大家還不清楚eBay的營收來自何處，但可以確定的是，eBay擁有忠實的社群，這絕對是它的價值所在。

鄧利維問亞當，他認為WeWork估值有多少。亞當和米格爾非常希望標竿投資自己的公司，因為他們知道，只要取得標竿的資金，就能贏得科技界認可。就在不久前，標竿投資的優步估值衝上三．四六億美元。在創業初期，亞當就曾對喬爾．施萊伯使出一記險招，從此之後他就明白，誇大數字的確能發揮效用。於是亞當丟出了一個數字，鄧利維臉色瞬間慘白。

不過亞當的舉動也激起了鄧利維的興趣，只是標竿的運作是採取集體決策模式，所以他告訴亞當和米格爾，他必須和標竿的其他成員會面，包括比爾．格爾利（Bill Gurley）。格爾利在一九九九年加入標竿，不過在此之前，已經是相當知名的華爾街頂尖科技分析師。鄧利維有時候會一時心血來潮決定投資，格爾利則是完全倚賴數據。他經營一個部落格，取名為「高人一等」（Above the Crowd），靈感來自於他六尺九寸（約二一〇公分）的身高，比亞當和米格爾都還要高。前些時候，他在部落格發表了一篇文章〈所有營收的產生並非是公平的〉，他看到領英（LinkedIn）的股價營收比高達十五倍，感到憂心忡忡〔6〕。上一次網際網路泡沫破滅前，也曾出現類似估值。格爾利擔心，其他快速成長的公司無法滿足這麼高的市場期望。「成長本身會產生誤導，」格爾利說。他表示，估值這麼高的企業必須具備網絡效應，才有可能輕鬆爭取到新顧客。此外，他們還需要建立華倫・巴菲特（Warren Buffett）所說的「護城河」，阻擋競爭對手掠奪他們的城堡。上一次網際網路泡沫期間，許多新興企業創造了他所謂的「無獲利繁榮」（profitless prosperity），但這些企業推出的產品和服務根本不值得在市場上販售。雖然有少數企業確實成功了，例如亞馬遜，但是有更多企業燒光數百萬美元資金，從此被市場遺忘。

當時還沒有人宣稱房地產業具有網絡效應，也沒有人膽敢斷言，在一個即使規模最大的企業也只能占有小部分市場的產業，企業有能力建立護城河。亞當和米格爾帶著他們的新口號和簡報飛到舊金山，前往標竿總部進行報告，總部大樓就位在矽谷創投業者聚集的沙山路（Sand Hill

5 譯註：心理學家亞伯拉罕・馬斯洛（Abraham Maslow）提出的需求層次理論，分別為生理需求、安全需求、歸屬需求、尊重需求與自我實現需求。

6 譯註：格爾利在二〇一一年五月二十四日發表這篇文章，當時領英市值約為八十三億美元，營收推估介於五・五～七億美元，換算下來股價營收比介於十一・八～十五之間。

Road）。和之前向施萊伯簡報的經驗相比，這次亞當和米格爾反而有些緊張，他們兩人站在會議桌前頭，焦慮地看著坐在另一端的格爾利。他們快速報告過去一年公司採取的商業模式。「簡報內容我們已經看了一千次，」亞當後來說道。簡報結束幾分鐘後，格爾利指出簡報有個錯誤。

標竿的合夥人對簡報內容有些質疑，但是鄧利維依舊非常好奇。WeWork的「單位經濟」（unit economics，公司從每位使用者身上賺到的錢）比起多數科技公司要好很多，這些公司可能長達多年都沒辦法從使用者身上賺到錢。但是WeWork擁有數百萬美元收入，二〇一二年底獲利達一百七十萬美元，成績相當亮眼——根據《華爾街日報》（*Wall Street Journal*）後來報導[7]，這是WeWork史上唯一一年出現獲利。WeWork的業務不需要應用到什麼了不起的科技，但是亞當和米格爾表示，他們正積極開發某些技術：這兩位創辦人認為，每位支付租金的會員，或許可以為他們的社群網絡額外增加十名數位會員。

鄧利維承認，未來WeWork估值會有多高，他其實不怎麼感興趣，但是他感覺，在WeWork似乎有某件事正在發生，可是他「又無法確切說出究竟是什麼」。傳統的創投原則強調，當你投資某家公司，也等於是在投資這家公司的創辦人。於是標竿決定給亞當一次機會。「我們不妨給他們一些錢，」鄧利維說，「他會找到出路的。」

• • •

亞當對於這次交易有些猶豫。標竿反對亞當提出的估值，堅持設定更低的數字，這令亞當感到不滿。但是米格爾認為，他們不應該再計較估值問題，真正重要的是，如果標竿願意投資，就等於認可WeWork。這兩位合夥人持有的股份價值，如今已高達數千萬美元，不妨想想當初他們是如何創辦這家公司的。那時候他們相信公司會成長到多大規模？這筆交易可望改變遊戲規則，何必為了多爭取幾百萬美元資金，讓交易陷入破局的險境？

為了突破僵局，米格爾決定向亞當提議。如果亞當同意標竿的條件，他願意將自己持有的部分WeWork股票轉讓給亞當。在公司估值達到某個目標值、也就是米格爾持有的股份價值達到一億美元之前，兩人的持股比例仍維持相同，但之後他會逐步轉讓更多股份給亞當。公司成立之初，原本兩人各自持有百分之五十股份，但未來亞當的持股比例將會逐漸增加。依照標竿提出的估值來計算，米格爾的紙上財富將會達到他難以想像的地步，但是他的願望只有一個，那就是讓公司持續成長。如果亞當那麼在意WeWork估值，米格爾願意做個交易，轉讓手中部分持股，促使亞當答應標竿的條件。

史黛拉．坦普洛代表亞當發了一封電子郵件給WeWork員工，信件主旨寫著：「新標竿」。在WeWork的A輪融資，標竿投資了一千六百五十萬美元，此外，史蒂芬．朗曼（Steven Langman）

7 譯註："The Money Men Who Enabled Adam Neumann and the WeWork Debacle," *Wall Street Journal*, Dec 14, 2019.

成立的私募股權公司隆恩（Rhône）也投資了一百萬美元，他是在卡巴拉中心與亞當結識的。在這次募資中，WeWork估值提高至一億美元。幾十名WeWork員工買了便宜的香檳慶祝；亞當一直告誡員工要降低成本，所以選購香檳王（Dom Pérignon）[8]已經算有些奢侈了。後來米格爾和一位朋友外出吃晚餐，這位朋友問他是否準備退休。「為什麼？」他說，「這工作很有趣啊。」

不過，有新資金投入，也就代表有更多期望。鄧利維和朗曼跟著亞當一起加入WeWork第一屆董事會，並引進了更完善的企業運作模式。某天坦普洛收到鄧利維的電子郵件，針對WeWork商業模式的某個層面提出批評，坦普洛看完後將信件轉給財務長艾瑞兒・泰格，然後說：「你從來沒有被一個口才如此犀利的人罵說是笨蛋。」標竿答應投資後，也就代表亞當必須兌現承諾，讓WeWork成為真正的實體社群網絡。就在標竿和WeWork談判期間，臉書以十億美元收購Instagram，標竿也有投資Instagram。

但是要成為科技公司，WeWork還有很長一段路要走。當時WeWork將資訊科技部門交給來自皇后區的高中生喬瑟夫・法索內（Joseph Fasone）負責管理，大家都叫他「喬伊電纜」。二〇一〇年，法索內在WeWork的第一個據點租了一間辦公室，經營他的技術支援業務。每天他在上東城的亨特學院高中（Hunter College High School）上完課後[9]，就會搭六號線地鐵來到市中心，在格蘭街一五四號大樓內待上好幾個小時，然後再回父母家。除了之前米格爾曾親自動手鋪設網路線，WeWork內部沒有任何人具備科技專業。但是網路連線偶爾會故障。法索內搬進大樓幾星期後，忍不住跑去敲米格爾辦公室大門向他抱怨說，如果網路不穩定，他的技術支援業務就很難經營下去。米格爾向他道歉，然後請求他支援，問他是否能幫忙看一下問題到底出在哪。米格爾打開WeWork資訊室，然後交給法索內一串密碼。

一個月後，亞當和米格爾提供法索內新的工作機會：擔任WeWork資訊科技總監。當時他只有十六歲。「總會有東西故障，但是我沒辦法呼叫我的資訊科技總監，因為他正在上代數課，」絲凱說。

到了二〇一〇年底，就讀十一年級的法索內決定休學[10]，成為WeWork全職員工。但是他依舊維持奇怪的工作時間，WeWork「帝國大廈據點」的資訊室成了法索內的辦公室，員工時常看到他在房間裡玩PlayStation。但是他完全能勝任這份工作，而且公司裡的年輕員工愈來愈多，法索內也只比他們小一些。法索內加入WeWork一年後，開始跟公司的一位社群經理約會。

但是穩定的網路連線是基本的辦公室要求，而不是估值乘數。因此建立實體社群網絡的想法便應運而生。亞當和米格爾在二〇〇九年製作的簡報中，就已經提出了WeConnect咖啡廳的構

8 譯註：路易威登集團旗下的頂級香檳品牌，包含三大產品系列：年份香檳（Vintage）、年份粉紅香檳（Rosé Vintage），以及珍藏年份香檳（Œnothèque）。

9 譯註：紐約城市大學（City University of New York）亨特學院的附屬高中。

10 譯註：在美國，一般而言高中為四年，從九到十二年級，分別稱為freshman，sophomore，junior和senior。

想，這個空間將提供「可無限使用的網路」和「精品咖啡」。但後來WeConnect變成了軟體名稱，WeWork希望透過這套軟體，讓會員更方便列印文件、預訂會議室，此外WeWork還架設內部專屬領英平台，讓分散各地的WeWork辦公空間能彼此連結。WeWork宣稱，有三分之一會員建立了商業合作關係：例如格蘭街一五四號大樓的會計師或許會雇用三樓的平面設計師，反之亦然。WeConnect的功能，就是為了讓那位會計師有機會和某位在WeWork西好萊塢（West Hollywood）新據點工作的平面設計師、或是WeWork其他三千名會員建立連結。

但是開發WeConnect，說得遠比做得容易。米格爾運用當年在「英語，寶貝！」學到的基本程式設計技巧，和他的兄弟歐基夫．沙利以及印度開發團隊，合作完成初期的原型版本。某一天他們推出一項新功能，眼睜睜看著軟體花了好幾分鐘才下載完一頁檔案文件，所有人都嚇壞了。其中一位參與專案的設計師工作沒幾個月就決定離職，她說：「實在想不通這套軟體有任何擴充性或持久性可言。」二〇一三年，幾乎沒有WeWork會員真正在使用這套網路軟體。在WeWork辦公空間，你只要沿著走道走過去，就能認識其他創業家，這一點確實很不錯，但是認識每一位WeWork會員到底有什麼好處？沒人敢打包票。更何況，你還可以透過其他數位工具聯繫其他會員。

某天布魯斯．鄧利維和麥克．艾森伯格透過視訊，跟亞當和米格爾開會，這兩位標竿合夥人告訴後者，雖然他們成功帶領公司達到目前的成就，但是WeWork必須更科技導向，吸引新人才加入。標竿明確建議，WeWork應該雇用一位產品長取代米格爾。公司成立以來一直是由米格爾擔任這個角色，只是並沒有正式職銜。米格爾負責WeWork實體空間設計，亞當則負責數位部分。亞當曾試圖挖角MySpace的安伯・惠特科姆，希望由他帶領WeWork科技團隊，但是惠特科姆婉拒。後來WeWork透過獵人頭公司，找上前美國線上（AOL）產品開發副總裁邁克・索莫斯（Mike Sommers）。

「我來這裡是為了開發出殺手級應用，」索莫斯決定接受WeWork工作邀約後，這麼對米格爾說。

米格爾認為，標竿提出這個建議根本是在侮辱他，只不過手段比較委婉而已。他知道自己缺乏技術能力，但他比任何人都清楚WeWork的優缺點。公司是否可以或者應該開發殺手級應用，這件事並沒有明確答案。為什麼不讓他直接雇用一位工程主管處理程式問題，他只需要負責想出有助於拓展WeWork業務的點子就好？

索莫斯只待了八個月，WeWork又陸續雇用好幾位高階主管，希望提升公司的科技能力。索莫斯離開後，由洛伊・亞德勒（Roee Adler）接替他的職位，亞德勒曾在台拉維夫的一家新創公司擔任產品長，後來透過麥克・艾森伯格的一位合夥人介紹，加入WeWork。亞德勒和另外六名工程師的任務，就是找到方法兌現WeWork的科技承諾。

但後來團隊發現，他們大部分時間，都是在確認公司的後台系統能否追得上業務成長速度。

「只能靠著嚼口香糖和祈禱，讓會員網路維持運作，」二〇一三年加入WeWork的一位工程師說。

原本WeWork的日常營運大量倚賴谷歌文件和試算表，缺乏系統性分類和管理，後來亞德勒的團隊重新撰寫程式，精簡營運流程：例如「太空人」（Space Man）處理結帳，「太空站」（Space Station）協助社群經理追蹤各個據點的情況，包括通報洗手間故障問題，或是記錄每位會員喜歡的甜點、幫助社群經理選購符合個人需求的禮物。有部分員工質疑，建立這些系統的意義何在。為什麼不直接向賽富時（Salesforce）或另一家科技大廠購買軟體，而要依靠公司內部人數稀少的開發人員和工程師團隊，自行設計系統？

但是亞當一直認為，他和公司必定能夠達成這不可能任務，從米格爾以下的所有人也都認為，找到方法達成目標比較容易，而不是去質疑亞當的企圖心是否合理。就以軟體問題來說，如果要對外宣傳WeWork是一家科技公司，內部自行開發軟體就變得非常重要。他們期望透過會員網路，銷售多樣產品和服務給會員，從健保計畫到優惠的軟體訂閱服務等等，WeWork還可以從中抽成。有位員工甚至幫忙研究公司要如何發行自己的加密貨幣。科技公司如果要快速成長，資料蒐集絕對是重要關鍵。有一天亞當走進辦公室對工程師說，他希望追蹤會員手機，了解會員在大樓內的移動足跡，例如什麼時候使用WeWork的不同區域、以及使用多久。

「我不認為現在有這種科技，」一位WeWork工程師說。

「我認為有，」亞當回答。

後來WeWork的工程師逐漸懂得遵守所謂的BASS規則：意思是「因為亞當這樣說」（Because

Adam Said So）。每當有工程師向同事展示新產品，依照慣例團隊會大聲鼓掌。後來因為太常聽到鼓掌聲，有一天亞當忍不住走出他的辦公室，問說：如果這些產品不能產出任何成果，幹嘛這樣小題大作？（團隊開始發出噓聲，因為紐曼比較喜歡這樣。）工程師每天工作長達十二小時，有時候甚至更長，到了週末所有員工還得幫忙裝修工程；某天晚上，「喬伊電纜」甚至在WeWork新據點安裝馬桶。對科技團隊來說，他們不知道自己的工作是否真能創造亞當希望的結果。「亞當常說，『我們正在一艘太空船上，』」一名WeWork工程師說，「有人就開玩笑說，『太空船要去哪？』」

7 現實扭曲力場 Reality Distortion Field

時序進入二〇一四年，才剛過幾星期，班傑明・戴特（Benjamin Dyett）便宣布召開「共同工作空間五大家族會議」（Five Families of Coworking）。戴特在二〇一一年成立共同工作空間「磨坊」（Grind），鎖定高端市場。如今全美各地的房東對新經營者的態度已開始轉變，部分原因是WeWork獲得愈來愈多關注；只不過產業發展仍不穩定：許多小魚圍繞在大型鯊魚四周游動。五大家族會議的目的是建立社群的社群。「我們可以快樂地閒聊，談論未來，分享最佳實務，還有啤酒和紅酒相伴，」戴特在邀請函上寫道，「把所有議程和判斷都留在家裡。」

五大共同工作空間公司除了紐曼與戴特，還包括巴奇加盧波（Bacigalupos）、利維（Levys）、霍達瑞（Hodaris）與蘭開斯特（Lancasters），不過市場上不只有這五大家族，其他公司也在星期一晚上，出現在中央公園旁的時代華納中心（Time Warner Center）家具展示間。「許多人雖然是難纏的競爭對手，但是在這裡卻有種志同道合的感覺，」湯尼・巴奇加盧波（Tony Bacigalupo）說，他經營的「紐約市」（New York City）共同工作空間與格蘭街一五四號大樓僅相隔幾個街區。戴特與亞當認識多年，亞當總是熱切地和他討論自己的事業，只不過有時候行為舉止有些反常；戴特與亞當在WeWork的瓦里克街據點碰面時，亞當竟然赤著雙腳。二〇一二年，戴特和紐曼擁有的辦公空間數量相當；但是自此之後，亞當募集的資金就逐漸超過所有競爭對手，他的募資企圖心也遠高於對手。「每個人都需要創造獲利，」戴特說，「但是亞當不需要。」

五大家族會議召開當天，亞當遲到了，抵達現場時有兩名助理陪同。會議室坐滿了其他共同工作空間經營者，他們正在聆聽如何挑選辦公家具的演講。亞當走過一排又一排的觀眾座位，最後在會議室另一頭的亮橘色沙發上坐下、雙臂交叉，等待發言機會。當問答時間開始，亞當挺直上半身、緊靠著沙發椅背，舉手發言，他連續說了二十分鐘。他並沒有急著分享旋轉椅的人體工學原理，只是想提出警告。會議室裡的每個人都是在景氣大好時創業，經濟衰退之後，這五年來市場已逐步回升。但亞當說市場將會出現修正，不過沒有人知道這對他們的事業會帶來什麼影響。房客是否會捨棄按月租約，導致五大家族租金收入銳減，不得不另外想辦法讓房客繼續付租金？亞當勸戒所有人必須謹慎應對。

接著亞當開始說明WeWork的未來計畫。他說他公司每十八天就有新辦公空間開幕，他的目的是盡可能快速擴大WeWork規模，先前他也曾向朱達·蘇魯爾和傑克·舒瓦茲提過這個目標。通常亞當會跟房東簽下二十年租約，房東同意初期一段時間可免付租金，如此一來亞當就可以繼續擴展新辦公空間，不過等到開始支付租金時，就要擔心租金成本上漲的問題。

在紐約經營兩間共同工作空間的什洛莫・希爾伯（Shlomo Silber）舉手發問。他想要知道，剛才紐曼針對整體經濟前景提出了警告，在這種情況下要如何達成WeWork的成長目標？亞當完全不甩希爾伯的問題。他說WeWork和其他公司不同，它不是一家房地產公司，而是以科技為導向的實體社群網絡；他的目的是建立社群，不是要當房東。

亞當在活動結束前就先行離開，有些人聽了亞當的誇張說辭忍不住翻白眼，有些人則是情緒複雜，既興奮又害怕。「他認為自己能創造一個烏托邦未來，我還記得之前只要聽到有人站在那樣的高度思考問題，就會很開心，」巴奇加盧洛說，「但是我也感覺，他就像電影裡的反派，在取你性命之前，事先告訴你他的陰謀。如果他的發言能夠讓我們有更多時間去應付競爭，那就有趣了。但是並沒有。」

•••

一家軟體公司如果獲得標竿投資，往往就能持續經營好幾年，他們可以運用標竿的資金支付員工薪資、購買伺服器空間、租用辦公室。但是WeWork不是軟體公司，租約、裝修和日常營運成本更高，所以需要募集其他資金，才可能維持亞當承諾的成長速度：他希望在二〇一四年成立更多辦公空間，數量必須超越頭四年的總和。但是，一旦有更大型投資機構加入，他們對

WeWork的期望也會更高。WeWork財務團隊的一位成員回想起布魯斯・鄧利維曾告訴WeWork，他認為未來WeWork市值將會衝上一百億美元。「那時候我們以為，公司市值達到十億美元就已經夠瘋狂了，」這位員工說。

雖然標竿答應投資WeWork，但如果公司要持續擴張，亞當還必須尋求其他資金來源。二〇一三年，WeWork團隊整理了一份簡報向投資人報告。摩根資產管理公司（JPMorgan Asset Management）看完交易內容後決定不加入投資。泛大西洋（General Atlantic）創投公司最後也選擇放棄，因為他們的一位員工在WeWork財務模型中找到新錯誤：他發現，試算表中有個地方的減號被改成加號，所以WeWork是依據大樓出租率超過百分之一百的假設，去計算他們的財務模型。

雖然某些投資人放棄投資WeWork，但亞當簡報時依舊充滿自信，對估值斤斤計較。新創競賽節目《創智贏家》（*Shark Tank*）[1]希望邀請WeWork參加，這個節目有些過度美化募資過程。如果WeWork點頭答應，就會成為節目開播以來，第一個估值達九位數的新創公司，但是必須將部分股權轉給節目製作人。高盛（Goldman Sachs）表示，他們願意以一・二億美元的估值投資WeWork，這是一年前標竿提出的估值的兩倍。但亞當還是認為數字太低；當時Airbnb正要談定一筆投資，投資方提出的估值超過二十億美元。某些WeWork員工不確定公司是否值那麼多錢，他們認為，拒絕高盛大筆資金和背書是非常愚蠢的行為，特別是當時WeWork即將燒光現金。但是亞當仍決定尋找其他投資人。「當時檯面上沒有其他出價，」財務團隊的員工說，「這是我見過最有種的決定。」

如果有人對這個結果一點也不意外，這個人非米格爾莫屬。他和亞當第一次碰面時，就看出來亞當性格驕傲自大，WeWork成立初期成功募到資金後，更讓紐曼對自己的說服力有絕對信心。「亞當深信自己有能力說服其他人去做他想做的事，」米格爾在二〇一三年說道。

亞當的信心也確實獲得回報。就在他拒絕高盛投資後不久，WeWork向其他投資人募得四千萬美元，領投方是私募股權公司DAG創投（DAG Ventures），這家公司通常會選擇標竿有投資的企業，然後投入更大筆資金。在B輪融資，WeWork估值達四．四億美元，是高盛提議的兩倍。

• • •

不斷在未完工的辦公樓層間搬來搬去數年後，WeWork於二〇一三年搬進新大樓。新辦公室位在百老匯大道二二二號，具有不少吸引人的特色。WeWork占用其中兩層樓，從亞當個人辦公室往下俯視，可以看到兩百名員工在中庭走動。對街的景觀更讓亞當滿意：多年前亞當走進對面大樓，請求史黛拉．坦普洛幫忙想辦法，讓他能夠繼續留在美國。亞當還發現，WeWork的新辦

1 譯註：《創智贏家》是美國廣播公司（ABC）製作的實境節目，每集會邀請幾位創業家上節目，跟五位投資人（在節目中被稱為「鯊魚」（shark））簡報爭取投資。

公空間曾經是電影《華爾街》（Wall Street）的拍攝場景，他簡直樂壞了。WeWork特地貼出一張該劇主角麥克・道格拉斯（Michael Douglas）穿著法式袖口襯衫和吊褲帶的海報，告訴大家這裡正是他飾演的葛登・蓋科（Gordon Gekko）的辦公室所在位置。

和WeWork之前的辦公室相比，新空間更適合接待摩根大通傳奇銀行家吉米・李（Jimmy Lee）——他合作過的公司橫跨各行各業，從通用汽車（General Motors）到臉書都有，據說葛登・蓋科這個角色的靈感有部分源自於李。摩根大通一直在關注WeWork。某天標竿創投合夥人麥克・艾森伯格作東，在蘇活區一家飯店舉辦暢飲活動，摩根大通的頂尖投資銀行家諾亞・溫特魯布（Noah Wintroub）在現場跟亞當碰了面。亞當請溫特魯布移步到室外，亞當抽著菸抱怨WeWork在摩根大通的某個帳號出了問題；溫特魯布當場打了一通電話，立刻解決問題，這令亞當印象深刻。

溫特魯布大部分時間是在西岸生活、工作，他的主要任務，是協助摩根大通加強與年輕的新創公司合作。全球金融危機爆發後，摩根大通執行長傑米・戴蒙（Jamie Dimon）成為金融界意見領袖，雖然摩根大通與歐巴馬政府關係良好，卻一直很難打進科技業。當時有大批一流新創公司雇用投資銀行，協助完成各項金融流程，成功在股票市場掛牌上市，但是這部分業務幾乎被高盛和摩根史坦利（Morgan Stanley）壟斷。雖然WeWork不是一家純科技公司，但似乎很有機會顛覆房地產業。摩根大通依舊是曼哈頓地區最大的私人辦公室承租戶，所以很了解租賃與維護辦公空間必須承受哪些痛苦、付出多大成本，但是亞當誓言要奪下第一的寶座。根據《華爾街日報》報導，戴蒙在和紐曼一起參觀完WeWork辦公空間後，撕毀了摩根大通位在曼哈頓的新辦公室設計圖，並同意支付六十萬美元，由WeWork負責重新設計。

二〇一四年二月，也就是WeWork估值達到四．四億美元後不到一年，摩根資產管理公司和其他投資人決定投資WeWork一．五億美元，WeWork估值衝上十五億美元。亞當開始花時間與吉米．李相處，李也成為亞當第一位認真對待的金融導師，他不時在亞當身邊給予鼓勵、冷靜提供分析意見。（李在接受《富比士》（*Forbes*）採訪時為WeWork說了不少好話，但是亞當卻遲遲沒有表達感謝，李還因此痛罵溫特魯布。）後來紐曼說他很感激李，這位銀行家「和人握手做生意，決定投資前會先觀察人，再看數字」。後來WeWork準備公開上市時，摩根大通因為曾經投資WeWork，理所當然有機會參與它的首次公開發行。

依照新估值數字，WeWork終於躋身為全美五十家「獨角獸」（unicorn）之一。獨角獸一詞在二〇一三年首度出現〔2〕，指的是原本沒沒無聞、但估值達十億美元以上的私人新創公司。所有人都很難相信，WeWork在四年內成長到如此大規模。亞當和親朋好友搭機飛往英屬土克凱可群島（Turks and Caicos）〔3〕，舉辦為期三天的三十五歲生日派對。米格爾已經搬到曼哈頓某一棟環境舒適、擁有絕佳視野的公寓大樓，這次他終於實現兒時夢想，從自己的住家就可以看到紐約市天際線，

2 譯註：二〇一三年，創投家艾琳．李（Aileen Lee）在一篇文章中，首度以「獨角獸」形容估值超過十億美元的新創公司。

3 譯註：土克凱可群島位於中美洲巴哈馬群島東南方，屬於英國海外領土。

但是當他跟家人和朋友提到公司估值時，內心卻隱隱感到不安。

五月時，WeWork舉辦一場派對，慶祝公司搬進蓋科總部，紐約地區擁有最多房地產的幾位大房東也受邀參加，包括沃拿多（Vornado）創辦人、高齡七十多歲的史蒂文・羅斯（Steven Roth）在內。天花板滿是白色和黑色氣球，所有人站著舉杯向紐曼敬酒，以前他們曾經帶著懷疑的眼光看待這位年輕人。「亞當老愛說：『拒絕蠢蛋和混蛋。』」羅斯說。但是「所謂的蠢蛋，指的是某個人以〇・五倍價格出租一間房屋，但後來改變心意，決定以一・五倍價格出租」。

亞當隨即伸出兩根手指頭糾正羅斯，示意WeWork的利潤實際上更高。於是羅斯改口說那是「混蛋的意思」，然後結束發言，接著他用力敲打印有WeWork名稱的大鑼。每當WeWork簽下新租約，亞當和他的團隊就會敲鑼，直到後來成交筆數太多，慶祝的喧鬧聲大到讓人無法忍受才停止。

• • •

在B輪融資獲得DAG創投資金後，亞當和米格爾終於要兌現延遲許久的福利承諾：提供WeWork股票。如果WeWork要成為科技公司，管理模式也必須和真正的科技公司看齊。在WeWork總部，亞當和其他WeWork高階主管逐一召集員工，告訴每個人可以領取多少股份。「你將會成為真正的百萬富翁，」一位高階主管對一名員工說，然後詳細解釋股票選擇權細節。週間晚上，亞當有時會在WeWork總部四處走動，看到有員工工作到很晚，就隨口答應提供他們股票和一杯龍舌蘭酒。（但是只有那些膽子最大的員工敢在隔天早上追討）。一想到未來將獲得可觀收入，WeWork員工個個樂不可支，有些員工才剛從大學畢業，幾乎不懂得如何運用股票選擇權，還有些員工先前工作的產業並沒有提供股票。亞當公開誇耀說，雖然WeWork員工的薪資待遇偏低，但是他承諾，如果員工繼續留在公司，未來某一天他們持有的選擇權價值，將不僅僅只能彌補薪資落差而已。

直到當時，WeWork提供給員工的福利多半與金額無關，例如：目的感、狂歡派對、免費啤酒。二〇一四年八月，WeWork兩百名員工分別從紐約以及最新開幕的據點所在地波士頓，搭乘巴士參加年度員工旅遊活動「夏令營」（Summer Camp）。日出時，紐約員工在美國自然史博物館（American Museum of Natural History）前集合。「夏令營就像迷你版火人祭（Burning Man）[4]，」一名員工站在西奧多・羅斯福（Theodore Roosevelt）[5]的騎馬塑像前說道。到了早上六點四十五分，有人打開一瓶培恩（Patrón）[6]，舉杯祝賀：「敬我們的夏令營！」

4 譯註：火人祭每年在美國內華達州的黑石沙漠舉辦的活動，時間大約是在八月底至九月初，為期八天，名稱來自於週六晚上舉行的焚燒巨大人形木像的儀式。

5 譯註：一八五八～一九一九，美國第二十六任總統，又稱老羅斯福。

到了第三年，WeWork安排員工和會員前往位在紐約市北方、距離大約五小時車程的兒童營地，幕後老闆正是蕾貝卡表親馬克·拉皮德斯的父母，馬克曾協助亞當搞定伍爾沃斯大樓的交易，之後便加入WeWork擔任房地產業務主管。二〇一二年舉辦的第一屆夏令營有三百人參加，會員只需要支付象徵性的少許費用，最後總計花費二十萬美元，不過WeWork將活動開支全部列為行銷費用。「謝謝你們共同參與一件有意義的事情，」一年後的二〇一三年，亞當站在夏令營現場的舞台上說，「我們每個人之所以來到這裡，是因為想要做一件真正能夠讓世界變得更好的事，但我們也希望做這件事能賺錢。」

到了二〇一四年，夏令營規模成長五倍，有超過一千四百名員工、會員和朋友參加。WeWork規劃許多傳統的露營活動，例如射箭、製作烤棉花糖巧克力夾心餅，全體合唱威瑟樂團（Weezer）的創作歌曲〈告訴我這不是真的〉（Say It Ain't So），活動氣氛對新創公司相當友善：有一位參與者穿了一件T恤，上面印著「波巴·費特（Boba Fett）[7]是自由工作者」的標語。（參加夏令營的人被安排睡在帳篷裡，因為亞當非常熱愛饒舌音樂，所以帳篷間的走道名稱全部取自饒舌樂團或歌手的名字，例如武當（Wu-Tang）道、斯里克瑞克（Slick Rick）路、大個子（Biggie）大道、莉兒金（Lil' Kim）巷、圖帕克（2Pac）小徑）。公司也有安排瑜伽課，在練習臥息姿勢時會播放《社群網戰》電影配樂；此外，現場還舉辦創業藝術與工藝黑客松，比賽誰能想出最糟糕的商業創意，而且是比附加護膝功能的連身衣還要荒謬的點子。最後由「五旗」（Five Flags）贏得第一屆比賽，五旗是一座多功能遊樂園，只透過直銷售票。到了二〇一四年，一群精神錯亂的創業家想出了一堆瘋狂構想，例如出租嬰兒，幫忙把妹；興建肝炎病毒工廠，傳播肝炎；成立一間只能使用撥接上網、而且強迫人們彼此隔離的共同工作空間。

星期六晚上，Coach前執行長劉・法蘭克福（Lew Frankfort）站在數百人前方的營火堆旁發表演說，亞當和蕾貝卡就坐在前排。先前法蘭克福曾和摩根大通共同投資WeWork，也加入了WeWork董事會。他鼓勵參與夏令營的創業家保持專注，他還提醒說，在追求願景的過程中「絕對不要被員工控制」。「追求卓越的動力與害怕失敗的恐懼是一把雙面刃，」法蘭克福說，「如果你擁有這把刀，就要欣然接受。」

「劉，你要和我們一起狂歡嗎？」人群中有人問道。

有些人認為，參加夏令營是拓展人脈的大好機會，睡上下舖的人可彼此交換名片。不過對多數人來說，在這個週末他們可以暫時忘記自己是成年人。「這是我今年夏天唯一的假期，所以我要想盡辦法惹麻煩，」一家小型社群媒體公司的共同創辦人告訴《紐約時報》記者瑪麗莎・梅爾策（Marisa Meltzer）；梅爾策是自己買票參加夏令營活動，這件事讓WeWork公關團隊相當懊惱。夏令營第一天晚上，這名公司共同創辦人就吸食了迷幻蘑菇，身上還帶著裝滿伏特加的水槍。

6 譯註：頂級龍舌蘭酒品牌，由原產於墨西哥的藍色龍舌蘭草釀製而成，每個酒瓶和軟木塞都是由手工打造。

7 譯註：波巴・費特是科幻電影《星際大戰》（*Star Wars*）中的角色，是一名能力頂尖的賞金獵人。

在營地現場有幾艘獨木舟，裡面放滿庫爾斯淡啤酒（Coors Light）和檸檬思美洛（Smirnoff Ice），有一群人正在比賽，參賽者必須吃下一塊派餅，然後快跑到湖邊再折返，最後拿起裝滿啤酒的大型長靴大口喝完啤酒。現場還擺了一張桌子，上面排滿十多支大麻菸管，UPS員工發表「新創公司的物流問題」報告時，大麻氣味隨風飄散。第二天晚上，蕾貝卡的老友麥克．法蘭提在表演中途，跳入人群中和紐曼夫婦一起跳舞。到了週末尾聲，一位來自布魯克林的二十七歲行銷經理，成功結識了好幾位陌生人，光是這個週末她喝下的龍舌蘭酒，就比前一年還要多，她認為這個週末算是小有收穫。「那天認識的人有些到現在還有聯絡，」活動結束後她說道，「我希望他們未來能真正成為關係長久的朋友和事業夥伴。」

對公司內部的年輕員工來說，參加夏令營讓他們度過了難忘的夢幻週末，這是他們離開大學校園後最感到歡樂的活動，徹底打破WeWork原先保證工作與生活切割的承諾。從一開始，飲酒和派對狂歡就是WeWork文化的一部分，自從紐曼用一瓶威士忌搞定「帝國大廈據點」的交易後，他自己就成了帶頭玩樂的人。有一次公司在某位員工家中舉辦戶外派對，後來營火需要的木材用光了，亞當便隨手拿起某個野餐設備丟入火堆中。公司也開始主辦奢華的萬聖夜派對，亞當會穿著精心設計的服裝出席。二〇一三年，他裝扮成電影《魔戒》（*The Lord of the Rings*）的甘道夫。一年後，亞當和蕾貝卡兩人將臉部和全身塗成藍色，裝扮成《阿凡達》（*Avatar*）的納美人。一位WeWork至今員工還記得，某次全公司去滑雪場度假，他看到亞當和幾位高階主管抓著飯店酒吧服務生用的托盤滑雪撬。後來一位飯店員工要求他們停止這麼做，亞當卻大吼說：「幹，我可以買下這家飯店！」當天深夜，幾位WeWork設計師覺得飯店的家具擺設完全不合邏輯。到了隔天早上，飯店人員發現，整個大廳被乾坤大挪移。後來WeWork收到通知，日後不得再進入這家飯店。

• • •

亞當採納了許多矽谷創辦人的想法，其中之一就是不要在意銷售量，不論是什麼產品，只要產品本身夠好一定賣得出去。他甚至避免使用銷售量（sales）這個字，無論公司銷售什麼產品或服務，全數劃入「社群」團隊。但是隨著WeWork共同工作空間愈來愈多，有些地點距離其他據點並不遠，所以公司必須擴大營運範圍，才有可能維持高出租率。

二〇一四年，透過優步最早期的主要投資人標竿創投牽線，WeWork挖角協助優步拓展國際市場的盧卡・古爾可（Luca Gualco），由他負責帶領WeWork「社群團隊」（亞當還沒有準備好放棄這種委婉說法）。四十三歲的古爾可來自義大利，曾是職業水球選手，他習慣在WeWork總部大樓練習舉重，或是在公司活動現場高歌一曲。他會在晚上任何時候打電話給WeWork員工，要求他們報告數字。「在任何一家公司，只有兩件事是重要的，」他告訴一群員工說，「銷售量和其他所有事情。」

古爾可帶著優步另一位資深員工派翠克・莫塞利（Patrick Morselli）一起跳槽WeWork，協助拓展業務。莫塞利很快就看出兩家企業和領導人的差異。「特拉維斯分析能力強，像工程師一樣思考。他重視流程、有組織、心思細密，」莫塞利對我說。「亞當正好相反。他很有個人魅力，擅長談判交易。他之所以能夠說服人，是因為人們喜愛他。但他做事不是很有條理。」亞當並非不擅長數字；他會迅速瀏覽空曠的大樓空間，然後計算出WeWork可以在大樓內塞進多少張辦公桌，這一點讓員工覺得很不可思議。但亞當確實是憑藉著膽識和個人魅力創辦WeWork，卻沒有建立一套系統支撐他的成長策略。因此從優步跳槽過來的這兩人試圖製作一份「指導手冊」（playbook），這概念源自於優步，在科技業相當常見，手冊內容包含公司擴編的標準計畫。不過他們得不斷自我提醒，避免隨意脫口而出：「嗯，在優步……」

但這樣的比較惹怒了WeWork員工。雖然有非常多因素導致優步的業務變得愈來愈複雜，但基本上全球各地的計程車服務具有某種程度的共通性，所以能夠製作統一的指導手冊。相較之下，各地的工作場所需求差異頗大：二〇一四年WeWork進軍英國市場，必須在辦公空間安裝義式濃縮咖啡機，因為倫敦人無法接受濾滴式咖啡。洛杉磯人對停車位的要求和紐約人不一樣。優步堅持，公司對於司機駕駛的汽車不負有任何責任，他們將自己定位為「平台」，這在某種程度上確實提供了公司某些保護。但是WeWork不僅出租大樓，還要安裝好必要設備、負責日常維護，甚至要確保他們找到有能力掌控全局的頂尖人才。

WeWork員工在形容這段時期的工作經驗時，多半會以快速移動的交通工具作為比喻，例如：飛機邊飛邊造，或是奮力踩腳踏車、避免翻車。二〇一三年初，WeWork手上有十棟大樓正在開發，到了二〇一四年則有超過一百棟。「我們從沒有經歷過這種程度的消耗，」亞當在說明公司積極洽談租約時說道。他開始將WeWork的擴張行動與歷史上征服各地的帝國相提並論，二〇一五年他對外誇耀說，WeWork正經歷「史上最快速的實體組織成長」，除了一個例外。「我不太清楚羅馬時代的情況，」他說，「那時候或許有幾家成長快速的公司。」

WeWork成功地將自己定位為地方創業家需要的噴射機燃料，全球各大城市爭相邀請WeWork到當地設立據點。舊金山市長更改警察巡邏路線後，亞當才同意在不盡理想的地區成立新據點；芝加哥市長拉姆·伊曼紐爾（Rahm Emanuel）要求WeWork在當地設立新辦公空間。只要有任何人妨礙WeWork擴張計畫，就會被驅離：WeWork看中舊金山市區一棟大樓，同意支付房東兩倍租金，租下原本由兩家非營利組織承租的辦公空間，迫使這兩家非營利組織不得不搬遷到其他地方——諷刺的是，他們的主要工作正是協助舊金山房客避免遭到房東驅離。

為了趕上公司擴張速度，WeWork開始大舉徵才，包括建築師、業務、社群經理、機械工程師、程式設計師、房地產仲介等等。在某次公司會議上，一位新進軟體工程師大聲嚷嚷說：「亞當，每個星期我們新招募的員工人數大概比圓周率要多一些。」許多新員工原本在枯燥乏味的房地產公司工作，或是在建築事務所擔任最低階職務，當他們發現竟然有機會在一家擅長舉辦精彩派對的成功企業承擔這麼多責任，就覺得莫名興奮。有一位員工之所以決定加入WeWork，只因為公司網站上出現了fuck這個字。（「像是這個句子：『我們他馬的打掉了所有牆壁！』」）如果薪水比先前工作要低，WeWork人資經理會告訴他們別擔心：他們會提醒說，公司股價正在上漲。

泰德・克拉瑪（Ted Kramer）在二〇一三年加入WeWork營運團隊，他曾在多家新創公司工作，總是充滿活力。他之所以願意接受降薪，是因為期望手上的股票未來有一天會大漲。克拉瑪工作有衝勁、又有上進心，正是所有快速成長的新創公司倚重的人才，短短不到兩年，他就順利協助公司在紐約、洛杉磯、舊金山、華盛頓特區、奧斯汀、波士頓、西雅圖、邁阿密、芝加哥等城市成立新據點，並在倫敦建立WeWork第一個海外據點。

每次成立新據點，WeWork就會面臨新的挑戰，特別是亞當堅持所有據點都必須準時開幕。WeWork在加州柏克萊的第一個據點開幕時，前門還無法正常運作，東灣地區（East Bay）的強風不斷灌進大樓，克拉瑪只好幫大樓會員買早餐作為賠罪。距離格蘭街一五四號大樓只有幾個街區的蘇活區新據點沒有洗手間，於是克拉瑪買下附近咖啡店所有糕點，這樣會員就可以使用咖啡店的洗手間。WeWork在華盛頓特區的第一個據點因為暖通空調（HVAC）老舊，三不五時就得進行維修。當年綠色辦公桌因為追求快速成長，喪失最初的創業精神，所以降低成本成了WeWork營運模式的核心，只不過公司的龍舌蘭酒預算偶爾還是會失控。「你有三個選項：快速、正確，或是便宜，」克拉瑪說，「WeWork永遠會選擇快速和便宜。」

難得有機會稍微喘口氣時，克拉瑪和其他員工有時會說不清楚，如此賣力工作究竟是為了什麼。許多人都很尊敬米格爾，他仍舊花很長時間在第一線設計和裝修新辦公空間。但是後來公司逐漸依照亞當的想像發展。雖然他會對人大聲咆哮，但基本上是個很懂得鼓舞人心的領導人，不斷激勵WeWork員工為了美好的事業與未來財富，去突破個人極限。對WeWork來說，亞當塑造的氛圍和史蒂夫．賈伯斯散發的「現實扭曲力場」（reality distortion field）非常相似，這是蘋果員工創造的名詞，意思是賈伯斯擁有強大氣場，總是有辦法說服在現實扭曲力場範圍內的每一個人，讓他們相信完成不可能的任務不只有可能，而且正是他們要做的事。幾位員工幫忙搬運一張大型石桌，擺放在WeWork的曼哈頓辦公室裡，後來有員工注意到其中一名員工留下了幾抹血跡，大家看了覺得很有詩意。

這是許多WeWork員工的第一份工作，所以他們不太了解執行長應該是什麼樣子。二〇一四年底某一天，在華盛頓特區工作的WeWork員工卡爾．皮埃爾（Carl Pierre）來到公司位在杜邦圓環（Dupont Circle）的辦公大樓，發現遊戲間堆滿垃圾。之前為了加緊完工、準時開幕，開幕前一晚公司特地用巴士從紐約載運十多位建築工人，清理了超過五百磅垃圾。但現在，他們發現遊戲間四處散落著沒有清洗的杯子，皮埃爾說在房間內有聞到類似大麻的氣味。他們決定回放當晚的監視器錄影帶，希望找出是哪個員工如此蔑視社群。他們正準備當面痛罵這個人一頓，卻發現始作俑者不是任何會員。原來是亞當和另一位高階主管整晚喝著啤酒，在電視遊戲機前一起玩《火線危機》（*Time Crisis*）遊戲，留給員工收拾殘局。

• • •

幾星期後某天早上，WeWork員工走進蓋科總部，發現亞當辦公室內的大片玻璃隔牆爆裂。很顯然前一晚有員工用唐·胡立歐一九四二（Don Julio 1942）[8]酒瓶砸破玻璃，這是亞當最愛的龍舌蘭酒。亞當和一群員工喝酒慶祝另一輪融資成功：總計募得三·五五億美元，公司估值達五十億美元。WeWork完成D輪融資後，順利成為全球最有價值的十多家獨角獸企業之一，超越Spotify，僅落後伊莉莎白·霍姆斯的療診公司幾個名次。

募資成功後，WeWork股東開始出脫部分持股。亞當和米格爾原本將持股全數存放在亞當成立的「We控股公司」（We Holdings），後來在公開出價收購（tender offer）時，兩人出售價值約四千萬美元的股票。一家剛成立不久的新創公司創辦人一方面公開宣稱，他們堅信這家公司必定會改變世界，另一方面又拋售大量股份獲利，這似乎有些不尋常。他們並未對外公布實際數字，但是謠言已經傳開。泰德·克拉瑪平時習慣去檢查WeWork印表機上是不是有沒人取走的紙張，結果竟然在那些遺留在紙盤上的文件中，看到了股票交易細節。

但是亞當之所以感到興奮，還有另一個理由。通常如此大規模的募資，會削弱創辦人在公司的控制權。米格爾並不怎麼擔心，反正他已經將部分持股轉讓給亞當。但是亞當根據募資協議，同時在公司新聘雇的法務長珍·巴倫特（Jen Berrent）從旁協助下，重新修訂WeWork公司章程，未來他持有的每一股股票可擁有十票投票權。所以依照新章程，針對公司任何決策，亞當將握有大約百分之六十五的投票權。

創辦人害怕失去對公司的掌控權，這種「超級投票權」股票在矽谷愈來愈普遍。馬克·祖克伯和優步的特拉維斯·卡拉尼克也達成類似交易。許多投資人急切地想要加入新創公司的小圈子，這些新創公司提出看似有理的論證，宣稱他們將會主導世界，投資人自認沒有別的選擇，只能接受這些明顯對創辦人有利的條款。但是，讓一個從沒有經營過此等規模企業的創業家掌握如此龐大的控制權，其實相當危險。當交易完成，紐曼的第一位主要投資人、標竿的布魯斯·鄧利維曾試圖阻止他修改公司章程。但是標竿創投不希望和紐曼鬧翻，而且標竿也沒有立場去爭論這件事，因為他們同樣允許優步的特拉維斯·卡拉尼克掌握龐大控制權。最後鄧利維態度軟化，但隨後他警告巴倫特和WeWork董事會。「我只留給你們一句話，」鄧利維說，「絕對權力會導致絕對腐敗。」

8 譯註：全球知名酒商帝亞吉歐（Diageo）為了紀念唐·胡立歐品牌創辦人唐·胡立歐先生（Don Julio Gonzalez）在六十年前創辦龍舌蘭釀酒事業，所以在六十週年時特別推出限量的唐·胡立歐一九四二頂級龍舌蘭酒款。

8 抓交替 Greater Fools

《快速企業》（*Fast Company*）雜誌刊登了一篇文章〈未來辦公室〉（Office of the Future），探討商業房地產業最具創新精神的企業。文章指出，在網路科技與創業熱潮推波助瀾下，全球經濟的轉變速度更甚以往，但是房地產業並沒有做好準備、滿足新需求。新創公司每六個月就會發生變動，有可能是規模成長一倍或縮減為原來的一半，所以不會有任何一家公司需要簽訂十年租約。文章中提到，有一名創業家創辦了一間辦公空間公司，他們快速在各地拓展據點，在任何時候、到後來甚至是在任何地點，只要有人需要，他們就能立即提供配備有家具的辦公空間。熱情款待是其最高原則：該公司要求員工接電話時，「聲音必須聽起來像是帶著微笑」。此外它一直在思考辦公空間的各種可能用途，例如當時人氣正盛的新好男孩樂團（Backstreet Boys），便租用其中一間辦公室召開全球視訊會議，不過這間公司的經營核心，依舊是為共享辦公室建立「社群意識」。

《快速企業》這篇文章刊登於二〇〇〇年三月，當時米格爾仍在「英語，寶貝！」工作，亞當還在以色列海軍服役。文中提到致力於打造未來辦公空間的那家公司，正是馬克・迪克森（Mark

Dixon）於一九八九年在比利時創辦的雷格斯（Regus），迪克森是英國企業家，曾中途休學、成立午餐外送服務公司「呼叫點心」（Dial-A-Snack）。雷格斯在二十五個國家擁有兩百五十個據點，平均每星期有兩間新辦公空間開幕。迪克森對公司的未來規畫和紐曼相當類似，但直到十年後亞當才加入他的行列，進入共享辦公室市場。迪克森相信，人們願意使用雷格斯的辦公空間工作、群聚、建立社群。「我告訴員工現在只是開始，如果我們做對了，就有機會改變世界。」迪克森說。

• • •

WeWork在五年內從無到有成長為估值達數十億美元的公司，許多房地產從業人員都感覺似曾相識。就在《快速企業》刊登那篇文章的二〇〇〇年，雷格斯正準備在倫敦證券交易所公開上市。在一九九〇年代創業經濟熱潮期間，雷格斯已成為不可或缺的一環，公司股價快速飆漲百分之四十，公司總市值（相當於未上市公司的估值）超過三十億美元。但是網際網路泡沫破滅後，雷格斯也受到重創。房客解除彈性合約，導致其營收慘跌，但雷格斯仍須支付長期租約的費用。二〇〇三年，雷格斯的紐約分公司申請破產保護。

二〇一四年底，WeWork的未上市估值達五十億美元，當時雷格斯已重新步上正軌，不久之後改名為「國際工作場所集團」（International Workplace Group，IWG），獲利相當亮眼，只是沒什麼特色。國際工作場所集團的市值仍低於自己的歷史高點，但是WeWork估值已大幅超越國際工作場所集團多年前的最高市值。不過國際工作場所集團擁有超過兩千個據點，營收超過二十億美元；相較之下，這個時候WeWork只有二十多個據點，營收將近一・五億美元。

可明顯看出，WeWork的營運模式和國際工作場所集團大不相同。WeWork的辦公空間充滿活力，符合千禧世代喜好，但國際工作場所集團的辦公空間多半強調實用性，顯得單調乏味。WeWork辦公空間的美學特色正是其競爭優勢，但這項優勢是否足以支撐公司的估值，則不得而知。後來有批評者詢問亞當，如果WeWork遭遇當年重創雷格斯的經濟衰退，要如何應對？亞當的回答和當年的迪克森如出一轍，只是迪克森失敗了。亞當說，各大公司會縮編，搬進WeWork辦公空間，被裁員的自由工作者會想要尋找在家工作沒辦法享有的其他好處。「我覺得很驚訝，你看一下我們的損益表，再去看雷格斯的，其實兩家營運模式是一樣的，」WeWork財務團隊的一名員工說，「有非常多人因為市場熱潮和亞當的個人魅力而受到吸引，但是一旦你看了財務數字，就能看清所有事情。」

亞當總愛向投資人承諾各種事情，但WeWork的實際情況明顯有落差，所以簡報時必須由亞當親自出馬，精心安排所有流程。他堅持帶領潛在投資人參觀WeWork辦公空間，讓這些貴賓有機會自然而然感受到辦公室的活潑氣氛，所以WeWork員工的責任就是確保在這些重要時刻，營造出符合亞當簡報內容的空間氛圍。社群經理早已懂得如何隨機應變，當傑米・戴蒙或布魯斯・

鄧利維跟著亞當一同走過WeWork公共區域時，他們能即興「啟動」派對，把握短短九十秒的展演機會。（「如果貴賓參觀行程拖到很晚，你必須馬上知道，哪些會員願意為了第三個貝果回到辦公室，」一位社群經理表示。）為了展現公司的數位實力，亞當安排WeWork軟體工程師、而不是米格爾帶領的實體空間設計師，坐在他辦公室隔壁的辦公桌。「這些人不是設計師，也不是建築師，」亞當告訴參觀貴賓，「這是我們的科技團隊。」

但是當WeWork開始接觸大型投資機構，亞當就非常需要其他幫手。在C輪和D輪融資，有興趣參與的投資人包括多家華爾街傳統金融機構，例如摩根大通、普徠仕（T. Rowe Price）和高盛，亞當向這些金融機構簡報時，都是由麥可・葛羅斯（Michael Gross）陪同。二〇一三年底，葛羅斯取代亞當在海軍學院的死黨艾瑞兒・泰格，接任WeWork財務長。葛羅斯在小時候就認識了蕾貝卡，後來同樣進入康乃爾大學就讀[1]。在二〇〇〇年代，葛羅斯多數時間都待在金融業工作；二〇一一年，葛羅斯創辦的私募股權公司投資了五四俱樂部（Studio 54）[2]創辦人伊恩・施拉格（Ian Schrager）經營的連鎖精品飯店品牌摩根斯飯店（Morgans Hotels），並接任飯店執行長。WeWork曾和摩根斯飯店協商，在它旗下某間紐約市酒店開設音樂主題空間WeRock。

葛羅斯留著一頭金髮，外表看起來有些稚氣，在紐約菁英社交圈可說如魚得水，時常前往位在中央公園南（Central Park South）[3]的紐約運動俱樂部（New York Athletic Club），和投資銀行家來回游泳好幾回。葛羅斯認識前蔻馳執行長劉・法蘭克福的兒子，因此在自己加入WeWork幾個月後，就協助說服法蘭克福投資WeWork七百萬美元、加入WeWork董事會。「麥可這傢伙會帶著沙烏地阿拉伯酋長在紐約玩上一晚，然後帶回兩億美元，」WeWork的競爭對手勤力辦公空間（Industrious）創辦人傑米・霍達里（Jamie Hodari）說，「如果我想要喝一杯蘭姆酒，麥可會說：『在翠貝卡有家店最適合。』亞當則會說：『你想要試試龍舌蘭酒嗎？』」就如同一位WeWork高階主管所說的：「麥可就是亞當希望成為的那種人。」

亞當常在晚餐時點龍舌蘭酒，或是在簡報時脫鞋，有些投資人對於這種行徑感到有些無言。亞當總是充滿衝勁，葛羅斯則是一派優雅從容。葛羅斯成了亞當的左右手和派對搭擋，某天深夜WeWork高階主管在杜邦圓環辦公室的遊戲間大口喝酒、亂丟垃圾，一起玩《火線危機》遊戲，葛羅斯正是其中一人。不過最重要的是，在募資簡報時，葛羅斯就是亞當的親密戰友。後來亞當接受劉・法蘭克福建議（「如果你想，就戴著你的手錶，但不要談論這件事。」），不再提起卡巴拉是創辦WeWork的靈感來源，不過亞當依舊對外描述說，公司的吸引力來自空氣中轉瞬即逝的「能量」，「你絕對觸摸不到，這是一種感覺。」他說。每次亞當走進會議室，開始為某個潛在

1 譯註：葛羅斯畢業於康乃爾大學飯店管理學院（School of Hotel Administration）。

2 譯註：由史蒂夫・盧貝爾（Steve Rubell）和伊恩・施拉格共同創辦，於一九七七年正式開幕，入場管制嚴格，客人的性別、性向、年齡、種族、衣著、外貌等都列入考量，是一九七〇年代美國傳奇俱樂部。

3 譯註：指的是中央公園南側、第五大道與第八大道之間的五十九街區域，是紐約房地產最昂貴的地段之一。

投資者進行精彩的簡報，葛羅斯就會在幕後指揮若定、消除任何疑慮。葛羅斯舉手投足之間自然流露出自信風采，激勵了亞當要讓自己變得更好。蕾貝卡就曾向一位WeWork高階主管抱怨：「唯一能讓亞當表現出最好一面的人是麥可。」

一直以來亞當都非常依賴他的合作夥伴，當年經營嬰兒服飾公司時，蘇珊・拉札爾就是他的得力助手。（二〇一三年，亞當出售大帳篷公司的股份。）現在由他和葛羅斯共同負責募資，這是維持公司成長的關鍵，米格爾則是確保公司的實體產品能夠吸引投資人出資，等到進行財務簡報時他就會退居次要位置。米格爾雖然對這家公司和它的辦公空間品質很有信心，但是他不像亞當那樣，對公司的遠大抱負總能含糊帶過。二〇一五年某天，米格爾和一群WeWork員工談話時承認，如果經濟衰退，他們不知道會發生什麼事。他相信公司提供了某種有價值的東西，但是WeWork沒有任何魔法，無法翻轉產業的經濟發展。「我們做的每一件事都和其他人一樣，」米格爾對員工說，但後來他發現這並不是最有說服力的說詞。他試著舉例說明WeWork和其他共同工作空間公司有哪些差異，他提到許多人參加公司最近舉辦的萬聖夜派對時玩得非常開心，當天公司還邀請巴斯達韻（Busta Rhymes）[4]在派對上表演。看來WeWork的競爭優勢就是：他們知道如何安排精彩的表演活動。

• • •

投資人之所以對WeWork的現實情況如此盲目，原因之一是，在二〇一〇年代每當投資人看到私人企業的估值，就會自動暫時擱置某些質疑。「有趣的是，**生硬數字**通常會讓人們產生錯誤的安全感，」二〇一四年比爾．格爾利在「高人一等」部落格寫道。他在文中探討了估值背後的數學公式，如果輸入不同數字，得出的結果也會有很大出入。關於企業估值過高的問題，格爾利提出了辯解：標竿投資的另一家公司優步，近期估值為一百七十億美元，一位紐約大學教授說優步的估值膨脹了「二十五倍」，但格爾利批評說，這位教授假設優步的整體潛在市場（total addressable market）只包括規模達一千億美元的計程車與豪華轎車市場。格爾利倒是認為，優步的整體潛在市場，應包含在道路上行駛的所有車輛，理論上這個市場規模大約有一．三兆美元。

不過，類似這種不切實際的思考模式在矽谷很常見。Airbnb創辦人向創投業者募集第一筆資金時，有位顧問鼓勵他們修改簡報的某個細節：更改一個字母，將營收從三千萬（30 million）膨脹到**三百億美元**（30 billion）。「親愛的，投資人希望看到的是以十億為單位的數字，」這名顧問說。亞當也是抱著類似的企圖心為WeWork定位。「我們不是和其他共同工作空間競爭，」他說，「而是和辦公室競爭，在美國，這個資產類別的規模高達十五兆美元。」至於全球房地產市場規模，則有將近兩百兆美元。

4 譯註：巴斯達韻是美國饒舌歌手和演員，本名為特雷佛．塔希姆．史密斯（Trevor Tahiem Smith）。

房地產業相當破碎，不像科技公司可藉由網絡效應吞食整個產業。即使是全球規模最大的房地產公司，也只掌控百分之一的市場。但是創投業者不想看到任何天花板；親愛的，他們只想看到數十億美元的數字。如果WeWork可以打破常規呢？除了那些毫無特色的辦公大樓經營者，例如布魯克菲爾德（Brookfield）和沃拿多，如果能夠創立一個全球知名品牌，提供人們真心喜歡的工作空間，必定會有相當大發展潛力。這家新公司只需要拿下百分之二市占率，創造的整體營收就能狠甩亞馬遜好幾條街。

從華爾街到沙山路的投資人也抱持希望。後衰退時代開啟了超速成長期，只要在正確時機推出受歡迎的產品，就能一鳴驚人。利率持續走低，投機型投資人願意出錢投資有風險、但是能創造超額報酬的標的。個人投資者將更多資金投入以追蹤大盤為主的指數型基金，迫使共同基金經理人不得不尋找替代方法，證明他有能力打敗持續飆漲的市場。二〇一四年底，《紐約時報》刊登了一篇報導〔5〕，提到投資人爭相尋找下一個優步，當時優步已經晉升為十角獸（decacorn），也就是估值達一百億美元的未上市公司。《紐約時報》形容WeWork就好比是「辦公界的優步」，和其他眾多十角獸一樣，等著投資人注資。

WeWork啟動D輪融資時，標竿又投入一筆資金，不過幾個月後，比爾·格爾利在「高人一等」部落格發表了一篇名為〈投資人注意〉（Investors Beware）的文章，指出創投業的發展令人擔憂。格爾利認為，創投業「根本放棄」了風險分析，盲目地將新創公司發表的募資簡報當作經過完整稽核的財務文件。新成立的獨角獸企業，例如WeWork，持續燒掉現金，以過快速度拉高市占率，對許多公司來說，公開上市根本是難以想像的事情。投資人的行為只是讓情況變得更糟。「將數億美元資金投入還沒有成熟的私人企業，將會導致該公司營運失去紀律，」格爾利寫道。投資人寄望未來能夠創造獲利，卻又不願去測試企業的商業模式是否「真正可行」。他們擔心錯失下一個臉書或優步或網飛（Netflix）。「每個市場都有傻瓜，」格爾利引述巴菲特的話寫道，「如果你不知道是誰，那可能就是你自己。」

投資人希望相信亞當能實現他的願景，其中有部分信心似乎是：他們寄望亞當能說服下一個投資者投入更多資金，這就是金融業所說的「比傻理論」(greater fool theory)。亞當向科技投資人報告時，會強調WeWork在房地產業能夠創造多少獲利；如果是面對比較傳統保守的金融業者，他就會特別強調WeWork擁有的科技實力。到了二〇一五年，亞當又想出了新的簡報賣點：WeWork是一家「社群公司」，屬於共享經濟的一部分，所以盡可能縮減辦公空間走道寬度的目的，不是為了塞進更多支付房租的房客，而是要迫使會員彼此建立連結。

到了二〇一五年初，就在D輪融資結束幾個月後，WeWork財務團隊再度接觸投資人，希望募得另一輪投資資金，應付逐漸攀升的成本。由於經濟持續成長，房地產價格一再創下歷史新高，

5 譯註：原文標題為“Throwing Money at Start-Ups in Frenzy to Find the Next Uber,” *New York Times*, Dec 16, 2014.

現在WeWork必須支付的每平方英尺平均租金，是第一個據點的二到三倍。

亞當認為，WeWork擴張規模必定會產生成本、阻礙成長，因此他想到了簡單的解決方法。他告訴潛在投資人，只要他們願意投資，WeWork可依照他們希望的速度成長：在市場上，WeWork辦公空間的需求相當強勁，唯一限制公司成長的因素是：成立新辦公空間需要花費多少錢。「亞當的態度是，『你先告訴我，你希望我創造多少營收，然後我會告訴你，我需要多少資金，』」募資團隊的一位成員說。

許多公司考慮投資WeWork，其中之一是日本軟體銀行集團，他們在美國成立了一家小型創投公司。在紐約工作的軟體銀行投資人表示，WeWork正是軟體銀行願意砸大錢投資的公司類型，軟體銀行創辦人孫正義向來以出手闊綽聞名。但是WeWork的簡報卻被當時的軟體銀行總裁尼科什・艾若拉（Nikesh Arora）打回票，原因是軟體銀行向來只投資科技公司，WeWork顯然不符合條件。WeWork的簡報並沒有送交到孫正義手上。「反應非常負面，」軟體銀行投資人告訴我，「就很像是，我竟然提出這簡報，簡直是貽笑大方。」

最後，WeWork團隊與林溪資本（Glade Brook）會面，這是一家位在康乃狄克州的對沖基金公司，也是眾多期待加入獨角獸世界的東岸投資者之一。建立「獨角獸投資組合」成了當下流行的投資策略；只要你投資的某一家公司股價一飛沖天，就能彌補其他投資虧損。林溪資本與標竿創投不同，任何企業創辦人在擬定策略投資人名單時，林溪資本絕不會是首選，但他們有的是錢，而且他們的投資策略是超額支付，確保他們能參與優步、Snapchat和Airbnb等新創公司的募資。

在矽谷，持續有新獨角獸出現，WeWork是少數誕生於東岸的稀有品種。每次WeWork團隊向亞當報告預估成長目標，亞當總是告訴他們，和投資人會面之前，將目標提高到原來的兩、三倍。二月時，在某次會議上，WeWork團隊向林溪資本簡報成長計畫，雖然他們已經大幅拉高原本設定的目標，自認非常有企圖心，林溪資本卻不為所動。「如果目標改為原來的兩倍，你們需要多少錢？」其中一位合夥人說道。林溪資本表示，如果WeWork能夠建立足以支撐新目標的商業模式，他們願意以一百億美元估值投資。如果林溪資本確定投資，就代表WeWork估值在短短幾個月內迅速成長兩倍。WeWork依照林溪資本的期望調高預估成長目標，然後帶著大幅膨脹的估值與富達（Fidelity）會面。之前富達放棄參加WeWork的D輪融資，當時他們認為公司估值嚴重高估，不過有幾位投資經理人立刻喜歡上這家公司。「我們告訴他們，公司新估值是一百億美元，他們二話不說就接受了，」WeWork財務團隊的一位成員說。

六月時，WeWork完成E輪融資，林溪資本、富達和其他投資人總計投資四．三四億美元，估值是國際工作場所集團在倫敦證券交易所上市時的三倍多。WeWork初期投資人從沒想過，這家公司估值竟會衝上一百億美元，他們持有的股票價值也跟著飆漲，但是某些員工開始有些不安。「這數字沒有任何意義，」WeWork財務團隊某位成員，在和亞當以及其他高階主管開會討論E輪融資時說道。投資人看到公司營收每年成長兩倍便樂昏了頭，所以選擇性忽略一項事實：營運成本也會跟著快速暴增。公司愈來愈難提出滿足投資人期望、同時符合現實的預估目標。新投資人會稀釋普通股股東（主要是員工）的股權。如果公司無法滿足新期望，新進員工手中的股票選擇權就會泡水。

不過多數WeWork員工不怎麼擔心。他們還年輕，也不太會去仔細研究股票選擇權規則。亞當不斷誇耀WeWork估值創新高，員工也已經聽說公司獲得大型投資機構注資，這些好消息都讓他們感到安心，此外內部開始有傳言說，再過不久公司就會公開上市。亞當努力消除外界疑慮，證明公司估值並沒有過度高估，投資人也是如此。「當人們以一百億美元估值投資臉書時，有人認為他們徹底瘋了，」標竿創投的麥克．艾森伯格告訴《華爾街日報》，「我相信他們不會後悔當初的投資決定。」艾森伯格認為，WeWork社群橫跨全球，所以有機會建立巴菲特所說的「護城河」，其中一種方式是在全球各地，為頻繁出差的商務旅客提供一致的體驗，只不過當創投家評估在舊金山、紐約和倫敦等地找尋辦公空間的難易程度時，或許會帶有偏見。

曾協助WeWork在全美各地設立新據點的泰德．克拉瑪，在WeWork位於倫敦的第二個據點順利開幕後，決心向公司提出要求。他很感謝公司給予機會，但是後來他愈來愈不開心。克拉瑪是加入WeWork的前一百名員工之一，現在員工多達三百多人，他一直積極向公司爭取配發股票，希望自己的付出能獲得同等回報，但是就如同絲凱和其他早期離職員工一樣，公司拒絕克拉瑪的要求。後來克拉瑪的某位朋友透過管道取得公司的股權結構表（cap table），當中詳細列出每位股東持有多少股分，這位朋友將表格拿給克拉瑪看，克拉瑪說，他發現許多和亞當關係密切的股東都獲得相當豐厚的報酬。不僅如此，公司甚至一度忘記更新企業健康醫療保險，所以有一個月時間一般員工沒有保險。

二〇一五年夏季克拉瑪離開WeWork，跳槽到位在舊金山的科技新創公司「駭客街」（HackerOne）〔6〕，標竿創投也是這家公司的幕後金主之一。某天晚上，克拉瑪和比爾・格爾利一同參加某一場董事會會議，克拉瑪趁機向格爾利詢問WeWork的情況。格爾利曾想要核對亞當的計算公式，卻發現根本沒有什麼公式，只能眼看著WeWork違反他公開提出的每一項警告。為什麼標竿創投仍繼續投資這家公司？格爾利只是聳聳肩，回答得很簡短：「亞當非常有說服力。」

• • •

讓WeWork估值衝上一百億美元的E輪融資結束後，亞當告訴《華爾街日報》WeWork有獲利〔7〕，所以在首次公開發行前不需要額外募資，而且公司已經達到或超越所有預估成長目標，只是他不能透露細節。但是事後證明，這些描述完全與事實不符。不過WeWork並非公開上市公司，

6 譯註：駭客街是專門媒合企業與安全人員或白帽駭客的平台。

7 譯註：原文標題 "WeWork's Valuation Soars to $10 Billion," *Wall Street Journal*, Jun 24, 2015.

亞當又控制了董事會，所以沒有人能禁止他發言或者做任何他想做的事。之後We控股公司又另外出售價值八千萬美元的WeWork股票。紐曼夫婦在漢普頓買下第二棟房，就在蕾貝卡堂姐葛妮絲・派特洛和布萊絲・丹娜住家隔壁。他們還花了一千零五十萬美元，買下位於西村的連棟別墅並重新翻修，新增一座「嬰兒車車庫」。

WeWork搬到位於雀兒喜（Chelsea）的新總部大樓，這是多年來公司第六次搬家。為了不讓百老匯大道二二二號舊辦公室閒置，WeWork和英國報社《衛報》（*The Guardian*）達成史無前例的交易，《衛報》同意租下整個辦公空間。之前WeWork一直在努力思考要如何服務大型企業客戶，特別是愈到後來愈難靠著出租給兩、三人的新創公司，就填滿公司新設立的辦公空間。擁有超過百名員工的《衛報》成了WeWork最大的單一房客。

但眼前唯一的障礙是，有幾個月他們必須和《衛報》共用百老匯大道二二二號大樓的辦公空間，直到WeWork新總部完成翻修。《衛報》搬進二十三樓，也就是葛登・蓋科辦公室所在樓層；WeWork員工則全部擠在二十二樓。整體來說，《衛報》很滿意這個安排，也很開心可以享用WeWork員工餐廳的豐盛甜點。但是WeWork新總部翻修工程不斷延宕，兩家公司只好繼續共用辦公空間。《衛報》發現WeWork這個房客實在太吵鬧了，一天到晚舉辦各種慶祝活動，亞當還會在開放中庭大聲演講。《衛報》記者和編輯有些憂心地看著WeWork員工一股腦地對著自家老闆拍馬屁，那就像一群信徒宣示效忠情緒激昂的傳教士一樣。

某個週間晚上，《衛報》執行長埃蒙・施托爾（Eamonn Store）才剛開始和某位廣告客戶吃晚餐，沒多久他的手機發出震動，傳來的簡訊中有一段影片，顯示《衛報》記者口出惡言，痛罵樓下的WeWork員工。施托爾立刻打電話給當初促成《衛報》簽訂租約的WeWork員工亞當・艾馬爾（Adam Amar），詢問對方到底發生了什麼事。

「你得趕回來，要快，」艾馬爾說。

「什麼意思？」施托爾問說。

「他們要打起來了，」艾馬爾說，「我講真的。」

當天下午，亞當又為了慶功發表演說，他喝了好幾杯龍舌蘭酒，立體音響的音樂聲砰砰作響，接連播放〈帝國之心〉（Empire State of Mind）、〈主宰這座城〉（Run This Town），以及〈我要掌管紐約〉（I Run New York）等歌曲。樓上的《衛報》員工埋首於當天未完成的工作，樓下音樂卻愈來愈大聲。終於，一名《衛報》記者朝WeWork員工大吼，要他們閉嘴。亞當聽到後也大聲吼回去：「你才給我閉嘴！」

另一名《衛報》記者走下樓，正好看到亞當站在員工餐廳中央跳舞。她開口請他把音樂關小聲一點，他雙眼直視這名記者，默不作聲地伸手轉動音響的音量控制鈕。他一句話也沒說，直接調高音量，然後回到原位繼續跳舞，他的雙手相互交疊，像是要堆起一疊美鈔。

後來亞當解釋說，當時他正開始跟自我奮戰。他的自我向來很堅強，即便在沒有什麼事情值得誇耀的情況下也是如此，更何況現在他有充分理由可以自吹自擂。他不再參加全球共同工作空間大會，缺席五大家族的下一場會議，也不再參與共同工作空間產業的爭論。某天，亞當和全球共同工作空間大會的共同創辦人莉茲・艾蘭一起前往奧斯汀參觀某棟大樓，他特地將艾蘭拉到一旁，問她有沒有注意到仲介多羨慕他的事業。「我敢打賭，他們絕不會那樣對你，」亞當笑說，之前他還曾試圖收購全球共同工作空間大會。不過，前陣子亞當的母親被診斷出胰臟癌，當年史蒂夫・賈伯斯便是死於胰臟癌，從此之後亞當愈來愈常談到長生不老的話題，對於任何有助於延緩死亡的新興科學也愈來愈感興趣。

在二〇一五年夏令營露營現場，WeWork邀請曾在ＨＢＯ喜劇影集《矽谷群瞎傳》（*Silicon Valley*）中飾演創投家艾瑞克・巴赫曼（Erlich Bachman）的喜劇演員托勒・約瑟夫・米勒（T.J. Miller）以及老菸槍雙人組（Chainsmokers）ＤＪ表演，公司以WeWork股票支付酬勞，這一年夏令營的整體開銷已經暴漲到七位數。星期六晚上，正當亞當在前排與麥可・葛羅斯跳舞時，加拿大歌手威肯（The Weeknd）搭乘直升機意外現身，帶來精彩表演。（米格爾參加達人秀，戴著模仿澳洲創作歌手希雅（Sia）風格的白色假髮，對嘴演唱〈寂寞水晶燈〉（Chandelier）。一位WeWork員工穿著或許已經成為公司吉祥物的獨角獸服裝，在帳篷間穿梭。

但某天深夜，亞當突然不見蹤影。沒有人知道他在哪兒，有些員工開始覺得緊張。所有人都喝了酒。噴射快艇也不見了。蕾貝卡的表親馬克・拉皮德斯跳上一艘小船，拿著大型手電筒在漆黑湖面搜尋亞當的身影，整座露營區都是拉皮德斯家族所有。隔天早上，有傳言說亞當從船上掉入水中，搜救隊伍靠著他脖子上的螢光棒亮光找到他。這完全是無稽之談，不過WeWork員工還聽過更離譜的故事。事實上，當晚亞當自行駕駛噴射快艇航行了大約一英里，前往對岸的另一區營地，然後留在那裡過夜。

亞當似乎知道自己快要失控了。就如同他自己所說的，「我的靈魂被**我們**吸引，但是還需要努力。」亞當愈來愈依賴宗教，他邀請卡巴拉中心的拉比艾坦・亞德尼參加二〇一五年的冬季旅遊活動，也就是公司第一屆年度高峰會，向WeWork全體員工演說。（這次活動還包括尋寶遊戲，終點就在某間夜店，當時饒舌歌手傑魯〔Ja Rule〕宣稱WeWork沒有提供適合場地，因此拒絕演出，但最後仍依照原定計畫上台表演。）亞當也諮詢了另一位拉比，這位拉比建議他保留安息日，也就是從每週五晚上開始休息一整天，這項戒律的目的是鼓勵猶太人遠離俗世，重新和真正重要的事物建立連結。亞當發現這很有用，至少在星期四之前很有用。但是過了星期四，他的自我又開始爆炸，然後開始重複相同過程。

• • •

在八月某個炎熱夜晚，亞當走出WeWork雀兒喜總部大樓前門，對著公司清潔人員發表演說，清潔人員不斷大喊：「WeWork，不要臉！」那年夏季，公司估值達到一百億美元，清潔人員宣布組工會；這些員工的時薪僅有十一美元，而且沒有任何福利，但是紐約市多數清潔人員的工會工資為每小時二十美元，還可享有額外福利。一星期後，雇用這些清潔人員的第三方公司與WeWork解約，WeWork決定雇用自己的清潔人員。於是原有清潔人員發起「我們也在這」抗議活動，要求WeWork重新雇用他們。抗議人群戴上畫著米格爾和亞當臉孔的面具，跳上華爾街銅牛塑像。〔8〕

這並非公司第一次與參加工會的勞工發生衝突。「他們不是壞人，但是他們正在幹壞事，」亞當對員工說。當時有許多工會組織，分別代表營建與大樓管理相關領域的工作人員，清潔人員只是其中之一。公司幾乎將東岸所有營建工程，包括亞當住家的翻修工程，外包給優艾建設公司（UA Builders）。優艾由格拉尼特（Granit）、艾伯特（Albert）和傑米・吉翁巴拉伊（Jimmy Gjonbalaj）三兄弟共同創辦，該公司在紐約建築業只是個邊緣角色，一直極力阻擋員工組工會。二〇一五年，WeWork雇用格拉尼特擔任營建長。多位WeWork高階主管告訴我，阻擋員工組工會是WeWork商業模式順利運作的重要關鍵，因為公司必須將成本降到最低，而且要能不分晝夜地施工。

WeWork時常得應付來自各地工會的壓力。有一次WeWork要求優艾團隊前往公司在波士頓的第一個據點施工，結果當地營建工會邀請樂團，在大樓前連續表演了三個星期。紐約工會時常將一隻他們暱稱為「工會鼠」（Scabby the Rat）〔9〕的巨型充氣老鼠放在路邊，故意讓那些雇用非工會勞工的企業難堪，WeWork的紐約辦公空間或是亞當家門前，自然也成了這隻充氣老鼠的固定擺放地點。WeWork營建團隊的一位成員曾對某些員工說，他得帶著槍，幫忙擺平衝著亞當而來的可能威脅。

亞當一直試圖安撫WeWork總部大樓外的清潔人員，他說他來紐約是為了「追求美國夢」，而且「想要改變世界」。他說：「我還小的時候，和所有家人擠在一間只有我女兒房間大小的房子裡。」但是他忽略了一點：多數清潔人員「至今」仍生活在擁擠的空間裡，紐曼夫婦卻已經擁有好幾棟度假屋。亞當告訴抗議的清潔人員，他們從來就不是他的員工，但清潔人員不認同他的說法，他們打臉說，所有人都被要求工作時必須穿上WeWork襯衫。

亞當告訴清潔人員，WeWork會大量雇用原本的清潔人員，時薪大約介於十五到十八美元，他們還可享有其他福利，也會受邀參加夏令營活動，未來甚至有機會領取公司股票。「這家公司已經走得很遠，」他說，「如果一切順利，公司股票會很值錢。」一名清潔人員回嘴說亞當只是紙上億萬富翁，不過亞當完全沒有理會對方。「那與這件事無關，」亞當說，然後大手一揮，直接

8 譯註：紐約曼哈頓區鮑林格林公園內的銅質公牛塑像，創作者是義大利裔美國籍藝術家莫迪卡（Arturo Di Modica）。這座公牛塑像如今已成為紐約的熱門景點，同時也是華爾街金融區的象徵。

9 譯註：美國許多工會抗議時常會在現場擺放這隻充氣老鼠，吸引民眾注意。Scab是「工賊」的意思，指的是在勞資糾紛中支持雇主或是不參加工會的雇員。

略過這個問題。接著他又說，他相信員工並不了解工會的真實情況。「我知道生活不容易，」亞當繼續說道，「所以我會盡己所能，努力做出最大的改變，首先是你們的生活和我員工的生活，接著是全世界。」

亞當要求大家保持安靜，讓他說完最後一段話。「俗話說，天助自助者，」他說，「我理解你們內心怎麼想。我知道這裡每一個人都很想要幫忙。」他說WeWork「絕不會被勒索、被逼迫，或是被強行要求推動任何事……在這個國家不會發生這種情況，因為這是一個偉大的國家，自由永遠被放在第一位。」他轉身走進大樓，清潔人員仍持續喊著：「WeWork，不要臉！」

• • •

WeWork與清潔人員爆發爭議的消息上了媒體，儘管WeWork宣稱將會改善薪資待遇，但是在這些展現進步精神的浮誇說詞背後，它的管理手段其實和任何一家態度強硬的紐約房東沒什麼兩樣。出現這種言行不一的情況，就連WeWork的員工也不意外，他們公司向來漠視每週工作四十小時的規定，大家早就習以為常。亞當和其他WeWork高階主管一直推廣一個概念：公司就是你的家。在多數新創公司也很常聽到這種說法。如果你的雇主承諾他們會把你的最佳利益放在心上，為什麼還要加入工會？只要亞當兌現承諾、公司成功上市，員工持有的股票選擇權就能讓他們迅速致富，有錢、有時間好好放個長假，再加上長時間工作和龍舌蘭酒的催化，很快地WeWork員工彼此成了關係緊密的好友。

到了二〇一五年夏季，WeWork每星期會有三十多名新進員工入職，差不多就是十倍圓周率。艾蓮娜・安德森（Alana Anderson）是其中一位，她的姊妹艾加（Aja）很喜歡在WeWork的舊金山辦公空間上班，後來艾蓮娜決定辭去在賓州家庭農場的工作，跟著加入WeWork，部分原因是確保艾加沒有加入某種資本家邪教，免得她還要花力氣拯救她。沒想到艾蓮娜加入WeWork之後，就愛上了這家公司。「我感覺自己有權創造改變，這和一般企業很不一樣，」她說，「剛開始的一年半，我真的覺得很開心。」

也就是在那個時候，安德森和一些員工彷彿剛從龍舌蘭酒宿醉中醒來，對於在WeWork工作有了不一樣的想法。二〇一四年，WeWork開始每星期召開「感謝今天是星期一」（Thank God It's Monday）全體員工大會，後來大家直接簡稱它為TGIM。每週一工作結束後，所有員工都必須參加「感謝今天是星期一」大會，亞當會發表演說鼓舞士氣，接著所有人盡情喝酒。但是在每星期第一天舉辦這項活動，基本上沒多大用處，接下來幾天的工作必定會讓所有人筋疲力盡。不過WeWork向來不在乎員工是否能夠擁有工作以外的生活。長時間工作成了榮譽標章，「感謝今天是星期一」大會結束後，高階主管會和亞當召開深夜會議。華盛頓特區的一位社群經理回想起某天晚上他工作到很晚，結果看到有位員工似乎無所事事地坐在自己的座位上。「你還在公司，所以我也留在公司，」他同事說。後來員工開始惡搞，拿原本用來激勵士氣的口號來開玩笑。一名社群經理說：「如果你這星期工作得很累，其他人就會挖苦說『再拚一點』。」等到星期一上班時，如果員工發現WeWork辦公室仍維持著上週末會員離開時的狀態，員工就會大喊：「感謝今天是星期一！」提振精神。

WeWork員工感覺同事就像家人、而不是工作夥伴，這讓他們感到些許安慰；但是很多員工後來意識到，離開公司後他們就沒有其他朋友了。亞當和蕾貝卡時常談到建立核心家庭是一件幸福的事，二〇一五年蕾貝卡懷了雙胞胎，這是夫妻兩人的第三和第四個小孩，但是多數WeWork員工發現，在WeWork工作，根本不可能成家。許多女性員工說，面試時亞當都會問說，她們最近是否有懷孕計畫，似乎是在暗示懷孕會妨礙他們完成必要的工作。曾經有位高階主管的太太即將臨盆，艾瑞兒．泰格告訴這位主管，「一個真正的男人」隔天就會正常上班。雖然這名高階主管不太認同泰格的說法，但是迫於壓力不得不遵從。「我太太星期五剖腹產，」這名高階主管告訴我，「星期二我就去上班了。」

WeWork高階管理團隊沒有任何女性一事，也引發了外界關注。後來終於有位女性員工加入工程師團隊，團隊急忙修改底層程式碼，因為之前在設計編碼時他們描述紅色是「妓女的血液」。在某次全體員工大會上，有位員工提到缺少女性主管的問題，亞當並沒有正面回答，只是以史黛拉．坦普洛作為例子，當時她主要是擔任亞當的幕僚長。在另一次問答時間，亞當和麥可．葛羅斯以及公司從喜達屋酒店（Starwood Hotels）挖角過來的高階主管諾亞．布洛斯基（Noah Brodsky）一起接受員工提問，又有員工提到公司缺乏多元性的問題。「多元性？」亞當回答說，「我是黑髮，麥可是金髮，現在我們有了諾亞。」身為同志的布洛斯基瞬間臉紅。

二〇一五年，WeWork第二位員工麗莎．絲凱剛度完蜜月，就收到亞當傳來的簡訊，希望和她碰面。絲凱已經離開WeWork多年，多次進出房地產業，試著想清楚自己未來想做什麼。雖然她很早就加入WeWork，卻一直沒有拿到股票選擇權，不過她並沒有任何不滿。後來當絲凱得知亞當即將獲得標竿創投的投資，她還寄了一封電子郵件祝他好運。

絲凱和亞當約在他的辦公室見面，蕾貝卡正好也在，她親了一下絲凱的臉頰，緊接著和亞當核對不久後就要出發的邁阿密旅行行程，她問說這趟旅行他們預計要搭乘哪班飛機。蕾貝卡離開後，亞當開始認真處理公事。雖然絲凱離職後並沒有特別關注WeWork的發展，WeWork倒是非常成功，只不過亞當總覺得似乎少了麼。亞當在簡報時，總是將WeWork定位成「社群公司」，這也正是格蘭街一五四號大樓的獨特之處。但如今證明，這項特色很難複製、擴大。在此之前，全球共同工作空間大會創辦人莉茲．艾蘭就曾對亞當提出類似警告。

亞當希望絲凱回WeWork上班。就像他們早期的做法，他會將其中一棟大樓交給她管理，看看她能否重新激發社群精神，找回WeWork原有的活力和獨特性。

絲凱告訴亞當她會考慮看看，但是她步出大樓時碰巧遇到米格爾，她終於想通了。亞當需要她，他花了幾年才承認這一點。但如果她知道要如何實現心目中的理想——自己創辦一、兩間小規模、設計簡潔的辦公空間——為什麼還要回去替亞當賣命？幾個月後，她和WeWork第三位員工丹尼・歐倫斯坦共同成立另一家彈性辦公空間，地點就在WeWork下曼哈頓據點的對面。

9 共享公寓：WeLive

二〇一二年十月，珊迪（Sandy）颶風肆虐紐約，十四街以下的地區大停電。WeWork在市中心的三個據點全部關閉，取消萬聖夜派對。WeWork在活動取消通知上寫道：「我們試圖防堵珊迪，但是颶風引發的狂風暴雨破壞力太大。」不過公司承諾未來將會舉辦更多派對，「我們不會被這次颶風擊倒。」

幾天後，亞當接到比爾・魯丁（Bill Rudin）打來的電話，魯丁家族經營的房地產公司在砲台公園（Battery Park）和中城之間的地區擁有多棟大樓。魯丁告訴亞當，其中一棟大樓因為颶風嚴重受損。大樓位在華爾街一一〇號，距離東河（East River）只有半個街區。數百萬加侖的洪水灌進大樓，大廳積水嚴重，地下室機械系統全毀。這棟摩天大樓於一九六〇年代興建完成，採用逐層後縮的結婚蛋糕式設計，不過魯丁一直很不滿意這種設計。他想知道亞當有沒有興趣看看。

兩天後，魯丁帶著兩支手電筒，和亞當在大樓內碰面。颶風來襲後，所有人禁止進入大樓。整棟大樓共有二十七層，燈光全部關閉，魯丁和紐曼走去較高的樓層，辦公隔間一片漆黑、空無一人，只有人們遺留的個人紀念品，以及星期五下午工作時的混亂場景，當時他倆都不知道，日後他們再也無法回到這棟大樓。魯丁預估要花費數百萬美元和數個月，才有可能完成翻修，他可能會取消二十個房客的租約，清空整棟大樓。但是亞當有一個想法。

• • •

兩星期後，亞當帶著提案去找魯丁。二〇〇八年，亞當趁著房地產業景氣跌至谷底，創辦辦公空間事業，這次他同樣是在災難過後，準備開拓新商機。他希望其中五層樓作為WeWork辦公室，利用另外二十層樓成立新事業：WeLive，他計畫將這二十層樓改裝成擁有大面積公共空間的小坪數公寓房間，鼓勵住戶彼此交流。這個想法源自亞當就讀柏魯克學院時的創意，當時他提出了更接近公共公寓概念的建築設計方案，可惜教授不買帳。除了WeLive，亞當和米格爾在二〇〇九年製作的簡報中，還列出了WeBank、WeSail和WeConnect等事業單位，全部隸屬於「We品牌公司」（We Brand Companies），當時他們規劃在加州拉霍亞（La Jolla）海邊，興建擁有二十四個住家單位的WeLive公寓大樓。

不過，並沒有太多證據顯示，紐約的公寓大樓住戶會嫌棄自己住家坪數太大，但是亞當的提案成功引起了魯丁注意。魯丁的祖父會在自家辦公大樓旁興建住宅公寓，亞當認為WeLive也可以達到類似目的，盡可能讓WeWork會員的住處靠近WeWork辦公空間。此外，亞當很有說服力。「很大一部分原因和亞當個人、還有他提出的願景有關，」魯丁對我說，「而且他相信，二加二可以得到十。」

對紐曼而言，正好趁此機會驗證過去被教授否定的WeLive方案，同時還能擴張事業版圖，向投資人大力推銷。在二〇一四年募資簡報中，WeLive成了重點特色，亞當開始編織美麗的故事，他告訴投資人WeLive日後的規模將會超越WeWork。亞當表示，當全美住宅市場崩盤，WeLive會是可行的解決方案；麥可．葛羅斯對投資人說，這個概念非常好，就連他們的百萬富翁朋友也想要入住。依據簡報預估，四年內WeLive住戶將達到三萬四千戶，租金收入超過六億美元。

原本公司計畫，二〇一六年之前在全美國將會有十四個WeLive據點，但是實際上到了二〇一六年，華爾街一一〇號以及大華盛頓特區的新據點依舊無法完工啟用。兩大專案進度嚴重落後。雖然WeWork已逐步累積商用辦公空間的專業營建知識，但這些知識無法完全套用到住宅大樓，因為後者要求更複雜。例如，華爾街一一〇號辦公大樓樓板空間較深，設計師一直反覆苦思，不知要如何翻修才能引進更多自然光。此外礙於建築法規限制，原本亞當計畫興建的某些公共空間只能放棄。施工成本一路攀升，不論哪種類型的營建案，管線系統永遠是最花錢的部分，而且WeLive的空間規畫更繁複，不像WeWork只需要在所有樓層另外隔出男用和女用洗手間就好。有位員工說，原始設計圖竟然忘了加上洗衣間。

亞當希望全新改造的大樓能一炮而紅。就在華爾街一一〇號大樓預計開幕的幾個月前，亞當告訴團隊，他希望大樓出租率提高為原本的兩倍；他們想到的解決方法是加裝隱形壁床（Murphy bed）[1]，如此一來兩個人就可共租一間套房（studio apartment）[2]，床鋪之間可以用布簾隔開。為了達成亞當的指令，員工急忙在西榆（West Elm）[3]和ABC地毯家具（ABC Carpet & Home）[4]之間來回奔波，狂刷公司信用卡，趕在最後一刻添購需要的家具，終於完成翻修。

二〇一六年一月，也就是亞當第一次參觀受到颶風破壞的華爾街一一〇號大樓三年多之後，兩層WeLive公寓房間正式對外出租。咖啡師在大廳免費烹煮告爾多（cortado）[5]。在公共區域有一座露台，擺放了兩座熱水浴缸；此外還有一間洗衣房，裡面安裝有遊戲機台。公寓內的書架上放滿了預先選定的書籍，咖啡桌上整齊擺放著裝飾用餐碗。為了不讓空間閒置、順便進行使用者測試，WeWork員工和會員每個月只需要支付五百美元，就可以和一名同事同住一間套房。對於剛揮別宿舍生活、找不到地方住的WeWork低薪員工來說，公司的提議確實相當有吸引力。

但是，租金如此便宜，根本不具有經濟效益。WeWork財務團隊查核過數字，他們擔心這項新事業恐怕永遠無法獲利。不過在午餐派對上，亞當依舊重申自己的信念，說WeLive將會永遠改變住宅房地產市場，並暗示說他家人或許會成為葛羅斯所說的願意入住WeLive的百萬富翁。當時蕾貝卡就坐在觀眾席中，她堅決地說：「不。」

•
•
•

亞當為了拓展WeWork事業版圖，積極推動各項計畫，WeLive是其中規模最大的。二〇一四年，公司開始為不同產品線申請註冊商標：WeLearn提供教育服務；WeBike提供自行車清潔服務；WeEat提供外送服務；WeMove經營健身房。公司甚至聘用香氛藝術家，設計獨家WeWork香水；曾有員工詢問WeWork一位會員，如果推出WeWork能量飲料是否可行。「咖啡需要的牛奶常缺貨，」這名會員說，「我們可以先解決這個問題嗎？」

許多WeWork新計畫看起來純粹是出於個人興趣。《覺醒》短片發行後，蕾貝卡的表演事業依舊不見起色，但她仍一心一意想要進軍好萊塢，她希望借用WeWork的力量達成夢想。二〇一二年，蕾貝卡和亞當成立WeWork工作室（WeWork Studios），目標之一是協助蕾貝卡爭取到突破性角色。他們邀請好萊塢選角指導邦妮．提默曼（Bonnie Timmermann）加入工作室。從《熱舞十七》

1 譯註：又稱為墨菲床，不睡覺時可將床鋪折疊，直接靠在牆面上，外觀看起來就像一般櫥櫃。
2 譯註：包含客廳、廚房、餐廳和臥室，但各區之間沒有隔牆，只有浴室有隔牆。
3 譯註：西榆是美國家具品牌，設計風格時尚簡約，價格親民。
4 譯註：ABC地毯家具為美國知名的大型家具用品店。
5 譯註：在義式濃縮咖啡中加入牛奶，在西班牙、葡萄牙和南美洲相當常見，各地做法有些差異。

（*Dirty Dancing*）到《黑鷹計畫》（*Black Hawk Down*），提默曼曾參與多部電影拍攝，他們給了她一間免費辦公室，地點在瓦里克街WeWork辦公大樓的某一層，他們重新翻修大樓，希望吸引電影和電視公司進駐。（正埋頭開發會員網路的WeWork工程師被迫搬離原本的辦公區，轉移到地下室，他們開玩笑說自己是帶著「W型肝炎」搬去地下室。）提默曼開始和大製作人、導演開會，包括泰德・霍普（Ted Hope），當時他和另一些人共同掌管亞馬遜工作室（Amazon Studios）電影部門。

提默曼說她無法找到適合蕾貝卡的角色，不過在二〇一三年，紐曼夫婦參與投資科幻電影《I型起源》（*I, Origins*），故事描述一位男子透過未婚妻，發現靈性、相信投胎轉世的歷程。紐曼夫婦投資了三十五萬美元，並一同出席在日舞影展（Sundance）舉辦的電影首映會，後來福斯探照燈影業（Fox Searchlight）[6]買下電影發行權，紐曼夫婦因此淨賺數十萬美元。他們收到《浮華世界》舉辦的獨家奧斯卡派對邀請函，但是《I型起源》上映後票房慘不忍睹。自此之後，WeWork工作室再也沒有製作任何電影。

公司陸續成立具有發展潛力的新事業線，員工除了要繼續快速擴張辦公室租賃核心業務，還得分心處理新事業。不過在二〇一〇年代，最有野心的公司多半不甘心只做自己最擅長的事。谷歌開發無人駕駛汽車，Snapchat跨足眼鏡市場，亞馬遜開始製作電影。二〇一五年，亞當組織了一個團隊，打算在曼哈頓某棟大樓的頂樓成立私人俱樂部，這裡曾是高盛的高階主管辦公室。（WeWork同時承租地下室，亞當預計在這裡開一家曼哈頓乒乓球夜店「飛馳」（SPIN）的分店。）

亞當從標準飯店的「爆音夜店」（Boom Boom Room）得到靈感，決定將這地方取名為「創造者俱樂部」（Creators Club），室內會議室分別取名為史蒂夫・賈伯斯、比爾・蓋茲（Bill Gates）和巴布・狄倫（Bob Dylan）。此外還有一間「併購廚房」（M&A Kitchen）負責供應餐飲，取名M&A具有雙重意義：一方面分別代表米格爾和亞當名字的第一個字母，另一方面是併購（mergers and acquisitions）的簡稱，未來他們可以一邊喝著直接從酒桶龍頭汲取的唐胡立歐一九四二，一邊討論併購案。

亞當向投資人描繪了公司的遠大願景：建立完整的WeWorld。他希望其他人明白，WeWork不只管理辦公空間而已。公司將雀兒喜基地稱為「銀河總部」（Galactic Headquarters），二〇一五年亞當告訴一位記者：「WeWork火星（WeWork Mars）正在籌備。」他幻想有一天能和伊隆・馬斯克（Elon Musk）合作。「他希望所有人都能登陸火星，」亞當說，「我們希望建立前所未有的全新社群。」

• • •

在等待馬斯克回覆時，亞當開始跨足其他領域。「最重要的是，亞當本身就是交易高手，」他的一位早期投資人說，「不論是募資還是買大樓，他向來非常熱愛交易。」完成伍爾沃斯大樓的

6 譯註：二〇二〇年迪士尼決定停用「福斯」品牌名稱，福斯探照燈影業改名為探照燈影業（Searchlight Pictures）。

交易後，亞當對幾位員工說，他想買下一間公司。某天晚上，他約了克羅拉多州某個程式設計學院的創辦人到曼哈頓一起喝酒，表面上是為了談合作。「我賣過大樓，敲定過五百萬美元的交易，但我還沒有買過一家公司，」亞當說，「我不知道是不是真的想要買你的公司，但是我想做這件事想了很久。」他向中國和倫敦的競爭對手提議收購，詢問WeWork工程師對於他可能收購的軟體公司有什麼看法。後來亞當放出消息說，他希望收購市值達三十億美元的上市公司Etsy〔7〕，他認為，Etsy網站上的賣家都是自行創業，很需要辦公空間。

WeWork也考慮收購麥格尼斯（Magnises），比利．麥法蘭德（Billy McFarland）在二〇一三年創辦這家會員制俱樂部，二〇一七年他和傑魯合辦法伊爾音樂節（Fyre Festival），沒想到最後卻演變成一場災難〔8〕，接下來有好幾年，麥法蘭德成了眾矢之的。麥法蘭德曾經是WeWork長期會員，二〇一一年，他在WeWork實驗室成立自己的公司斯普林（Spling），之後又陸續創辦其他公司，同樣租用了WeWork辦公空間，直到二〇一七年法伊爾音樂節失敗為止。麥法蘭德在獄中告訴我，WeWork之所以想要收購麥格尼斯，原本是希望WeWorld旗下能增加生活風格方面的品牌，但是後來麥法蘭德的公司因為嚴重破壞在曼哈頓承租的連棟式別墅，遭到起訴，所以收購案就此作罷。麥法蘭德和亞當碰過幾次面，WeWork的經營理念激發了麥法蘭德的靈感，他表示：「讓那些很少有機會碰面、來自不同背景的人有機會聚集在一起，這概念帶給我很大啟發，也讓我更有動力透過麥格尼斯和法伊爾，去做我想做的事。」

二〇一五年夏季，亞當終於完成第一筆大型併購案。被收購的凱斯公司（Case）由戴夫・法諾（Dave Fano）、史蒂夫・山德森（Steve Sanderson）和費德里科・內格羅（Federico Negro）三位前建築師共同成立，最初的創業理念，是希望將科技創新帶進設計和營建產業。凱斯在WeWork實驗室租了一間辦公室，為WeWork提供諮詢，協助精簡設計和開發流程。凱斯的企業口號「大樓就是數據」（Buildings = Data）正好符合亞當努力想要傳遞的科技導向定位。到了二〇一五年，凱斯的六十名員工當中，有一半專職負責WeWork專案。

大部分凱斯員工並非軟體工程師或產品開發人員，公司被WeWork收購後，創辦人和員工難得有機會加入快速成長的新創公司，能夠和矽谷同業一樣，靠著公司承諾發放的股票致富。但是多數凱斯員工對於公司被收購這件事，卻不怎麼高興。對他們來說，不停裝修一間又一間WeWork辦公空間，並不是最有趣的任務，而且工作步調變得異常繁忙。紐曼說話浮誇，凱斯的資深員工完全不買單。他們不信任亞當這位新老闆，其中有幾人經手過WeWork雀兒喜總部大樓

7 譯註：Etsy為網路商店平台，主要交易手工藝成品。

8 譯註：音樂節於巴哈馬島私人海灘舉行，以專機接送、高檔餐飲、豪華島嶼派對作為宣傳訴求，票價從一千五百美元起跳，主辦單位甚至邀請坎達兒・珍娜（Kendall Jenner）、貝拉・哈蒂德（Bella Hadid）、艾蜜莉・瑞特考斯基（Emily Ratajkowksi）等名模代言。但是到了音樂節舉辦當天，舞台還沒有完工，原本宣傳的豪華別墅變成了臨時搭建的帳篷，高檔餐飲變成三明治，沒有任何表演嘉賓到場。二〇一八年，麥法蘭德認罪，被判刑六年。可參考網飛推出的紀錄片《Fyre：國王豪華音樂節》（*Fyre: The Greatest Party That Never Happened*）。

的建築施工圖，赫然發現紐曼在自己的辦公室裡安裝了通風孔，他們當下明白，這麼做的目的是方便他自己在辦公室裡抽大麻。

併購案完成後，亞當、米格爾以及從老派律師事務所威爾默赫爾（WilmerHale）跳槽到WeWork、擔任法務長的珍・巴倫特三人，一起和新併購的公司員工見面。凱斯向來鼓勵員工自由選擇自己想要負責的專案，員工擔心WeWork會收回他們手上的專案，巴倫特想方設法安撫他們的情緒。巴倫特提到了HBO電視劇《矽谷群瞎傳》，當時正播出第二季，劇中的反派角色蓋文・貝爾森（Gavin Belson）是一位冷血無情的企業大亨，創辦了互利（Hooli）公司，身邊時常跟著一位心靈導師，前不久貝爾森剛宣布擁有前員工開發的某項科技所有權。「看吧，」巴倫特說，「我們不是互利公司。」

• • •

二〇一五年底，WeWork要求世達律師事務所（Skadden, Arps, Slate, Meagher & Flom）律師悄悄開始準備首次公開發行。首次公開發行的目的之一，是透過公開市場募資，但是流程複雜，得花上好幾個月仔細規劃，進駐WeWork的律師團隊耗費大量時間，重新整理WeWork的混亂財報，以便符合《沙賓法案》（Sarbanes-Oxley Act of 2002）規定。安隆醜聞案爆發後〔9〕，美國國會通過《沙賓法案》，要求公開上市公司承擔更多責任。雖然目前距離WeWork首次公開發行還有一年或更長時間，但是整頓財務絕對有必要。

亞當對於公開上市沒有太大興趣，他擔心自己將因此失去控制權，不能任意擴大事業野心。之前亞當的募資計畫相當成功，WeWork除了是一家「十角獸」企業，套用現代新創領域常用術語，現在它也是一隻「牛頭怪」（minotaur），意思是募集超過十億美元創投資金的公司。但是，WeWork的現金部位再度告急，同時間，願意為一家估值飆高、持續虧損的公司提供融資的私人投資者，卻愈來愈少。

為了順利在二〇一五年底取得私人投資資金，亞當將目光轉向中國，雇用高盛協助尋找，是否有投資人願意投資WeWork在亞洲和其他地區的擴張計畫。前不久優步才剛募得十多億美元，進軍中國市場。但是WeWork的募資過程並不順利。「大概有三十個投資人回絕，」WeWork財務團隊的一位成員說。中國資金不願意填補WeWork持續暴增的財務黑洞，特別是當時中國市場已經有本土競爭對手提供類似產品。

9 譯註：二〇〇一年，能源公司安隆（Enron）長期高估資產、操控利潤、隱瞞負債等手法，迅速擴張規模、拉抬股價。二〇〇一年宣告破產，負責簽證的安達信會計事務所因為協助偽造不實資訊、逃稅，並銷毀會計資料，在二〇〇二年遭到美國司法部起訴，之後美國、德國、法國、俄羅斯、南非和新加坡分公司被併入安永會計師事務所，中國和香港分公司則併入普華永道會計師事務所。

有家創投公司倒是願意投資亞當的願景。「當時我們的反應是，弘毅投資（Hony Capital）到底是誰？」財務團隊的一位成員說。弘毅投資是由中國企業家趙令歡創辦，他同意投資六億美元，這是WeWork成立以來獲得的最大筆投資資金。「私有市場的一個特性是，就算有九個聰明的投資人放棄投資，只要有一個相對無知的投資人點頭，公司估值就能瞬間衝上一百六十億美元，」財務團隊的成員說。

不過開會討論這項投資案時，有幾名WeWork董事會成員反對。他們認為，進入中國市場是愚蠢的決定。優步燒掉大量資金，只為了在一個缺乏專業的國家，追趕上當地競爭對手。對於WeWork和它的投資人來說，最穩當的做法就是控制成本以及盡早上市。

但是亞當和其他高階主管支持這項投資案；談到拓展中國市場可能面臨的挑戰時，米格爾更是顯得躍躍欲試。弘毅工作團隊特地飛到紐約，和WeWork協商投資案，有一天亞當在WeLive舉辦派對，他想到可以順便邀請投資人參加。自從WeLive完工，亞當就改在這裡舉辦募資簡報。趙令歡和弘毅團隊抵達派對現場後，亞當要求十多位員工和投資人一起搭乘貨運電梯到屋頂。原本屋頂不應對外開放，但現在是由亞當經營這棟大樓，還有誰能夠阻止他？其中一位WeWork員工透過對講機轉告一名實習生，帶著幾杯龍舌蘭酒到屋頂。亞當自己則提著滅火器上樓。

一群人搭電梯坐了二十八層樓到達屋頂，一起俯瞰WeWork的耀眼未來。他們就站在WeWork最新產品的頂端，亞當保證WeLive將會成為規模最大的事業。在東河對岸，是正在興建的七十二號碼頭（Dock 72）大樓，由WeWork與魯丁、還有波士頓物產公司（Boston Properties）合作開發，地點就位在布魯克林造船廠（Brooklyn Navy Yard）內，WeWork將會在大樓內設立規模最大的辦公空間。亞當站在屋頂上，描繪著他為WeWork規劃的願景。他說，他將要推動更大規模的「我們革命」（We revolution），華爾街一一〇號大樓只是開始。趙令歡眼眶泛淚，哽咽說出自己對這次合作的期望。

• • •

突然間，亞當打開滅火器，朝著趙令歡和弘毅投資團隊其他人身上噴灑。所有人放聲大笑，喝下龍舌蘭酒，接著一起下樓。「亞當是不是不應該那樣做？或許不應該，」一起在屋頂喝酒的一位員工說，「但是你不得不佩服他。之後那個星期我們就順利完成交易了。」

10 鎦銖必較 Manage the Nickel

二〇一六年一月，賈桂琳・霍克史密絲（Jackie Hockersmith）開始在WeWork上班，到職第一天，在另一名員工羅奇・克恩斯（Rocky Kerns）帶領下，她直接走進舉辦新人訓練的會議室。克恩斯主要負責協助新員工入職，有時候亞當在公司活動現場上台演講時，他還得想辦法煽動他們的情緒，炒熱現場氣氛。霍克史密絲接受新人訓練時，收到一本由餐飲大亨丹尼・梅爾（Danny Meyer）撰寫的《全心待客》（*Setting the Table: The Transforming Power of Hospitality in Business*），梅爾認為，企業成功的關鍵在於懂得尊重他人。WeWork將這本書送給每一位新進員工。

三天後，霍克史密絲和其他新同事一起前往華爾街二十三號大樓，參加WeWork第二屆年度高峰會，這棟大樓與WeLive之間僅相隔幾個街區。整棟建築物早已年久失修，二〇〇八年一名外國企業家買下這棟大樓後便任其破敗。沒有燈光、沒有暖氣、沒有水，只剩下混凝土樓板。WeWork員工自己帶電燈過來，在大樓內設置流動廁所，再掛上布簾與其他空間隔開。

星期五早上，亞當沿著中央走道，步行經過一排又一排已就座的WeWork員工。當天他身穿一件上面寫著「永不滿足」（NEVER SETTLE）的襯衫跳上舞台，宣布自從去年高峰會結束後到現在，WeWork的規模居然成長了三倍，如今公司已有一千多名員工。接著他大聲喊出已經設立WeWork據點的城市：洛杉磯、舊金山、柏克萊（我們需要更多能量，柏克萊！）、丹佛、芝加哥、波士頓、費城、華盛頓特區、邁阿密，還有亞特蘭大；未來幾個月內，將會有員工在這裡成立新的辦公空間。接著亞當喊出：倫敦、阿姆斯特丹、台拉維夫、上海、墨西哥市、多倫多、蒙特婁，以及三十六年前亞當的出生地、「像垃圾堆」一樣的貝爾謝巴。直到最後，亞當才大聲喊出紐約，WeWork在這裡已設立了二十六個據點。「公司在這個城市已經具備規模優勢，」他回應員工的歡呼聲說道，「未來兩、三年內，所有城市都會達到類似成績。」

霍克史密絲很開心能加入WeWork使用者體驗團隊，她的主要任務是設法讓四處都是玻璃隔牆、猶如迷宮的辦公空間有更清楚的標示。但是在高峰會上，有太多東西她需要消化。員工要學習群舞，將雙手放在頭部上方、拇指碰觸頭頂，擺出公司名字第一個字母的姿勢拍照。接著一名勵志演說家上台演講，但是他一直把公司說成WeWorks，後來終於有員工起身糾正他，同事們報以熱烈掌聲。當天晚上公司舉辦一場派對，穿著暴露的空中舞蹈家在懸吊於天花板的吊環上表演。霍克史密絲在一棟建築物的漆黑外牆周圍四處閒晃，一個人也不認識；直到黑夜盡頭，由於地板太黏，她腳上的新鞋就這麼毀了。

隔天，WeWork員工再次到高峰會現場集合，同時間一場暴風雪正席捲美國東岸，紐約其他地方無不嚴陣以待。不過公司仍依照原定計畫，安排員工當晚搭乘巴士，前往某個高階主管位在威斯特徹斯特郡的住家舉辦派對。但是當天下午，紐約市交通幾乎停擺。公司沒有取消高峰會，只是告訴員工回家收拾行李，然後回來參加高峰會；公司宣布說，已經租下曼哈頓下城所有飯店空房。

亞當告訴WeLive團隊，他想要改到WeLive辦派對。他要求負責管理附近辦公大樓的社群經理，搜刮酒櫃裡所有酒瓶，為每個樓層調製不同的賓治酒（Punch）〔1〕。亞當只在WeLive待了一會就離開，新人雖然不認識其他高階主管，但還是開心地跟著他們一起喝酒、吸大麻。賈桂琳・霍克史密絲很早就離開派對現場回到飯店，公司安排她和一個男同事合住一間房。這讓她感覺不太舒服，不過後來這件事也變得無關緊要；因為這位男同事晚上和另一名WeWork員工在其他地方共度春宵。

隔天早上，紐約市民努力剷除厚達三英尺（約九十公分）的積雪，宿醉的WeWork員工拖著沉重步伐回到高峰會現場，公司原本安排亞當發表另一場演說，但是過了一個小時亞當仍未現身。當他好不容易出現時，他要求影音團隊播放一支影片，向大家解釋自己的行蹤：一輛休旅車載著他在紐約市區穿梭，他緊緊抓住一根繩子站在單板雪板上，跟著休旅車穿越積雪的街道。「年

1 譯註：punch這個字源自印度祆教，代表數字「五」，賓治酒包含五種元素：烈酒、檸檬、糖、水、茶或是香料。因為酒精濃度低，很適合開派對時飲用。

紀還小的小孩當下的反應是：『太厲害了，』年紀大的卻是：『去死吧。』」剛加入公司不久的某位高階主管說。

• • •

就在亞當拿滅火器朝著新投資人噴灑後隔天，承包WeLive翻修工程的廠商工作人員走去屋頂，發現一盤空著的龍舌蘭酒杯。有人在大樓屋頂開派對的謠言開始傳遍全公司。後來消息傳到WeWork新任總裁暨營運長亞提．明森（Artie Minson）耳裡。聽聞他的老闆不僅用滅火器噴灑投資人，甚至違反安全規範，有可能被迫暫停華爾街一一〇號大樓裝修工程，明森也只能搖搖頭。後來他告訴亞當，如果他真的希望日後WeWork成為上市公司，就不能再出現類似的行為。

明森的前一份工作是時代華納有線電視公司（Time Warner Cable）財務長，六個月前才加入WeWork。某天標竿創投合夥人麥克．艾森伯格聯繫他，詢問他是否有興趣加入WeWork，那時候WeWork已經擁有一萬名會員，但是他根本沒聽過這家公司。「在時代華納有線電視，我們一天就要完成一萬件安裝作業，」多年後我在WeWork總部採訪明森時，他這麼告訴我。但是明森很高興有機會嘗試新事物，從財務長轉換到營運長。如果亞當決定遵循其他新創公司創辦人的做法，將經營權交給有經驗的高階主管，那麼明森絕對有資格坐上公司領導人位置。

多年來亞當一直非常依賴身邊的朋友和家人，這些人占據了WeWork的高階管理職務。亞當的同輩姻親曾擔任公司營運長，蕾貝卡表親是WeWork房地產業務主管，亞當在海軍學院認識的好友是公司第一任財務長。任何與公司品牌建立、開發新標誌、設計新口號，例如「做你所愛」（DO WHAT YOU LOVE）等有關的業務，蕾貝卡介入得愈來愈深。亞當承認，如果情況允許，他特別喜歡雇用身邊認識的人。開會時，如果他想和會議室內的以色列人溝通某件事，通常會改說希伯來語；有高階主管就曾開玩笑說，他要幫他的團隊購買羅塞塔軟體（Rosetta Stone）〔2〕。

但是，WeWork的成長已經超出某些員工的專業能力範圍，這些員工當初之所以獲得工作，最主要原因是忠誠。董事會要求亞當引進更多外部聲音。在新一批加入WeWork的高階主管當中，明森是表現最突出的。「亞提是亞當勢力範圍之外，第一個受到重用的人，」一位資深員工說。明森挖角美國線上前高階主管法蘭西斯．羅伯（Francis Lobo）擔任WeWork營收長。DirecTV高階主管瓊．吉塞爾曼（Jon Gieselman）加入WeWork，擔任行銷長。許多新加入的高階主管都因為WeWork將會公開上市而心動，在明森協助下，公司在預估成長目標時，終於多了不少冷靜的聲音。「亞提加入後，預估目標變得合理許多，」一位財務團隊的成員說，「我們的重點是**如果**，**而不是什麼時候**，也許需要十年、而不是兩年才能達到目標，但數字看起來比較合理。」

2 譯註：Rosetta Stone原指一七九九年在埃及羅塞塔出土、上頭刻有三種語言的古代碑石。後來有語言學習軟體公司以此為名，推出多種語言的學習軟體。

亞當是否真正願意對圈外人敞開心扉，則是另一個問題。吉塞爾曼在WeWork工作不到兩個月就離職。來自優步的派翠克．莫塞利在二〇一五年底離開。接連不斷的派對令他愈來愈疲乏，但最主要的原因是，他認為WeWork領導階層出了問題：「決策流程不透明，獎賞制度不明確，」在優步工作讓人心力憔悴，但是莫塞利發現，在WeWork工作更令他覺得挫折。「有時候你會覺得很難和（優步的）特拉維斯共事，但他會用非常理智、有建設性的方式切中要害，」莫塞利說，「亞當則總是想辦法逼各團隊之間和團隊裡的人彼此競爭，好像這只能是一場零和遊戲。」

亞當還雇用了另一位高階主管——原本擔任臉書發言人的珍妮佛．斯凱勒（Jennifer Skyler），亞當希望她帶領WeWork企業溝通團隊，持續對外宣傳WeWork不只是一家辦公室租賃公司。WeWork在各大媒體全力推銷新版會員網路，以及「WeWork效應」概念：許多公司之所以想要加入WeWork網路，並非為了租用實體辦公空間，而是為了加入創業家社群。亞當頂著大背頭髮型、穿著皮夾克，為《快速企業》拍攝照片。十六年前，這本雜誌宣稱雷格斯是未來辦公室的代表，但現在，他們發現亞當的企圖心更大：「亞當．紐曼的一百六十億美元新烏托邦賭注，目的是要將WeWork變成WeWorld。」

但是公司至今仍無法兌現承諾，特別是亞當向投資人宣傳的實體社群網絡。WeWork已經和未成年的資訊科技主管「喬伊電纜」分道揚鑣，直到現在，公司的科技基礎建設都是為了應急而胡亂拼湊。前陣子有位會員向WeWork抱怨，無線網路有非常多安全漏洞，他竟然可以看到其他會員電腦內的文件：包括財務紀錄、畢業照和一張生日卡，卡片上可以看到尼可拉斯・凱吉（Nicolas Cage）的臉疊印在一隻貓身上。WeWork無法解決現代辦公室遇到的所有技術問題。二〇一五年初，亞當的同輩姻親克里斯・希爾一直搞不定印表機，他實在氣不過，直接把印表機高舉過頭，用力朝著WeWork總部中央的地板砸下去。

二〇一六年，數據分析新創公司「數字思維」（Thinknum）的某位員工，在搜尋會員網路系統時發現另一個安全漏洞——他竟然可以看到所有WeWork會員的資訊。數字思維發現WeWork的顧客流失率、也就是會員搬離WeWork辦公空間的速度，正逐步加快，還發現很少會員使用公司內部的領英平台，只有百分之二十一的會員有至少貼出一則貼文；追蹤人數最多的帳號，有一半是WeWork員工。

數字思維將統計數據放上自家公司的部落格，隔天，公司共同創辦人賈斯汀・甄（Justin Zhen）就收到WeWork社群經理人寄來的電子郵件。她直接得到高層指令，將數字思維趕出WeWork辦公室和社群。他們只有三十分鐘離開。數字思維的六名員工迅速打包物品，尋找新辦公室。很快地，他們就找到符合需求的辦公室。第二天，數字思維員工搬進四個街區之外，國際工作場所集團的辦公空間。

• • •

明森和其他高階主管努力加強控管公司營運，擴張規模依舊是推動公司成長的主要動力。公司已經建立一套流程，以前所未有的速度提高實體空間出租率，業務團隊必須努力追趕公司的擴張腳步。他們在還未完工的空間內工作，想辦法推銷空蕩蕩的大樓，在新據點施工期間，他們會偷用附近餐廳的無線網路。隨著新據點愈開愈多，WeWork辦公空間的出租率開始下滑，但是公司經常對外誇大數字。盧卡．古爾可離開WeWork，創辦成人紙尿布公司，公司要求留下來的業務團隊，必須不惜一切代價提高出租率。「公司要求我們一定要熱情招待，」在東岸上班的業務約翰．布澤爾（John Boozer）告訴我。「我們在芝加哥壽司店花了兩千兩百美元，但是之後你不會繼續追蹤。」後來WeWork開始針對新房客推出新優惠：頭幾個月可免付租金、免保證；大城市裡最懂得精打細算的企業便趁機鑽漏洞，享用完幾個月免租金的優惠後，立刻搬到WeWork在附近新開幕的辦公空間，便能再次獲得同樣優惠。沒有人會去追蹤這件事。新進員工在腦中計算數字時，完全無法理解WeWork這樣花錢究竟要怎麼獲利。

二〇一六年五月，亞當在「感謝今天是星期一」大會上向員工演說。他在WeWork雀兒喜總部大樓來回踱步，員工則一語不發地坐著。亞當試著用樂觀的語氣對員工喊話，「從我們能做的、或許從公司估值來看」，WeWork只發揮了不到百分之五的潛能，依照他的計算，公司未來估值可達到三千億美元。但現在是公司的關鍵時刻。「真正讓我害怕的是，十年後我們回頭看現在，然後說其實我們可以做得更多，」紐曼說，「時間是你唯一無法重新拿回來的東西。」

眼看公司成本不斷攀升，亞當開始有些擔憂。「我們不習慣這樣做事，」他說，「我們習慣斤斤計較每一分錢。」WeWork仍持續燒錢，公司規模成長四倍，薪資也跟著成長四倍。公司一個月提供九萬杯免費啤酒，「我們對這個數字感到驕傲，」亞當說。但是暢飲時段持續增加。他在「感謝今天是星期一」大會上演講時，引用了克里斯・希爾在前不久創造的詞彙：「錙銖必較」（Manage the Nickel）。希爾開始發放木製代幣給找到方法節省公司開支的員工，代幣上印有「錙銖必較」標語。「我希望接下來能收到這樣的紙條：『兩點的時候燈還開著。這樣是在浪費錢，反應不夠機靈。我不能接受。』」亞當說。他警告，許多非常成功的新創公司因為「支出文化」失控，最終一敗塗地，他堅持WeWork絕對不能陷入相同困境。亞當決定暫緩某些計畫，例如仍處於初期開發階段的日間托育中心WeKids，他還說所有人都必須緊縮支出。亞當自己取消了高階主管星期一的燻鮭魚貝果早餐，他估計每星期早餐成本大約介於三百到四百美元之間。「宇宙不容許任何浪費，」他說。

許多員工覺得，亞當的擔憂似乎有些脫離現實。「這有點好笑，因為貝果早餐的花費大概是八十美元，」一位偶爾需要幫忙買早餐的助理說。另外有不少人認為，亞當的行為根本是偽善。根據《紐約郵報》（*New York Post*）報導，紐曼夫婦雖然不久前放棄購買上東城價值三千九百萬美元的頂樓公寓，但還是買下位在威斯特徹斯特郡、靠近蕾貝卡小時候住家，價值一千五百萬美元的房產，擁有一座網球場和八間臥房。有位員工前陣子和亞當開會討論WeLive裝潢成本上漲的問題，亞當建議他們採購比較便宜的中國製家具，接著他轉身詢問米格爾，週末是否願意和他一起搭直升機到漢普頓。

對喬安娜・絲特蘭格（Joanna Strange）來說，亞當在「感謝今天是星期一」大會上的演講特別讓人反感。二〇一五年WeWork收購凱斯公司，絲特蘭格成了WeWork員工，但是她並沒有明確的工作職責。許多新進員工都是如此，隨著公司持續在不同領域擴張，新人的工作內容也跟著改變。「我是撿屎的，」每當有人問絲特蘭格她的工作內容是什麼，她都這麼回答，「我就負責接住天上掉下來的屎。」

二〇一六年初，絲特蘭格的老闆戴夫・法諾把自己在公司的登入資訊交給她，這樣絲特蘭格就能幫他處理各種行政工作，不再只是撿屎而已。某年春天的某天早上，她查看法諾的收件夾時發現，有幾名高階主管互傳電子郵件，似乎是在討論已迫在眉睫的裁員計畫；其中一名主管甚至誇下海口說，他預計裁員的人數比另一名主管還要多。絲特蘭格感到有些不解。她的職責之一就是處理新人入職流程，但是WeWork徵人的速度太快，很難跟得上，公司有時候甚至刻意放寬標準。前不久亞當大聲斥責一群員工，在決定錄用一名應徵者擔任艾瑞兒・泰格的新助理之前，沒有利用谷歌查詢這個人的背景；這名員工正是那位惡名昭彰、被冠上「玩世老千」（Hipster Grifter）[3]封號的布魯克林人，她四處騙取工作機會，詐騙無數人的金錢。

加入WeWork之後，絲特蘭格對公司愈來愈不滿。她無法忍受大家這麼崇拜亞當。她剛成為新手媽媽，感覺有責任保護公司的年輕員工。她認為他們被公司呼攏，願意接受低薪、微薄的福利，只因為這份工作讓他們可以和朋友盡情喝酒。絲特蘭格看完討論裁員問題的電子郵件後，直接向其中一位高階主管打探消息，他證實公司將要裁員，但是公司希望保密。絲特蘭格決定，如果到時候叫到她的名字，她就會對外放出消息。

五月底，絲特蘭格將裁員消息洩露給《彭博社》（*Bloomberg*）記者愛倫・休特（Ellen Huet）。六月三日，休特報導WeWork將裁掉百分之七的人力。[4]私底下，亞當得知消息曝光後火冒三丈，但是在幾星期後舉辦的「感謝今天是星期一」大會上，他再度發表了激勵人心的演講。員工端著擺滿龍舌蘭酒的托盤進入會議室，接著嘻哈樂團Run-DMC成員、藝名為DMC的達里爾・麥克丹尼爾斯（Darryl McDaniels），穿著摩托頭（Motörhead）[5]黑色T恤走進會議室，擁抱了亞當後，演唱多首Run-DMC知名熱門單曲。長久以來，類似的派對活動已經成了公司的宣傳重點，但是這時候許多員工實在不知道該如何反應。有數十位同事將要失去工作，感覺他們就和亞當四名年幼

3 譯註：二〇〇九年，華裔女子凱莉・法瑞爾（Kari Ferrell）在美國猶他州因為涉嫌欺詐遭到通緝。後來她逃到紐約布魯克林區繼續行騙，用各種理由欺騙朋友，要朋友借錢給她、幫她付計程車錢、在餐廳幫她買單。她還假造工作履歷，到各大企業應徵，騙取工作機會，最後遭到費城警方逮捕。

4 譯註：原文標題："WeWork Is Cutting About 7% of Staff," *Bloomberg*, Jun 3, 2016.

5 譯註：摩托頭是英國重金屬搖滾樂團。

的孩子一樣，因為即將出生的嬰兒而被冷落。

一個月後，彭博社取得絲特蘭格提供的WeWork內部財務報告，曝光更多細節。〔6〕這份文件顯示WeWork調降了當年營收預估，獲利預估則縮減百分之七十八。員工拚命追趕WeWork的擴張速度，因為只要大樓延遲開幕，也就是員工所說的「辦公桌延誤」(desk slippage)，公司一整年就會損失九千萬美元。裁員與營收預估調降的消息同時曝光，無疑重重打臉了WeWork原先的樂觀說詞。對於競爭對手以及完全不了解估值數字如何被操弄的人來說，《彭博社》的報導正好驗證了一項事實：WeWork根本不具有什麼魔法，無法避開辦公室租賃產業的現實考驗。

因為消息外洩，WeWork開始處處防備員工。幾個月後，有位高階主管的助理在離職兩星期前遞交辭職信，公司立即禁止她進入大樓及使用公司帳號。絲特蘭格在竊取公司電子檔案時，不懂得如何有技巧地隱匿行蹤，沒多久WeWork發現她就是洩密者，正式對她提告。

亞當和米格爾都曾提到，他們從小在集體社區成長，因此強烈渴望建立社群，但亞當成為WeWork最高領導人一事，似乎促使他積極推動他在兒時就已經萌生的奇特想法。在類似尼爾阿姆的基布茲社區，雖然重視社群精神，但是也非常強調領域概念，並極力發展工業、擴大社區領地。「你必須在基布茲周圍劃定邊界，」一名WeWork員工指出。

就在絲特蘭格被指認為吹哨者後不久，亞當把曾經和絲特蘭格共事的員工全部叫進他的辦公室，強迫他們說明事發經過。其中一名在WeWork工作多年的員工詢問亞當，為何堅持要對絲特蘭格窮追不捨。亞當走到白板前拿起一支麥克筆，畫了一個圓圈，接著在圓圈中間寫下「我們」。「你要嘛和我們站在同一陣線，」他說，「要不就是和我們對立。」

• • •

二〇一六年春季，比爾．格爾利在「高人一等」部落格上再度示警[7]，他擔心「獨角獸企業的募資過程太容易」。在單單一年，獨角獸企業的數量幾乎成長三倍，達到二百二十九家。創辦人「隨口說出遠高於前一次喊價的估值，精心製作簡報內容吸引投資人出價，然後就看著數億美元資金匯入銀行帳戶」。一年後，所有人再度排隊，重複相同流程。格爾利說：「公司被迫誇大紙上估值，再加上燒錢速度驚人（而且未來仍要持續籌募更多現金），情況因此變得異常複雜，但是許多獨角獸執行長和投資人，根本沒有準備好應付這些。」

雖然格爾利沒有指名說是WeWork，但他提出的問題很明顯是針對WeWork：很少有創業家燒錢速度或是估值膨脹速度能夠超越亞當．紐曼；他總是有辦法持續募資。標竿創投曾鼓勵亞當創業初期野心要夠大，他們後續也參與了WeWork好幾輪融資，但在E輪融資時決定退出。

6 譯註：“WeWork Cut Forecasts as CEO Asked Employees to Change ‘Spending Culture,’” *Bloomerbg*, Jul, 16, 2016.

7 原文標題為：“On the Road to Recap”。

格爾利擔心，有些新創公司不是因為飢餓、缺乏資金倒閉，而是因為「消化不良」。前不久《華爾街日報》刊登一篇關於療診公司的調查報導〔8〕，揭露這家資金充裕的血液檢測新創公司如何四處詐欺，格爾利引述這篇報導作為證據，證明「一家公司雖然能夠以超高估值向投資人籌募資金，但不能保證……一切順利」。最後格爾利以一句話作總結：錢愈多，問題愈多（MO MONEY MO PROBLEMS）。他表示，年輕創業家最大的誤判就是：「以為只要我們完成下一輪融資，就不會有問題。」

儘管WeWork投資人曾含蓄提出警告，但亞當和米格爾依舊不停在思考，如何繼續讓公司維持私有化。「現在我們工作得很開心，我們也聽到不少關於公開上市的消息，感覺不怎麼有趣，」米格爾說。他們心想，或許WeWork會員可以持有公司股權，就像集體企業。亞當仍然相信，WeWork如果要實現原有的企圖心，唯一的必要條件就是讓投資人對WeWork有足夠信心。亞當和《快速企業》記者聊天時強調，成立WeNeighborhoods和WeCities只是「什麼時候要做、而非要不要做的問題」。他絕對不是第一個充滿個人魅力、想像自己能創造更美好世界的領導人，不過《快速企業》記者告訴他，人類史上出現過各種烏托邦計畫，最後全都以失敗收場。例如基布茲運動，最高峰時曾有多達數百個據點，到後來只剩下少數地點。亞當也承認這一點，但是他說記者遺漏了一個重要的差異，這也正是他很適合領導這場特殊革命的原因。「在這個領域，多數人失敗，是因為沒有人能夠開這張支票。」

過沒多久，亞當確實需要另一張支票。WeWork獲得弘毅資金後，開始前進中國市場。許多獨角獸企業也曾信心滿滿進軍中國，最後卻一敗塗地。當年八月，優步在虧損數十億美元後，決定將中國業務出售給當地競爭對手。WeWork在中國也持續燒錢，花光了以色列、紐約、舊金山和北京投資人的資金。經濟衰退後爆發的創投融資熱潮，到了二〇一六年開始退燒，看起來無意公開上市的公司，估值竟然在短時間內飆高或轉虧為盈，投資人因此有了戒心。這下WeWork除了公開上市，別無選擇。「大家都在說，『這世上不會有任何人願意投資，』」曾參與WeWork募資的一位資深員工對我說，「然後突然間，這世上唯一有能力提供解藥給這家公司的人，就出現在門口。」

8 原文標題為：“Hot Startup Theranos Has Struggled With Its Blood-Test Technology”。

11 「十倍先生」孫正義

Mr. Ten Times

二〇一〇年六月二十五日，也就是在亞當和米格爾合作之下，WeWork第一個辦公空間據點、格蘭街一五四號大樓正式開幕幾個月後，在東京一座擁有五千個座位的表演廳內，孫正義走上舞台，微笑面對台下觀眾。他正準備向公司股東以及一千位日本民眾發表年度演說，台下民眾個個崇拜他，他們是參加抽獎活動幸運取得入場門票的。孫正義是日本科技集團軟體銀行的創辦人，人們常直呼他「阿正」(Masa)，只要叫出這個名字，所有人就知道是誰。這一年孫正義五十二歲，他身高只有一百五十幾公分。朋友覺得他長得很像漫畫人物查理．布朗，禿頭的頭頂上留著一撮頭髮。但是他的野心絕對遠超過他不起眼的外表。他開始發表演講，他說他相信這場演講將會成為他人生中最重要的時刻，如果內容有些冗長，還請大家多多包涵。

自從三十年前創辦軟體銀行至今，孫正義憑藉一次又一次高風險投資，帶領軟體銀行達到前所未有的高峰，他自己亦在短時間內躍升為全球首富。只不過多年後，他卻成了史上虧損最多的人，一切從頭來過。他投資的創業家都和他一樣，渴望建立一個沒有人想像過的世界。二〇〇〇年，孫正義決定投資阿里巴巴兩千萬美元，《金融時報》形容這是「史上最了不起的創投投資」。被譽為中國版亞馬遜的阿里巴巴，在當時只有少數幾名員工。到後來，孫正義持有的阿里巴巴股票價值超過一千億美元。他形容自己之所以對阿里巴巴產生興趣，是出於某種原始本能，他和阿里巴巴創辦人馬雲見面時，察覺到一股「動物氣味」（animal smell）。孫正義說：「馬先生眼睛充滿飛揚神采，就和蓋茲和賈伯斯眼睛散發的飛揚神采一樣，我相信他眼中的神采。」他自認和馬雲是「同一類動物」，「我們都有點瘋狂。」

那天，孫正義身穿淺灰色西裝、白色襯衫，領口敞開，站在東京表演廳的舞台上。依照原訂規劃，他要和觀眾分享軟體銀行未來三十年的願景，但是他說三十年太短。「為什麼不談談從現在起直到三百年後的願景？」孫正義反問。他預測全球將經歷人類史上「最重要的典範轉移」。革命即將到來，過去他和軟體銀行靠著銷售科技服務賺進大把鈔票：先是電腦軟體，之後是寬頻網路，再來是行動電話服務；他認為，未來人們對於科技服務的需求將更為迫切。「現在軟體銀行希望透過資訊革命，讓人們生活得更快樂，這正是我們唯一期望達成的成就。」他說。

在推特平台，孫正義帳號的追蹤人數是全日本最多的，他邀請追蹤者分享「這一生最令你傷心的事」。非常多人回覆他們曾經歷的悲痛，包括：孤獨、絕望、摯愛離世。雖然軟體銀行無法解決所有人類問題，例如「人們渴望愛，卻又被愛所傷」，但是孫正義認為，軟體銀行的願景和觸及範圍必須足夠廣泛。他說，軟體銀行會努力「讓陷入悲傷的人們得到安慰」。

孫正義演講了整整九十分鐘，隨後燈光突然變暗，他示意工作人員播放影片。影片一開始是無人機空拍畫面，接著鏡頭逐漸拉近，最後聚焦在一名站在城堡廢墟中的男子身上，「悲傷，是必然的人生際遇。」旁白說道。

自從時間誕生以來，人類就不停蒐尋各種方法克服悲傷。有些人轉向宗教，有些人則在哲學或藝術的世界得到慰藉。現在，我們看到另一種解決方案：也就是緩解悲傷、增加快樂的新方法。這個方案是我們這個時期、這個時代所獨有。我們稱之為資訊革命。這場革命讓每個人的想法都能被許多人分享，所有人都能知道其他許多人的想法，也就是說無論人們、想法、願景和夢想之間相隔有多遙遠，都能夠相互連結。

黑幕降臨時，你孤身一人，但是在地球另一端的某個地方，某個人可以為你灑下一束晨光。某個國家開發的科技，能解決另一個國家的問題。地球某端發明的聰明點子，能讓地球另一端的絕望轉變成希望。資訊科技讓不同的人、概念和想法彼此吸引。這股吸引力將會驅動我們的命運，讓我們知道自己並不孤單。這股吸引力將人們凝聚在一起，讓我們獲得了自由，順利克服國籍、年齡、種族、語言、時間和空間阻礙。我們相信，這股新力量能夠幫助我們治療疾病、開心地接受教育、減少戰爭、使所有人和平相處。科技會持續演變，但人類的愛具有永恆不變的價值，我們將共同迎向充滿幸福與歡樂的新世紀。

燈光再度亮起，孫正義回到講台。他愈來愈熱衷人工智慧相關技術，相信只要軟體銀行善用即將來臨的資訊革命，便能創造股東價值，帶給人們幸福。他在其中一張簡報放了一張圖片，顯示人類用一隻手把心交給一支機器人手臂。孫正義計畫運用自身的財富改造這世界，努力尋找有能力實現他願景的創業家。五年半後，孫正義才遇見亞當，不過他在簡報最後播放了一段動畫影片，裡面有段訊息暗示了他們兩人注定要相遇。「沒有人應該被孤立，」文字訊息寫著，「許許多多的**我**將會聚集在一起，成為**我們**。」

• • •

一九五七年，孫正義在日本九州佐賀縣的小鎮鳥栖市出生。他祖父自韓國移民日本，孫正義感覺自己在日本社會始終是個局外人；亞當從印第安納波利斯搬回到尼爾阿姆基布茲社區後，也有類似感受。日本社會不喜歡有太多外國人，孫正義家族採用了日本姓氏「安本」，因此年輕時的孫正義感覺自己似乎是在刻意隱藏某個事實。他父親為了維生，什麼工作都願意做，包括養豬、販售私酒、經營釣魚場。他兒子則希望為自己打造完全不同的人生。後來孫正義的父親開了一家咖啡店，孫正義建議他贈送免費飲料券給潛在顧客，這樣才能創造足夠業績，彌補日後的損失。「我相信你是天才，」他的父親告訴他，「你只是還不知道自己的命運是什麼。」

孫正義進入中學後，確定自己的命運是成為日本最成功的企業家之一。他的偶像是將麥當勞引進日本的幕後推手藤田田（Den Fujita）。藤田田性格有些古怪，談論任何話題都有辦法說出不少金句，從商業（「沒有所謂乾淨的錢或骯髒的錢。在資本主義社會，所有賺錢方法都可以接受。」）到漢堡（「日本人之所以身高矮小、皮膚泛黃，原因是過去兩千年來他們只吃魚和米。」）都難不倒他。他寫了好幾本暢銷書，包括《猶太人做生意的方法》（藤田田堅稱這個書名是一種讚美）、《笨蛋才會虧錢》。孫正義在青少年時期，曾花好幾個小時打電話到藤田田辦公室，希望和他聊一聊，卻沒有一次成功。後來他決定直接從鳥栖市殺到東京市，親自到藤田田辦公室要求和他談話。最後，藤田田答應會面十五分鐘。藤田田鼓勵孫正義去美國看看，談到生涯建議時藤田田只說了一個字：「電腦。」

孫正義在十六歲時抵達加州，他捨棄原本採用的日本姓氏，報名聖名大學（Holy Names）開設的英語課程，這是位於奧克蘭市的一所天主教大學，校園建在山坡上，天晴時可以遠眺橫跨舊金山灣的金門大橋，還有位在南方天際線的矽谷。孫正義充滿自信，他告訴自己：「我要征服全世界。」他立即愛上了美國的生活步調、幅員寬闊，雖然他也去了優勝美地和大峽谷，卻沒留下什麼印象；他的傳記作家井上篤夫（Atsuo Inoue）表示：「孫正義對購物中心和高速公路比較有感，而不是這些自然景觀。」

孫正義的生活相當緊湊。複習完英文後，就得趕去位在舊金山南方的賽拉蒙特中學（Serramonte

High School），他以十年級生身分入學，過了幾天他向校長解釋，他希望能盡快進入大學就讀，所以是否有可能讓他改上十一年級？幾天後，孫正義又說服學校將他改為十二年級生。兩星期後，他參加大學入學考試，卻發現這下麻煩大了，於是他說服某位行政人員，准許他使用日英字典應考。換句話說，孫正義成為美國高中生後不到一個月，就順利畢業。

孫正義回到聖名大學，但沒多久就轉學到加州大學柏克萊分校，主修經濟學。和亞當一樣，孫正義不想花時間在課業上，他不斷創業，成了大學創業家。他為自己設定了目標，每天花五分鐘，想出一個可以對外販售的新發明，到了年底他已經想出超過兩百五十個點子。

後來孫正義判定，其中最可能成功的，是一個如同計算機大小、可以翻譯不同語言文字的裝置。孫正義開始搜尋柏克萊教授的名單，希望找到教授願意幫忙，但每位教授都予以婉拒，然後把他介紹給其他同事。最後，孫正義找到物理學教授佛瑞斯特・莫澤（Forrest Mozer），莫澤認為，雖然孫正義的構想不是很特別，孫正義自己也不熟悉電子產品，但是他具備了一項重要能力。「他的想法最大優勢就在於，他不是要生產翻譯機，而是要賣，」莫澤後來說道，「從一開始你就清楚知道，他真的是創業天才。」正當莫澤忙著開發原型機，孫正義請求另一位亞洲學生替他到柏克萊上課，他自己則四處拜訪科技公司進行陌生提案（cold-pitch）。（孫正義還經營了一項副業，從日本進口《太空侵略者》（*Space Invaders*）[1]遊戲機台，放置在酒吧和餐廳內。）雖然一開始頻頻卡關，但後來孫正義順利與夏普敲定會議，最終夏普同意以數十萬美元價格買下專利權。「總有一天這傢伙會擁有整個日本，」莫澤對他太太說。

孫正義於一九八〇年自柏克萊畢業。他曾想過繼續留在美國，日本企業作風比較保守，相比之下美國更具有創業家精神。但是孫正義的新願景是創辦大型企業，他希望員工對公司忠誠，而在日本，一般上班族多半一輩子待在同一家公司。（他也向母親承諾會回到日本。）孫正義列出了四十個商業構想，然後依據二十五個指標逐一評估，其中包括：十年內，他能否在某個領域建立規模最大的日本企業。

一年後，孫正義將清單刪減到只剩下一個：成立電腦軟體發行公司，也就是軟體銀行的概念。這並不是什麼熱門業務，在當時個人電腦仍處於初期發展階段，但是孫正義相當樂觀。某天早上，他站在橘紅色的貨箱上告訴兩名員工，他們必須聽從他，因為他是他們的老闆，未來軟體銀行將會成為十億美元的公司。這兩個員工聽了之後決定離職。

軟體銀行的業績一直不見起色，所以孫正義陸續創辦了幾本雜誌，其中包括《哇！個人電腦》（*Oh! PC*），希望引起消費者興趣。但是雜誌銷售成績慘淡，孫正義擔心太早公開承認失敗會引發負面效應。「如果雜誌停刊，所有人就會說軟體銀行有麻煩了，軟體銀行要倒了，」他說。孫正義決定放手一搏，將下一期出刊的雜誌頁數增為兩倍，印量同樣提高為原來的兩倍，然後將剩餘

1 譯註：《太空侵略者》是日本太東公司（Taito）在一九七八年推出的射擊遊戲。

資金全部投入電視廣告。結果三天內雜誌銷售一空。

到了一九九〇年代中期，軟體銀行已經擁有八百名員工，營收達十億美元。在軟體發行業，孫正義超越了其他日本同業，但是他心裡明白，這樣的成績已不足夠。他認為自己絲毫不輸給之前在加州遇到的科技菁英，於是開始想盡辦法打進美國企業圈。後來孫正義成為美國企業在日本的合作夥伴。他和羅斯．佩羅（Ross Perot）成立合資企業，協助佩羅創辦的電子數據系統公司（Electronic Data Systems）進入日本市場，此外他還計畫成立日本版的納斯達克股票交易所。

孫正義善於表演、又熱愛追求風險，是相當少見的日本企業家。某天晚上，他與微軟高階主管一同外出玩樂，據說他讓夜店女服務生脫掉他的襯衫，用口紅在他胸口上寫字。他開著保持捷，熱愛打高爾夫球，在奧古斯塔高爾夫球俱樂部（Augusta National）曾經打出七十四桿的成績。比爾．蓋茲到訪東京時，孫正義親自帶他參觀自己的豪宅，裡面有一座造價三百萬美元的練習場，毛毛細雨自天花板落下，模擬盤旋於圓石灘（Pebble Beach）高爾夫球場上空的太平洋霧氣。

一九九〇年代成長期接近尾聲之際，孫正義因為多次大膽投資，名聲變得響亮。他大筆投資剛成立不久的雅虎（Yahoo!）；以八億美元價格，從謝爾登．阿德爾森（Sheldon Adelson）手中買下每年在拉斯維加斯舉辦的電腦展COMDEX；另外，據說他只和E*Trade創辦人克里斯托斯．卡特沙克斯（Christos Cotsakos）通了一次電話，就決定投資四億美元。「孫正義是網路世界的大師，」卡特沙克斯說，「未來五十年科技會如何連結全球每一個人，他已經有了清楚願景，不會受到每天、每星期、每個月的波動干擾。」一九九五年，一位《紐約時報》記者稱呼孫正義為「日本的比爾・蓋茲」。[2]

在一九九〇年代，軟體銀行投資三十億美元給八百家科技新創公司，很少有公司能追趕上這種投資速度。（有段時間，某位軟體銀行高階主管同時擔任十二家公司的總裁或執行長。）有些公司抱怨孫正義態度輕浮，只要發現新玩意，就會投注全副心力在這家新創公司，徹底冷落舊愛。不過孫正義有些投資最終失敗，例如線上肥皂劇製作公司「美國網路廣播」（American Cybercast）後來結束營運。但是孫正義學到了重要教訓，值得未來的獨角獸獵人學習：只需要一次成功的投資，例如雅虎，就可以彌補其他失敗的投資。

二〇〇〇年，孫正義募集了日本規模最大的投資基金：規模達十二億美元，未來將會投資數百家搭上網際網路熱潮的公司。二〇〇〇年曾有三天時間，孫正義超越蓋茲成為全球首富。孫正義也知道這項好消息，因為他一直有在追蹤，但他還來不及告訴其他人，市場便迅速崩盤。到了年底，軟體銀行股價暴跌超過百分之九十，孫正義個人財富損失達七百億美元，超過任何一位投資人。

• • •

2 譯註：原文標題為："A Japanese Gambler Hits the Jackpot With Softbank," *New York Times*, Feb 19, 1995.

孫正義一直保持低調，但並沒有因此灰心喪志。當年秋天他飛去丹佛，與美國某家科技公司執行長賴瑞・穆勒（Larry Mueller）會面，希望協助穆勒的公司進軍日本市場。直到黑夜盡頭，雙方終於談成交易，穆勒倒了一些干邑白蘭地，還送了一份禮物給孫正義，孫正義把禮物帶回家，驕傲地擺放在玄關展示：這是一件雕塑作品，一名牛仔試圖騎在弓背躍起的野馬背上。

就在網路投資熱潮興起與破滅之後十年間，孫正義再度投入高風險投資。二〇〇一年，他闖入某個政府機關辦公室大吼：「一切到此為止。如果你不幫我，我就在這裡把汽油淋在自己身上，引火自焚。」之後孫正義成功搶進日本寬頻市場。孫正義推出「雅虎寬頻」（Yahoo BB）服務，收費只有競爭對手一半。根據《華爾街日報》報導[3]，孫正義雇用女業務員，讓她們穿著條紋迷你裙，在東京街角發送免費數據機。「雅虎寬頻」立即爭取到大批新用戶加入，但是兩年內虧損多達數億美元；孫正義期望未來能夠針對附加服務收費，例如隨選影片，但是他「不確定什麼時候能真正轉虧為盈，」《華爾街日報》報導說。二〇〇六年，孫正義想要進軍行動電話市場，他大幅舉債，以一百五十億美元買下沃達豐日本分公司（Vodafone Japan）。之後他又拿下iPhone在日本的獨家代理權，透過免費贈送iPhone、提供便宜的吃到飽資費方案等行銷手法，迅速擴大市占率。

直到二〇一〇年孫正義上台分享未來三百年的願景時，先前承擔的風險終於獲得回報。最新兩筆交易成績亮眼，阿里巴巴投資案成了業界傳奇。但是他還想要更多。孫正義說，到了二三〇〇年，軟體銀行「或許會是一家通靈公司，而不是電信公司」，他們能夠知道一家公司可以走多遠。（「或許和狗狗溝通也將成為可能？」他說。）但是孫正義心知肚明，自己等不到願景實現的那天。他告訴觀眾，他在柏克萊讀書時，就已經為自己擬訂了五十年人生計畫：二十多歲時成立一家公司，三十多歲時累積財富，四十多歲時調配財富，五十多歲時完成先前未完成的工作，然後在六十歲之前將所有事情交給新世代。

孫正義已經逐漸逼近人生計畫的最後階段，他開始四處搜尋升級版孫正義——那些眼中閃耀著飛揚光彩，願意像瘋子一樣行動的年輕創業家，也就是「孫正義二・〇，」他面帶微笑說道。

• • •

二〇一六年一月，就在WeLive開幕後不久，亞當和幾位WeWork高階主管飛到印度，參加印度總理納倫德拉・莫迪（Narendra Modi）主持的新創公司研討會。當時印度經濟成長率創下新紀錄，國內生產毛額年成長率達百分之七，在全球排名第一。（事實上，印度經濟成長率並非如表面所見，後來有人發現政府公布的數字膨脹了一半，根本是「刻意編織的荒謬謊言」，二〇一〇年代許多經濟指標也都有類似問題。）亞當是研討會專題講者之一，同台的還包括優步的特拉維

3 譯註：原文標題為："A Web Maverick Sparks Revolution In Wiring Japan", *Wall Street Journal*, Oct 17, 2003.

斯．卡拉尼克與孫正義，當時孫正義正準備投資印度新創公司一百億美元。

亞當在卡巴拉中心結識的投資人之一馬克．席梅爾（Marc Schimmel），也一直勸說他大力投資印度市場，亞當希望好好利用這次出差機會，所以行程安排相當緊湊。WeWork團隊在深夜抵達孟買，亞當立即和席梅爾介紹的幾位印度企業家碰面，正好深夜時路上沒什麼車，亞當便請他們開車載他四處參觀市區大樓。接著一群人飛到邦加羅爾（Bengaluru）。因為前一天深夜喝了酒，亞當竟然睡過頭，錯過與一群潛在事業夥伴的早餐會議，其中包括房地產大亨、印度首富之一吉圖．佛瓦尼（Jitu Virwani）。同行的一名WeWork員工不得不要求飯店保全人員進入亞當房間，確認他是否安全。後來亞當親自前往佛瓦尼的住處和他會面，他還借用佛瓦尼家中的廚房烤了一塊哈拉麵包（Challah bread）[4]，然後在新德里研討會上交給莫迪。（總理身邊的安全人員回絕了亞當的禮物，因為擔心有毒。）

亞當穿著傳統印度服飾發表演講，服飾的靈感來自前陣子他在好友傑瑞德．庫許納生日派對上遇見的一名賓客。亞當在台上暢談自己的願景時，他父親、莫迪和孫正義都在台下聆聽。「五天前我第一次來到這個國家，所以對於印度只有粗淺的了解，以下是我的觀察，」亞當在台上說著。「這是一個充滿靈性的國家，我可以告訴大家，這是全球最重視靈性的國家，但是我聽到很多人在談論估值、募資和泡沫，這讓我有些驚訝。」台下群眾緊張地笑了。亞當堅稱，這並不是他想要追求的。他相信，印度逐步萌芽的民主和快速成長的經濟，正好體現了他愈來愈常談論的概念：「我們世代」（We generation），這群人包含各個年齡層，他們相信共享經濟、善有善報。「我向大家發誓，接下來成功就會到來；財富也會隨之而來，以後你們將會改變這世界。」亞當說。

在印度的最後一個晚上，亞當在新德里一棟大樓的頂樓酒吧和孫正義碰面。這次會面是透過尼克什·艾若拉（Nikesh Arora）牽線，他是孫正義在軟體銀行最得力的副手，之前軟體銀行評估WeWork投資案時，他曾強烈反對。乍看之下，孫正義對於紐曼的事業一直有非常多一般常見的疑慮，不過這是以他目前對於WeWork的了解程度而言。孫正義從沒有實地走訪WeWork辦公空間。但是亞當告訴其他人，如果能以創辦人對創辦人的身分和孫正義見面，他相信自己有辦法說服軟體銀行投資WeWork。

孫正義對於自己看懂財務數字、看穿企業與創業家靈魂的能力相當自豪。如果和他見面的創業家「無法真正相信自己的內心」，他就不會投資；如果碰到像馬雲一樣的創業家，他的投資規模，通常會遠超乎創業家原本預期爭取得到的金額。（一開始孫正義希望投資阿里巴巴更多錢，但是遭到馬雲拒絕，他覺得錢太多，他會不知道要如何處理。）亞當和孫正義年紀相差二十多歲，身高差距超過一英尺（約三十公分），但是兩人坐在酒吧角落的小沙發上聊了半小時後，竟發現彼此的性格有某些共通之處。亞當告訴孫正義WeWork未來成長目標：WeWork預計第一百個據

4 譯註：猶太教徒在安息日和猶太節日食用的麵包，外觀像髮辮，有些會編織成三條辮子狀，象徵真理、和平、正義；或是編成盤旋而上的螺旋狀，期望更接近上帝。

點將會在當年稍晚開幕，早在WeWork只有兩個據點時，亞當就一直夢想著達成一百個據點的目標。但是孫正義仍不為所動。他告訴亞當，如果他願意將眼光拉到足夠高的地方並加快行動，那麼呈現在他眼前的機會，將遠遠超乎他想像。

• • •

有機會和孫正義聊天，亞當簡直樂歪了；他差一點就錯過當晚從新德里飛回紐約的班機。他和米格爾維曾以「百年挑戰」的角度討論WeWork未來發展，但現在有人認為這個期限太短。當年秋天，亞當和蕾貝卡將全身塗成白色，參加WeWork二〇一六年萬聖夜派對，派對主題正好是「二〇一六」，非常有前瞻性。

十二月第一個星期二，也就是派對結束幾星期後，孫正義因為其他業務必須前往紐約，他打算順道參觀WeWork總部。「各位女士和先生，這位是軟體銀行的孫正義……產業最偉大的人士之一，」川普對著擠滿川普大樓一樓大廳的攝影記者們說。川普意外贏得總統大選的一個月後，多位企業家急著巴結新當選的總統，排隊拜訪川普大樓，孫正義是第一個。孫正義希望重啟T-Mobile與軟體銀行旗下子公司斯普林特（Sprint）併購案；此前歐巴馬政府的監管機關不同意這項併購案，他們擔心行動手機市場將因此缺乏競爭。孫正義和川普有某些地方非常相似，孫正義向川普解釋為何希望兩家公司合併：「我是個男人，所以希望成為第一。」

當天孫正義穿著V領毛衣、繫著領帶，站在川普大樓金色電梯前對記者說，他是來當面祝賀川普當選總統。「他說會大幅放鬆管制，我就說：『那真是太好了。』美國將會再次變得偉大，」孫正義說。他拿出之前展示給川普看的一張紙，說明未來四年軟體銀行將會在美國投資五百億美元，創造五萬個工作機會，這個時間表正好橫跨川普第一個任期。

孫正義並沒有透露投資計畫細節，但是有提到資金來自他的最新計畫。十月時，他宣布成立願景基金，規模達一千億美元，是他在二〇〇〇年創下十二億美元募資紀錄的八十多倍，也是史上任何一支創投基金的四倍以上。願景基金的有限合夥人包括富士康（Foxconn）、阿布達比政府和蘋果，當時蘋果手上握有大量現金，卻一直找不到足夠多值得投資的標的。未來將由孫正義和軟體銀行決定投資標的，每個有限合夥人則會依據投入資金多寡，獲得相對應的報酬。

願景基金的一大部分資金來自沙烏地阿拉伯政府。王儲穆罕默德・本・沙爾曼（Mohammed bin Salman）在某次全球考察行程中表示，他希望沙國經濟發展更多元，減少對石油的依賴。在曼哈頓和中倫敦，沙國能投資的房地產就這麼多，所以他們希望孫正義能找出下一個雅虎或阿里巴巴。據說孫正義在東京和沙爾曼會面一小時後，就成功說服對方投資願景基金四百五十億美元，有位採訪記者詢問這消息是否屬實，孫正義立即否認花了這麼長時間。「是四十五分鐘，四百五十億美元，平均每分鐘十億美元。」

一開始願景基金的代號為「水晶球專案」（Project Crystal Ball），成立的目的是加速推動孫正義提出的三百年計畫。他相信社會發展已逐漸接近奇點（singularity）：人工智慧技術愈來愈先進，人類與機器的界線逐漸模糊。只要擁有足夠資本，這個轉變過程就會加速進行，而且逐步貨幣化。願景基金擁有的資金，比起多數創投家一輩子受託投資的資金還要龐大。孫正義希望未來五年內將資金全部撒出去，他還向沙爾曼承諾，投資願景基金將會收到「一份阿正禮物」：十倍報酬率。他會仿效巴菲特的波克夏海瑟威（Berkshire Hathaway）投資策略，專門投資未來將主導新經濟發展的企業，就和當年巴菲特大舉投資銀行、鐵路和航空公司一樣。孫正義喜歡將願景基金投資的公司，想像為成群結隊飛行的候鳥。

亞當和孫正義在印度見面後的幾個月裡，兩人的公司各自討論投資的可能性。許多有可能執行的計畫一旦獲得願景基金投資，就能加速進行。孫正義決定將參訪WeWork總部與造訪川普大樓安排在同一天。孫正義一項極為出名的事蹟，是利用洗車時間聽取新創公司簡報，每位創辦人只有十五分鐘說服他，接著便輪到下一位創辦人。不過這次軟體銀行同意撥出整整兩小時，參訪WeWork總部、聽取簡報。

但是當天早上，軟體銀行的代表打電話通知亞當，孫正義會遲到。亞當非常緊張，不停在自己的辦公室來回踱步。過了早上約定的時間愈來愈久，孫正義遲遲沒有現身。負責準備會議的員工被告知，必須確保水壺裡的鮮果水是新鮮的，辦公室的音樂要調整到適當音量，亞當辦公桌上的宗教用品必須清除乾淨。等到孫正義抵達時，原本約定的兩小時即將結束。「我只有十二分鐘，」孫正義說，「直接開始吧。」

亞當知道願景基金的投資重點是科技、不是房地產業，所以他陪同孫正義參觀完某一層會員租用的WeWork辦公空間後，就直接前往三樓的「研發實驗室」。以「大樓就是數據」作為企業口號、後來被亞當收購的凱斯公司共同創辦人戴夫・法諾，負責展示WeWork正在開發的各項系統，包括：可依據會員身高自動調整高度的站立式辦公桌；免鑰匙門禁系統；具備智慧打燈功能的自動攝影機。這些系統並不會帶來奇點，但是當十二分鐘結束，孫正義邀請亞當跟著他上車。

亞當趕緊拿起投資人簡報，跳上汽車後座；他早已經習慣邊移動邊開會，他常常要求公司高階主管在他私人司機駕駛的邁巴赫（Maybach）車上向他匯報，同時會有另一輛車跟隨其後，等到亞當抵達目的地，高階主管便可搭乘這輛車返回公司。但現在是孫正義主導一切，他要亞當把簡報放在一邊。孫正義雖然心有疑慮，但他發現WeWork竟然有辦法靠著大量勞力工作快速擴張，這點讓他印象深刻。光是當月，WeWork就在七個國家、十三個城市成立新據點。WeWork能為願景基金帶來獨一無二的機會。如果只鎖定一群行動靈敏的麻雀，就不可能在五年內投資一千億美元；孫正義必須找到更多信天翁，有能力運用他提供的資金克服阻礙，進入有可能創造高額報酬、足以回收成本的產業。例如房地產業，雖然租約昂貴、需要大筆資本支出，但是整體潛在市場規模相當龐大。

亞當和孫正義搭車離開WeWork總部，孫正義拿出iPad，開始草擬協議內容：軟體銀行和願景基金將投資WeWork超過四十億美元。這將是願景基金截至當時為止最大規模的投資案，更是WeWork之前任何一輪融資的好幾倍。孫正義簽下自己的名字，又在名字旁畫了另一條線，然後把手寫筆交給紐曼。亞當帶領WeWork達成目前的成就，其中很大一部分原因是他具備高明的成交技巧：如果情況適合，他會故作謙虛；如果有必要，他也會變得強硬。每次需要做出重大決策前，亞當都會和一名精神導師見面，當天早上也不例外，不過這一回精神導師給他的建議是：一生中總有些時候，我們必須採取「違反天性」的行動。

只要是一筆好交易，亞當第一眼就能看出來。孫正義放紐曼下車後，紐曼隨即坐上一直跟隨在孫正義車輛後方的白色邁巴赫，車上播放著饒舌音樂，直接開回WeWork總部。一張電子版餐巾紙照片開始在WeWork高階主管之間流傳，上面有孫正義的紅色簽名和亞當的藍色簽名。從孫正義只花了十二分鐘參觀，到雙方簽名敲定史上最大筆創投投資案，整個過程不到半小時。

• • •

只要回想起這次與孫正義會面的情形，亞當都會全身起雞皮疙瘩。每當WeWork燒光現金，不得不公開上市才能募得更多資金，亞當總能為公司募到比以往更多的資金。現在他又多了一位導師，這個人懷抱的願景比他還要遠大。亞當在二〇一三年結識的摩根大通銀行家吉米・李於二〇一五離世，自此之後亞當失去了金融投資界的指引明燈。如今孫正義正好可以填補這個空缺。

就在孫正義造訪紐約幾個月後，亞當準備帶領一群WeWork高階主管、律師和顧問前往東京，正式簽訂協議。亞當堅持必須帶禮物到東京。他特地選了掛在他辦公室內，長約二百五十公分、寬約一百二十公分的大型藝術作品送給孫正義。這是WeWork委託一名以色列藝術家創作的拼貼作品，這位藝術家運用日常物品，像是螺絲起子、磁片、鍵盤、畫筆、卡帶、錄影帶，在帆布上拼貼出WeWork字樣。作品重達將近七十公斤，無法和亞當與他的團隊一起搭乘私人飛機前往東京。所以星期三早上，WeWork員工另外花費五萬美元，雇用一家物流公司打包作品，火速送往甘迺迪國際機場、搬上飛機，趕在星期五下班前送達軟體銀行總部。

孫正義非常欣賞亞當，但是軟體銀行和願景基金其他人卻不怎麼相信亞當。孫正義身邊的多位副手對他說，他們實在無法理解，像軟體銀行這種科技公司，旗下還擁有一支專門投資人工智慧技術的創投基金，為什麼要投這麼多錢，給一家看起來只是經營房地產租賃業務的公司；無論亞當的簡報技巧多麼純熟，他們還是無法認同。沙烏地阿拉伯當初答應投資願景基金，是希望本國經濟發展更多元，所以當孫正義提議投資WeWork五十億美元，沙烏地阿拉伯和願景基金的第二大投資人阿布達比立即威脅說，他們將會動用否決權；願景基金任何投資案只要超過三十億美元，他們就有權否決。

在紐約開完會後，軟體銀行團隊花費好幾個月調查WeWork，「這是我們經歷過最嚴謹的盡職調查，」WeWork財務團隊的一名成員說。「我們每天和他們的團隊談話，從他們的肢體語言和提問內容就能看出他們其實有疑慮。」歷經幾個月協商後，軟體銀行要求查看先前幾輪融資設定的預估目標，他們想知道WeWork是否確實兌現承諾。「大概有百分之八十的預估目標跳票，」這名WeWork員工說，「你心想：『終於被抓包了。』他們說：『你們這些傢伙根本在鬼扯。』」

但軟體銀行畢竟不是一家民主企業。孫正義總愛說，他的團隊可能會花好幾個月對某家公司進行盡職調查，但是「我在頭幾分鐘做出的第一個判斷，有時候更有意義」。他時常拿自己的推論能力與另一位同樣身材矮小的大師相比。「尤達（Yoda）〔5〕說要運用原力。不要用腦思考，要用心感受。」他認為WeWork所屬的房地產業，未來將會陷入土地爭奪戰，擁有最多領地的人終將獲得勝利。獲得孫正義的資金挹注後，WeWork就有足夠本錢在市場上卡位，將其他競爭者排除在外。孫正義聽完亞當和他的團隊報告公司未來的計畫後，唯一的反對理由是他們目光太過短淺。「你們明明可以擁有五百萬名會員，為什麼只設定一百萬？」當WeWork只有十萬會員時，孫正義也這樣說過。他表示，如果WeWork規模擴大為原來的五十倍，原本設定的估值就會太低。他認為WeWork估值有可能衝上一兆美元。

雙方持續協商，亞當要求高階主管想辦法達到孫正義的期望。負責估算WeWork全球各地成長目標的員工，被要求重新調整未來五年的財務模型，提高預估目標。「事情變得愈來愈荒謬可笑，」在西岸上班的一名WeWork高階主管說。「每當我們交出數字後不久，就會接到電話，然後被要求『數字要再提高』。」二〇一六年，WeWork整體營收為四億美元，亞當卻希望光西岸地區營收就要超過十億美元。

西岸團隊成員在西雅圖碰面，重新計算出能滿足亞當期望的預估目標。如果希望WeWork每個據點都能創造租金套利空間，那麼所有辦公空間都必須符合某些實體條件，包括坪數、形狀、地點、必要的基礎建設等，唯有如此，才有辦法讓WeWork成本降到最低，同時又能容納足夠多的人，創造獲利。但是西岸團隊調查了西部沿岸各大城市的房地產市場，清楚意識到他們遇到了大難題。參與討論的某位員工說：「在這些城市，真的找不到足夠多房地產，我們根本無法達成這些目標數字。」舉例來說，雖然西雅圖各地持續出現新建案，但是團隊發現，即便WeWork進駐市區內所有新完工大樓，依舊無法達到眼前目標。

投資人簡報並非經過稽核的財務報表，即便軟體銀行團隊有疑慮，但他們不是房地產專家，很難去質疑WeWork的預估目標，或是過度強硬地阻撓孫正義的投資期望。某次雙方在東京開會，協商結束後孫正義送亞當離開，當時他對亞當說，無論他們採取什麼策略，「一定要讓公司規模成長十倍」。孫正義時常對他投資的公司這樣說，所以阿里巴巴的高階主管習慣稱呼他「十倍先生」

5 譯註：尤達是電影《星際大戰》（*Star Wars*）中的角色，雖然身材矮小，卻是其他角色人物的啟蒙導師，知識淵博，善於以智慧解決問題。

（Mr. Ten Times）。孫正義告訴亞當，WeWork雖然缺乏大批業務團隊、沒有進行任何行銷操作，依舊持續成長，但是亞當絕不能以此自滿。免費的咖啡券在哪？穿著迷你裙的女性在哪？

孫正義看了亞當一眼。「兩人打架時，誰會贏？」他問，「聰明的傢伙，還是瘋狂的傢伙？」

亞當回答說，精神錯亂的鬥士為了求生存會不擇手段，所以能夠擊敗最有經驗的戰士。「你說對了，」孫正義說，「但是你和米格爾還不夠瘋狂。」孫正義不僅發現亞當這個人值得他投資，也看得出來亞當是個夢想家，急切地想將自己變成孫正義希望的模樣，成為「孫正義二・〇」。後來WeWork高階主管為了另一場會議再次來到東京，他們發現亞當贈送的拼貼藝術作品仍掛在軟體銀行總部大樓內。

• • •

二〇一七年八月二十四日，孫正義投資亞當和WeWork的消息正式對外公布。總投資金額為四十四億美元，其中有部分資金來自軟體銀行，有十四億美元用來投資WeWork在亞洲市場的擴張計畫，這樣的資金分配正好可以避開三十億美元門檻，沙烏地阿拉伯將無法動用否決權。WeWork估值從一百七十億美元躍升至二百億美元，成為全美國最有價值新創公司第四名，僅次於優步、Airbnb和SpaceX。這次協議中有十三億美元用來收購WeWork既有股東的持股。標竿創投因此變現一・二九億美元，將近二〇一二年投資金額的八倍。〔6〕亞當朋友、WeWork早期投資人山姆・本阿夫拉罕和馬克・施密爾獲得數千萬美元報酬，至於提供WeWork第一筆創業基金的喬爾・施萊伯，將股權轉讓給軟體銀行後，拿回四千四百六十萬美元，比起二〇〇九年亞當和米格爾空口說出的四千五百萬美元估值還要低，實在有些心酸。

最大的贏家自然是亞當。We控股公司出售價值三・六一億美元的WeWork股票，這是上限，大約是所有WeWork員工變現總額的三倍。這次拋售的股票數量比起前幾次還要驚人。如果你相信未來會創造更高獲利，為什麼現在要大量拋售持股？

其中一個原因是亞當急需要現金，才能維持愈來愈奢華的生活習慣。二〇一七年底，亞當和蕾貝卡花費三千五百萬美元，買下格拉梅西（Gramercy）某棟大樓的四間公寓房，他將其中三間打通，改裝成大坪數的頂樓公寓房。亞當也分別為妹妹和祖母買房，償還他剛到紐約時她們幫他支付的租金和學費。每次聽到亞當和蕾貝卡談論他們如何擁抱共享經濟、絲毫不在乎物質財富，員工都會忍不住翻白眼。「我們相信這種**輕資產新生活方式**，」蕾貝卡告訴一名採訪記者，但事實上當時亞當已經擁有五棟房產。「我們想要靠土地生活，我其實很像真正的嬉皮。」但是二〇一七年WeWork萬聖夜派對主題卻是**大亨小傳**。

6 譯註：二〇一二年，標竿投資WeWork一千六百五十萬美元，可參考第六章。

獲得孫正義投資後，亞當的情緒似乎平靜許多。不論發生什麼事，他這輩子再也不用擔心錢的問題。WeWork高階主管說，先前時常出現的混亂情況也順利解決。二〇一七年十二月，光明節（Hanukkah）開始前某天，亞當邀請欽尼．耶魯沙爾米到WeWork雀兒喜總部碰面。多年前耶魯沙爾米的母親介紹他們認識，但是後來亞當竟直接抄襲他的商業模式，同樣經營辦公空間事業，耶魯沙爾米痛罵亞當是「他媽卑鄙的混蛋」，自此之後多年兩人便很少碰面。耶魯沙爾米和其他辦公空間經營者一樣，都缺乏亞當的募資天份，陽光商務中心早已結束營業。就如同耶魯沙爾米母親說的，想法本身不重要，關鍵是要如何實現。

耶魯沙爾米走進亞當寬敞的辦公室，裡面擺放了一台派樂騰（Peloton）健身腳踏車和拳擊吊袋。亞當說他一直想起耶魯沙爾米，雖然他承認他們不會成為朋友，但還是希望化解彼此間的不愉快。亞當開始信仰宗教，因此他鼓勵耶魯沙爾米和卡巴拉中心的艾坦．亞德尼見面。現在亞當也會花更多時間玩衝浪，他說這項運動可以為他帶來些許平靜。

不久之後，亞當前往夏威夷可愛島（Kauai）哈納雷灣（Hanalei Bay）度假。哈納雷灣是知名的衝浪聖地，吸引全球各地高手。來此地衝浪的名人和企業老闆都特別小心謹慎。某天早上，兩位在科技新創公司工作的員工划船出海，結果看到亞當出現在附近水域。他平躺在衝浪板上，緊抓著分別繫在另外兩個衝浪板板尾的兩條繩子，兩個衝浪板上分別站著一位當地嚮導，兩人試圖用繩子拉著亞當衝向海浪。如果以滑雪做比喻，就好比是越野滑雪玩家緊抓住另一個人的雪仗滑行；或者，如同那些和亞當同行的衝浪玩家所說的，以新創公司作為比喻，就像是帶著一千億創投資金大砲向前推進。亞當回到漢普頓後，買了電動衝浪板。

幾天後，亞當和一群朋友再度回到哈納雷灣。這次他雇了兩艘船，其中一艘載了一名無人機操作人員，另外有兩艘小型噴射快艇在周圍來回疾駛。最極端的衝浪方式，就是利用噴射快艇將衝浪的人拉進難以接近的巨浪中，不過哈納雷灣的浪點是所有海洋衝浪地點中最溫和的，不需要強大馬力，也用不上一般常見的衝浪技巧，例如使勁力氣、保持耐心、抓準時機點，更別提被同在海灣衝浪的玩家認為缺乏運動精神的行為，自然也就變得無關緊要。他們看到亞當從一艘噴射快艇尾端跳上衝浪板、起身站立，成功越過一道完美海浪。結束時，亞當模仿救世基督像（Christ the Redeemer）〔7〕動作、張開雙臂，抬頭看著在上空飛行拍攝他每個動作的無人機。

7 譯註：位於巴西里約熱內盧國家森林公園內、高七百多公尺的科科瓦多山頂，這座基督雕像張開雙臂，象徵著巴西熱情歡迎來自世界各地的遊客。

12 我比我們重要
Me Over We

二〇一七年一月，WeWork員工抵達洛杉磯，參加公司第三屆年度高峰會，這是公司第一次在紐約以外的地方舉行高峰會，所有人發現錙銖必較的時代已成為過去。軟體銀行的投資交易仍在最後定案階段，但是WeWork認為，既然公司不缺錢，乾脆讓兩千名員工在週末時搭機飛往洛杉磯。來自卡巴拉中心的代表團在週五晚上主持安息日活動，艾坦．亞德尼再次對全體員工發表演講。WeWork似乎又回到最狂妄自大的時期。他們包下好萊塢環球影城一個晚上，再度邀請老菸槍雙人組到場表演。輪到樂團演出時，亞當汗流浹背地跳上舞台，在空中揮舞著拳頭，老菸槍雙人組的其中一人大喊：「所有人他媽的給我跳起來！」

對多數WeWork員工來說，在那段充滿困惑的期間，這個週末是難得可以盡情狂歡的時刻。幾天後，川普即將上任美國總統，但許多員工當初之所以加入公司，正是因為公司不斷強調歐巴馬時期鼓吹的包容與凝聚力，川普勝選讓這些人受到強烈心理衝擊。不過，許多人相信公司會建立更美好的世界，希望以此安慰自己。在高峰會現場，WeWork員工四處蒐集骨髓拭子、協助登記，希望幫忙某位需要骨髓移植的員工找到匹配的骨髓。米格爾跟著一群員工坐在野餐墊上，他蓄著鬍鬚、穿著球鞋和T恤，看起來和其他社群經理沒兩樣；稍後他上台演講，鼓勵員工做決策時要從愛的角度出發。今年的尋寶遊戲挑戰之一，是如何提醒路過車輛按喇叭。負責新人訓練的羅奇．克恩斯舉起一塊招牌，上面寫著「為歐巴馬按喇叭」。

這一年WeWork高峰會正好碰上川普就職典禮，也和當年的女性大遊行（Women's March）撞期，後者是一項全球性示威抗議活動，目標是運用「來自不同背景的女性和社群的政治權力，推動社會轉型改革」。亞當在描述WeWork使命時也採取類似說法。星期六早上，有大約一百名WeWork員工缺席高峰會部分活動，加入七十五萬名洛杉磯人行列，在市中心集合。當天下午，剛參加完女性大遊行的洛杉磯市長艾瑞克．賈西迪（Eric Garcetti）來到高峰會現場發表演說。他特地感謝WeWork員工參與女性大遊行。

幾天後所有員工回到紐約，公司法務長珍．巴倫特在全體員工大會上起身發言。巴倫特說，公司注意到星期六早上的缺席率明顯增加。「你們以為我不希望參加女性大遊行嗎？」巴倫特在大會上問。除了曾被安插擔任品牌長的蕾貝卡，巴倫特是WeWork高階領導團隊中唯一一位女性，她指責參加女性大遊行的員工太自私，還暗示說，如果要成立任何社群，只能在WeWork內部進行，員工聽了感到不可置信。

「那些員工的行為是把我放在我們之前。」巴倫特說。

• • •

幾星期後，亞當收到傑瑞德．庫許納寄來的白宮邀請函。紐曼和庫許納兩人都是在二〇〇〇年代進入紐約房地產市場，庫許納努力將家族房地產事業從紐澤西拓展到曼哈頓地區。庫許納在二〇一〇年代初和紐曼第一次見面，當時他不怎麼信任紐曼，但是這兩位野心勃勃的富豪同樣信仰虔誠，也都自認在一個排斥新人加入的產業裡是破壞者，所以兩人開始有了交集。WeWork承租了庫許納名下多棟大樓內的部分空間，有一次紐曼堅持兩人到夜店尬酒，才終於談定交易。還有一次亞當和傑瑞德在百老匯大道二二二號大樓的亞當辦公室內，透過腕力比賽解決爭端，WeWork員工在一旁觀戰。「在海軍服役時，我經常和人比腕力，」紐曼告訴庫許納。最後亞當贏得比賽，傑瑞德抱怨紐曼的手肘脫離桌面；於是兩人換另一隻手重新比賽，結果還是亞當勝出。「他們製造了完美的捕鼠器，」庫許納談到當時的WeWork時說道，「我只能投降。」

庫許納的知名度隨著他岳父川普而水漲船高，亞當也毫不掩飾地向人誇耀自己和庫許納的關係。「我發現傑瑞德是全世界最精明的房地產開發商，」就在川普獲得共和黨提名後不久，亞當接受《彭博商業週刊》（*Bloomberg Business*）採訪時說道，「他的行為帶給我很大影響，我學會如何行動，讓自己表現得更好。」在總統競選活動期間，亞當面帶微笑地跑到一群WeWork員工面前，告訴他們剛才他和庫許納談話，庫許納表示如果川普當選，他會考慮接受亞當提議，由WeWork

負責改造美國郵局和圖書館。從亞當的陳述中你很難判斷哪些話是真的，這在WeWork內部永遠是無解的難題。不過川普勝選後，庫許納和紐曼兩家人的關係依舊非常緊密，他們時常在曼哈頓的卡邦餐廳（Carbone）〔1〕共進晚餐。二〇一七年，蕾貝卡的一位朋友和她交換電話，當時蕾貝卡對他說：「你的電話號碼幾乎和伊凡卡的一樣。〔2〕」

到底該不該接受白宮邀請，亞當有些舉棋不定。他重視個人忠誠的程度，幾乎超越了其他所有事情；何況亞當的新貴人孫正義也已經拜訪過川普。所以還會帶來什麼壞處嗎？不少人認為，川普接任總統這件事本身和它所代表的一切，與紐曼對外宣稱WeWork希望創造的世界，根本是相互對立的。WeWork公關團隊極力遊說，駁斥以上說法。亞當和川普一家走得太近，頂多讓人覺得他偽善而已。但是也有可能會傷害公司業務：《衛報》原本要搬進另一個WeWork辦公空間，但最後決定解約，因為他們租用的辦公室正好位在布魯克林區、庫許納名下某棟大樓內，報社擔心房東會在大樓內安裝竊聽器。

多年來，WeWork極力避免針對任何不屬於「我們革命」範疇的議題公開表態。因為堅持維持中立，有些事情反而變得更棘手。華盛頓特區一名員工被告知，不能邀請政治人物參加WeWork在市區舉辦的活動，這讓她覺得很挫折，因為這就好比你在洛杉磯舉辦派對，卻沒有任何演員現身站台一樣。不過，不偏袒任何黨派其實是為了商業考量。就在川普勝選後不久，亞當將WeWork位在華盛頓特區的大都會廣場（Metropolitan Square）辦公空間改名為「白宮」，這個舉動激怒了某些進步派會員。不僅如此，WeWork還將辦公空間租給《布萊巴特》新聞網（*Breitbart*）〔3〕的兩位寫手。

二〇一七年初，也就是亞當正猶豫是否接受白宮邀請時，川普發布行政命令，禁止某些穆斯林國家的公民入境美國。這項行政命令引發強烈反彈，大批群眾湧進機場示威抗議。一般民眾和企業紛紛選邊站；後來有民眾發現共乘公司優步試圖利用抗議活動牟利，於是在推特發起刪除優步的活動（#DeleteUber）。

對WeWork和紐曼來說，理應要對這項旅遊禁令表態：紐曼自己就是移民，還創辦了一家致力於拉近人與人之間距離的全球企業。WeWork公關團隊為亞當擬訂了幾種可能的回應說法。同時間，有幾家紐約科技公司正聯名寫信反對這項禁令，如果WeWork加入連署，就能在紐約科技圈取得領導地位。公關團隊也替亞當草擬好一封信，他們建議由亞當親自寄出。該信提到美國之所以偉大，是因為有一位移民憑藉自身能力，遇見了一位來自奧勒岡的傢伙，兩人共同創辦了數十億美元的公司。亞當說，他理解這個議題，也表示同情，但是如果WeWork決定表態，他擔心

1 譯註：由紐約名廚馬利歐．卡邦（Mario Carbone）創辦、摘下米其林一星的高檔美式義大利餐廳。

2 譯註：指川普的大女兒伊凡卡．川普（Ivanka Trump），二〇〇九年與庫許納結婚。

3 譯註：美國極右派新聞網站，由保守派評論員安德魯．布萊巴特（Andrew Breitbart）於二〇〇七年創辦，總部位於洛杉磯，在政治立場上支持川普。

往後WeWork得經常被迫對外發言。他相信，公司應該透過行動、而不是透過言語表達立場。「我們有可能每天寫信嗎？」亞當問說。最終亞當沒有接受公關團隊建議，他悄悄前往華盛頓特區，抵達白宮和庫許納會面，他決定閉口不談旅遊禁令這件事。說到底，何必造成朋友困擾呢？

• • •

在二〇一〇年代末期，亞當身邊出現兩個成功典範：孫正義和川普。他朋友的岳父憑藉膽大妄為、肆意咆哮、刻意迎合大眾的行事作風，成為全球最有權勢的人。在二〇一〇年代，許多曾參與政治活動的人在競選活動結束後，都希望找到待遇優渥、哲學理念相近的工作，獨角獸企業成了他們的首選。有位WeWork員工在加入公司前，曾經是希拉蕊競選團隊的成員，他在WeWork高峰會現場，親眼目睹高階主管努力煽動台下群眾的狂熱情緒，過沒多久亞當大步走向舞台，這名員工的腦中立即浮現熟悉的景象。什麼樣的執行長需要有人幫他炒熱現場氣氛？就如同在川普的競選場合看到的景象，亞當似乎希望台下群眾熱烈吹捧他。但是這名曾經在希拉蕊競選團隊工作的員工，在見識到高階主管如何強迫員工討好老闆的當下，他立即想到的是傑布·布希（Jeb Bush）[4]如何拚命想要激起群眾熱情，而不是川普支持者在面對支持的候選人時，自然流露出狂熱激情。

不過，亞當在管理公司時，也時常表現出類似川普的傲慢態度。二〇一七年春季某天，他的幕僚長、負責房地產業務的高階主管麥特・佛里（Matt Fry）正在和另一名員工巡視WeWork位在舊金山的各個據點。但是亞當希望他們立刻和他一起出發，前往聖荷西勘察某個辦公空間。佛里回答說，他們已經計畫好去勘察灣區另一棟大樓，亞當立刻抓起電話。「你應該和我一起去，」他說，「當你有機會和全球最懂房地產的人一起工作，就應該好好把握機會。」（隔天，佛里和亞當一起坐上亞當的車；亞當拿出大麻菸，問佛里說他可不可以抽，接著就自己一個人抽起來，完全沒有要和佛里分享的意思。）當媒體上出現不利WeWork的訊息，亞當就會立刻反擊說是「假新聞」，他曾在紐約證券交易所對觀眾表示，這是「很棒的說詞」。

孫正義之所以成為全球頂尖富豪，是因為在必要時他願意引火自焚。亞當並不想引火自焚，但是每當他兵行險招、而且確實奏效後，他的自信心就會跟著膨脹。他開始動用願景基金的部分資金，成立迷你版願景基金，投資他有興趣的公司，例如：致力於研究延長人類壽命的生技公司；能夠辨識酒吧正在播放哪個電視節目的「電視版沙贊（Shazam）」應用程式〔5〕；由前以色列總理艾胡德・巴瑞克（Ehud Barak）成立的藥用大麻公司。

4 譯註：美國第四十一任總統老布希的次子，他的哥哥小布希（George W. Bush）是美國第四十三任總統。二〇一五年六月，他宣布角逐共和黨總統提名初選，但因為表現不佳，在二〇一六年二月宣布退出共和黨初選。

5 譯註：手機應用程式，可以辨識周圍環境播放的歌曲。

二〇一七年某天，亞當與新創公司「空中列車」（skyTran）創辦人約翰．柯爾（John Cole）搭車從馬林郡（Marin County）前往舊金山。當時空中列車正在開發可以讓小型車廂在高架軌道上行駛的交通系統。柯爾已經募得一千三百萬美元的創投資金，亞當正考慮是否要投資空中列車，不過在車上他倒是先給了柯爾一個忠告：如果柯爾無法募得十億美元，要如何期待別人認真看待他的公司？

亞當的野心確實令人佩服，但是每當他公開談論WeWork如何改變世界，總是與現實脫節。「我們能創造現在的估值和規模，很大一部分是建立在我們的能量與靈性之上，而不是因為營收來源多元，」軟體銀行投資案確定後亞當說道。「我們之所以在這裡，是為了改變世界，我只對這件事感興趣。」他開始告訴其他人，他會成為他們見過最富有的人。「我希望盡我所能創造最高估值，當不同國家相互攻擊對方，我希望他們能來找我，」亞當在談到持續多時的敘利亞難民危機、以及WeWork可以如何提供幫助時，這樣說道。

亞當相信，WeWork是唯一有能力在全球各地做善事的企業，公司也相當認同許多美國新創企業抱持的價值觀：相信自己最有資格創造新模式，解決老問題。亞當和米格爾成長環境特殊，卻能創造驚人財務成就，所以正如同某位高階主管所說的，他們「完全不相信、而且厭惡一般社會解決問題的方式」。員工常覺得，亞當似乎無意去了解，他期望WeWork解決的問題到底有多複雜。有位員工提議開放難民應徵公開職缺，隨後WeWork公關團隊正式承諾，未來五年內公司將雇用數百位難民。亞當對他們說這個數量不夠——他們應該雇用一千五百人。他完全沒有考慮到，當時公司員工才剛突破一千五百人。在某次會議上，紐曼告訴兩位公關團隊成員，他相信WeWork對所有議題的影響力將會逐漸超越政府。

「誰知道？」亞當說。「也許有一天我會成為美國總統。」

當時房間總共有三個人，其中一名員工開口說，這房間內只有兩個人依法能參選美國總統，因為亞當不是在美國出生的。

「那就成為全球總統！」紐曼開心地回道。但員工通常很難知道，到底要不要認真看待紐曼說的話，這個時候情況又另當別論，例如後來紐曼向某位國會助理開玩笑說，他希望修改憲法讓外國出生的公民也能入主白宮。不過，亞當的野心確實愈來愈大。他曾對史黛拉．坦普洛說，也許哪天他想要坐以色列總理大位。後來有一次他前往以色列，與耶路撒冷市長一起參加市民大會，公司一名員工便開玩笑說亞當正準備參選總理。亞當說這個職務現在對來已經「不夠大」了。

二〇一七年六月，亞當為他的We平台發表了一場最接近政治演說的演講。就在亞當從柏魯克學院休學十年後，他受邀對二〇一七年畢業生發表演說。「我們是我們，」他在布魯克林的巴克萊中心（Barclays Center）說，「如果我們攜手合作，沒有人可以阻止我們。否則……一旦我們陷入分裂，就會失敗。」這次演講的重點，有部分是亞當從新導師身上得到的啟發：「科技或許很有趣……但必須由我們自己開闢前方道路，這條道路並不是用演算法、也不是軟體鋪成，而是用價值觀、友誼、共通目標，以及最重要的，是用人性鋪成。」

亞當和所有畢業生分享了成功的關鍵原則：挑對合夥人，這個人「將會看到明天的你有潛力成為什麼樣的人，而且喜愛那樣的你」；找一位治療師；做有意義的事。「如果缺乏目的，為什麼要浪費自己的時間？」他說，「不如在家耍廢，打發時間。」但是他也承認，做有意義的事情還不夠。他向教室內的創業家們提出警告。「告訴你們另一個祕密，」他說，「你們的事業必須有意義。如果沒有意義，到最後也無法獲利。我確實聽說有些公司每個月虧損很多錢。千萬不要成立那樣的公司。」

13 閃電擴張 Blitzscaling

就在WeWork獲得軟體銀行巨額投資的幾星期後，某天清晨傑米・霍達里和亞當在佛朗西斯加布雷斯基機場（Francis S. Gabreski Airport）碰面，這座機場主要提供往返長島東端的私人飛機起降。霍達里是WeWork競爭對手、勤力辦公空間執行長，當時勤力在美國二線城市擁有不少據點，WeWork才剛要進入二線城市。霍達里是實力最接近紐曼的競爭對手之一，但是他在漢普頓沒有任何一棟濱海度假屋，更別說兩棟了，所以他得在前一晚從紐約搭乘優步，坐兩小時的車抵達漢普頓，在汽車旅館過夜，才能趕在隔天早上六點，準時搭上亞當的私人飛機。

到了早上七點半，一群人已經開喝第二輪血腥瑪麗，麥可・葛羅斯鼓勵霍達里嘗試玩衝浪。霍達里小口喝著酒。他們一群人即將飛往亞特蘭大，勤力在當地擁有三個據點，WeWork則正要成立第二個據點。亞當想要霍達里親眼看看，當WeWork進入他的地盤時會發生什麼事。

飛機沿著海岸往南飛，亞當邀請霍達里和他一起到私人飛機前方，坐那邊的休閒椅私下聊聊。根據霍達里說法，當時亞當向他解釋為何勤力應該與WeWork合作。亞當說，如果他們想要爭取亞特蘭大、聖路易斯或鳳凰城等地的房客，兩家公司聯手會更有優勢。亞當承諾，只會和霍里達、而不是霍達里的投資人談交易，所以條件必定對於同為創辦人的霍達里更有利。

如果霍達里不想合作，亞當會提供另一種選擇。「我會對你很寬容，因為我們都是猶太人，」他說，「但是我有一百五十人隨時準備好替你安葬。」

在他們即將抵達亞特蘭大之前，亞當向霍達里解釋，如果拒絕他的提議會發生什麼事。WeWork員工將會一一造訪勤力在亞特蘭大和其他城市的所有據點，提供勤力房客一年免租約優惠。如果房客拒絕，亞當就提供兩年優惠，如果有房客在兩年期限到期後搬離，他就會提供三年優惠，既然孫正義投資了WeWork數十億美元，亞當自然有錢提供補貼。

霍達里開始有些心慌。亞當擁有數十億美元資金，他募到的金額還不到一億美元，勤力不可能像WeWork那樣大打折扣戰。但是提供免租約優惠的成本，遠比在東京街頭發送免費數據機要昂貴許多，而且很難想像會有投資人願意承受如此龐大的損失，即便是像孫正義一樣有錢的投資人也不太可能接受。霍達里曾認真想過，或許亞當已經找到訣竅，打破辦公室租賃業的現實規範，亞當看到了他所沒看見的。但是霍達里又不希望被自己不理解的事情給綁住，最終他拒絕了亞當的提議。撇開其他事情不談，他覺得亞當根本是在唬爛。

• • •

二〇一七年，琳賽・伊絲貝爾（Lindsey Isbell）剛接手管理WeWork在納許維爾（Nashville）新開幕、但還未完成裝修的辦公空間，短短幾星期內，她便理解了這家公司的企業文化。在她得到這份工作前最後一次面試，一開始WeWork高階主管直接開口說：「我現在有點宿醉，你有什麼問題要問我嗎？」二十五歲的伊絲貝爾在納許維爾工作幾星期後，就搭機參加WeWork二〇一七年夏令營，這次舉辦地點並非拉皮德斯家族經營的營地，而是倫敦市區外的牧場。伊絲貝爾一直跳舞跳到凌晨三點，才回到自己的帳篷，一位她不認識的男同事腳步踉蹌地跟在她身後；這名男同事早已喝得酩酊大醉，完全沒有要離開的意思。伊絲貝爾在WeWork奧斯汀辦公空間待了幾天接受新人訓練，但是她愈來愈不清楚自己的工作內容究竟是什麼。「這是琳賽，」某位員工向大家介紹伊絲貝爾是公司新雇用的社群經理，「她在業務團隊。」等到納許維爾辦公空間的裝修工程結束，伊絲貝爾開始舉辦導覽活動，但是她得一邊越過施工區的死鳥屍體，一邊向潛在房客簡報WeWork描繪的夢想和提供的優惠。

幾星期後，伊絲貝爾被告知要搭機飛往亞特蘭大。亞當並不是在唬爛，突擊勤力的行動正式開始。原本亞當想要與霍達里合夥，但談判破局後，他立即動員伊絲貝爾與全美各大城市的WeWork員工，在亞特蘭大發動游擊行銷（guerrilla marketing）。其中一種做法是請人開著平板貨車，直接停在勤力辦公大樓前，貨車上裝載著展示用玻璃牆辦公室，員工直接在現場拿出之前亞當威脅要提供的免租金合約。

WeWork預計在全美各地發動行銷突擊，亞特蘭大只是戰場前線之一。在紐約，一名WeWork員工開始在另一個競爭對手克諾特爾（Knotel）〔1〕的各個據點出沒，他自稱是某家新創公司執行長，正急著尋找辦公空間。他四處參觀，偷偷記下所有房客的名字，之後再寄發折扣廣告給這些房客，鼓勵他們搬遷到WeWork。（後來克諾特爾貼出一張「通緝」海報，指控那名員工是「間諜」，並懸賞二千五百美元要逮到他。）WeWork的聖地牙哥員工將「一年辦公空間費用由我們買單」的優惠廣告，發送給沃爾夫・比耶拉（Wolf Bielas）在當地成立的共同工作空間內所有房客，甚至包括比耶拉本人，當時他在大樓內保留了一間個人辦公室。過沒幾天，WeWork在大樓前布置了一間戶外客廳，擺放幾張沙發和一盆虎尾蘭。比耶拉當場質問WeWork員工是怎麼回事，WeWork員工回答說他們只是在「傳遞愛」。

九月底，共同工作空間公司「邦德集體空間」（Bond Collective）的老闆施洛莫・西爾伯（Shlomo Silber）收起手機，開始慶祝猶太新年（Rosh Hashanah）〔2〕，正義和邪惡之人的名字被大聲念出，分開接受審判。（據說同時間亞當參加卡巴拉中心舉辦的派對慶祝猶太新年，他和卡巴拉中心其他貴賓一起，在曼哈頓的漢默斯坦舞廳〔Hammerstein Ballroom〕台上跳舞狂歡。）兩天後假期結束，西爾伯打開手機時發現，有兩百多封房客寄來的電子郵件，向他報告WeWork提供他們折扣。之前在五大家族會議上，西爾伯曾當面質疑亞當提出的成長計畫，他早就知道，在公開場合亞當總是把自己視為先知，預言未來將會發生一場有益的工作場所革命，不過私底下亞當其實是個精明務實的房地產大亨：原本WeWork看中布魯克林區某棟大樓，但是後來房東決定出租給西爾伯，亞當立即打電話給這名房東，告訴對方他打算把邦德集體空間踢出市場。

到了二〇一七年，紐曼威脅說要徹底擊垮或實際收購所有競爭對手。在英國，WeWork最大競爭對手是二〇〇四年在倫敦成立的「辦公室集團」（The Office Group，TOG），當時紐曼還在柏魯克學院求學。辦公室集團的創辦人〔3〕經營路線相對保守，購買大樓、然後出租給其他人，完全將創投業者大筆資金拒於門外。他們當中沒有誰想要成為全球總統，不過公司的獲利表現相當亮眼。二〇一二年，該集團其中一名創辦人與亞當在紐約碰面，亞當不經意提起他或許會收購辦公室集團，可是當時WeWork只在美國兩個城市擁有總共四個據點。

接下來好幾年，辦公室集團一直拒絕紐曼的收購提議，同時間WeWork積極拓展倫敦市場，迅速超越辦公室集團，成為當地規模最大的彈性辦公空間公司。二〇一七年，全球最大投資公司黑石集團（Blackstone）以六．四億美元估值，收購辦公室集團多數股權。亞當氣急敗壞，忍不住

1 譯註：成立於二〇一五年，總部位於紐約，創辦初期以「總部即服務」（Headquarter as a service）為口號，專門為中小企業規劃總部辦公室，二〇一八年之後開始跨足共同工作空間市場，成為WeWork直接競爭對手。後來卻不敵新冠肺炎疫情衝擊，二〇二一年一月底申請破產保護，被房地產服務公司紐馬克集團（Newmark Group）收購。

2 譯註：指的是猶太曆新年，是猶太教曆的七月一日，也是所有猶太人接受審判的日子，大約是西曆的九月底、十月初。

3 譯註：辦公室集團由查理．格林（Charlie Green）和歐利．奧爾森（Olly Olsen）於二〇〇三年共同創辦。

向黑石集團房地產業務主管喬恩・葛雷（Jon Gray）抱怨，那時候葛雷在全球各地買下的辦公大樓，比其他任何一位房地產高階主管還要多，WeWork也向黑石集團承租了其中幾棟大樓。亞當開始動用孫正義的資金。WeWork雇用一支鋼鼓樂團，在辦公室集團新據點外表演，同時向大樓房客宣傳WeWork提供的折扣。亞當向投資人誇耀說，在他強力打擊下，競爭對手出租率暴跌。「我打垮了辦公室集團，」亞當說，「我可以消滅任何一家我想消滅的共同工作空間公司。」

搶奪房客只是WeWork打壓競爭對手計畫的一部分。同時間WeWork法務團隊控告另外三家共同工作空間公司，包括優客工場（UrWork）、我們實驗室（WE Labs）、嗨工場（Hi Work），WeWork宣稱這些公司的名稱侵犯WeWork智慧財產權。後兩家公司的業務規模非常小，但優客工場是一家中國公司，估值超過十億美元，他們正計畫進軍美國市場；二〇一五年，亞當試圖收購優客工場，但是遭到拒絕。（優客工場需要的是現金、而不是股票，亞當赤著雙腳翹在辦公桌上，迎接優客工場執行長到訪，可想而知談判最終破局。）其中一件訴訟案審理期間，WeWork的律師表示，公司並非要主張「擁有常用單字『Work』的專屬權」，他們只是反對「將雙字母代名詞和Work結合」的做法。〔4〕

亞當的競爭對手不願意與他硬碰硬，何況他也絕非房地產業唯一一個性情乖張的流氓。之前克諾特爾曾請人駕駛公司改裝過的校園巴士，開往WeWork在紐約的各個據點；WeWork也不甘示弱，租下雙層巴士在紐約市區繞行，途中在克諾特爾各個辦公大樓前停靠、當場發送冰淇淋。

當傑米・霍達里抵達克諾特爾，和該公司兩位創辦人艾摩爾・薩爾瓦（Amol Sarva）與愛德華・申德羅維奇（Edward Shenderovich）開會時，看到會議室中堆放了一疊蒲魯塔克（Plutarch）〔5〕的著作，明擺著是在嘲諷他。（霍達里曾經參加益智節目《危險邊緣》〔*Jeopardy!*〕，卻在最後一道關於蒲魯塔克的問題栽了跟斗。）房地產市場本就充滿各種卑鄙勾當，如果亞當遭到拒絕，並不是因為他的手段特別惡劣，而是因為他表裡不一。WeWork不斷挑釁競爭對手，只是讓先前對外發表的漂亮說辭更加站不住腳，例如改變世界或是做你所愛，不過一開始他們確實利用這些口號，吸引大批會員和員工加入。在倫敦創辦共同工作空間公司的艾薇兒・謬凱西（Avril Mulcahy）後來得知，WeWork要在她公司隔壁成立新據點、而且面積是她的五倍大，她便斷然決定結束營業，不願與WeWork正面競爭。「他們搬進我們的大樓，也讓某個隱藏在角落已有一段時間的問題變得更加明顯，」謬凱西寫道，「那我們所做的一切還有意義嗎？」

・・・

4 譯註：二〇一七年底，優客工場將公司英文名稱改為Ucommune，二〇二〇年十一月，在美國納斯達克上市。

5 譯註：約四六～一二五年，生活於羅馬時代的希臘作家。莎士比亞有不少劇作取材自蒲魯塔克知名著作《希臘羅馬英豪列傳》（*Plutarch's Lives*）的記載。

自從孫正義大手筆投資WeWork，其他競爭對手發覺他們愈來愈看不懂這場遊戲。全球所有產業也都經歷類似轉變。大筆創投資金流向各個產業，從小型摩托車到食物外送、看到飽電影平台，其中絕大多數創投資金直接來自孫正義和願景基金。這些企業將這筆資金回饋給消費者，消費者自然樂得低價享用服務，其餘成本則由企業補貼，乘鳥（Bird）〔6〕、門衝（DoorDash）〔7〕、電影通（MoviePass）〔8〕全都在燒錢爭取新顧客，然後期盼未來有一天顧客願意支付全額費用。那些缺乏巴菲特所說的「護城河」保護的產業，開始推動新商業模式：「把資本當成護城河」。沒辦法擊垮他們？就用錢砸死他們。這些企業如此揮霍無度，幾乎沒有任何一家能夠獲利；另一方面，消費者是因為有折扣才願意購買，所以企業很難精準計算公司產品的自然需求。一旦獲得創投挹注大筆資金，競爭對手就很難追趕得上。霍達里和WeWork其他競爭對手表示，只有少部分房客因為WeWork的行銷突擊活動而變心，但是如果WeWork繼續發動行銷突擊，沒有任何競爭對手擁有足夠現金、有能力採取掠奪性定價策略生存下去。

在軟體銀行投資前，也就是在錙銖必較階段，WeWork高階主管討論過應該找出更為平衡的成長模式。曾在二〇一四年投資WeWork的普徠仕，一直要求WeWork採取永續發展策略，他們對於軟體銀行的大筆投資有些質疑，因此當軟體銀行同意買下既有股東股權時，普徠仕便盡可能賣掉持股。二〇一六年，WeWork嘗試推動與房東共享營收計畫，非常類似許多連鎖飯店品牌採行的商業模式。雖然新策略將會衝擊WeWork營收，卻可降低不少風險。

但是孫正義投資四十四億美元，並不是為了追求穩健的成長目標。如果亞當想要實現他承諾的「實體社群網絡」效應，就必須在各地成立據點。公司原本的計畫早已被撕成碎片，目標提高為原來的兩倍、甚至更多；WeWork行銷團隊支出成長三倍。孫正義告訴亞當，他的行銷團隊應該擴大到一萬人，但當時公司的員工總共還不到一萬人。WeWork每星期雇用三十位新進員工，之後是五十位，再到後來每星期有超過一百名新進員工報到。正如同亞提・明森所形容的，WeWork正在「大規模施工、銷售」。二〇一七年十二月，也就是WeWork在全球第一百個據點於柏林開幕一年後，WeWork第二百個據點正式營運，地點在新加坡。

到目前為止，WeWork據點已經遍及五大洲，公司開始考慮進入他們完全不熟悉的市場。「這是一個城市還是國家？」某次大家討論在吉隆坡設立據點時，亞當向一名高階主管問道。在拉丁美洲，WeWork向房客收取的租金偏低，因此經營辦公大樓很難達成損益平衡；在亞洲，許多國家的房東不願資助WeWork的翻修工程，但這是WeWork控制當地擴張成本相當重要的一環。「就

6 譯註：乘鳥為美國電動滑板車共享平台。

7 譯註：門衛是由三位史丹福大學華裔學生於二〇一三年創辦的外賣公司，二〇二〇年公開上市，在美國外送餐飲市場的市占率超越五〇％，高居第一，領先UberEats。

8 譯註：電影通提供電影票訂閱制服務，會員只需要每月支付一筆費用，就可免費觀賞一定數量的電影。但是由於虧損嚴重，再加上線上串流影音服務崛起，於二〇二〇年宣布破產，停止所有服務。

和世界上其他地方一樣，在這裡擴張規模要懂得隨機應變、要有攻擊性，但交易的經濟效益卻更差，」負責協助WeWork拓展亞洲市場的麥特・佛里說，「但是我們採取自動駕駛模式。」某次會議討論到倫敦成本上漲問題，部分WeWork員工認為應該暫緩倫敦的擴張計畫，控制營運成本。但是亞當反對。投資人會依據營收評斷公司估值，而在倫敦，由於WeWork可以向房客收取高昂租金，有助於拉高營收。事實上，亞當希望加速成長。熟知當天會議談話內容的某個人表示，亞當建議WeWork租下主教門二十二號大樓，這棟六十二層大樓是倫敦第二高建築物，一年租金成本可能高達一・五億美元。

由於辦公空間需求強勁，WeWork房地產團隊開始放寬交易的盡職調查標準、支付超額租金，快速搶占辦公空間；但他們並不確定WeWork的經營模式是否可行。市場上競爭對手眾多。原本WeWork拒絕承租洛杉磯某棟大樓，但是在得知國際工作場所集團準備承租後，便決定出價。WeWork開始提供商業房地產仲介大筆佣金：新房客支付的第一年租金，將全數歸仲介所有；此外，某些簽訂兩年租約的房客，將享有一年免租金優惠。換句話說，公司有整整兩年收不到一毛租金。

銷售與成長依舊是WeWork營運重點，儘管多年來公司嘗試制訂指導手冊，但感覺上所有事情都是急就章，臨時拼湊而成。「沒有訓練，沒有銷售模式，沒有業務部門，」二〇一七年協助WeWork在東岸成立業務團隊的約翰・布澤爾（John Boozer）說道。某個星期一晚上，WeWork全球房地產團隊召開會議，此時歐洲和亞洲已經是大半夜，兩地的資深員工透過電話參與會議，結果亞當遲到好幾個小時，他參加完一場晚宴後走進會議室，開始主持會議。公司設定的新空間出租目標原本就很難達成，開會時團隊進度還落後百分之二十。「他又將目標提高百分之二十，沒有任何根據，」當天在會議室開會的某名高階主管說，「他的理由是，我認為你們應該做得更多。」紐曼告訴一名房地產高階主管：「接下來兩個月，你必須毀了其他人的生活。」公司開始告訴招募人員，在新加入公司的高階主管覺得受夠了一切、決定辭職走人之前，只需要盡力留住他們在公司待滿九個月就行了。

• • •

正當WeWork其他投資人跟隨孫正義調整步伐時，標竿創投卻陷入了複雜難解的困境。標竿大手筆投資的另一家公司優步陷入動盪，多年前就在麥克．艾森伯格和布魯斯．鄧利維與亞當見面前不久，標竿決定投資優步。後來優步爆發一連串公關災難和內部文化爭議，大部分與傲慢自大的創辦人暨執行長特拉維斯．卡拉尼克有關。二〇一七年六月，標竿發動逼宮，強行要求卡拉尼克離開自己創辦的公司。

標竿中沒有任何人準備對亞當動手，尤其他們還在忙著跟卡拉尼克纏鬥。如果因此讓外界留下他們強行驅逐新創公司創辦人的印象，只會將那些真正有前途的未來創業家往外推，迫使他們尋求其他募資管道。布魯斯．鄧利維依舊支持亞當，相信亞當的擴張願景，他甚至將亞當比擬成新時代的貝佐斯。

但是標竿的其他合夥人，包括負責處理優步投資案的比爾．格爾利，開始擔憂亞當很可能步上卡拉尼克的後塵。二〇一七年，五名標竿合夥人，包括格爾利在內，飛到紐約在亞當辦公室和他當面對質。（鄧利維為了和亞當維持良好關係，並沒有參加。）標竿投資人斥責亞當出售太多WeWork股票；雖然標竿和卡拉尼克糾紛不斷，但是卡拉尼克可沒有賣出半張優步股票。標竿團隊還批評亞當策略不當，導致WeWork再度未達成預估成長目標。二〇一四年亞當曾告訴投資人，WeWork會在二〇一七年創造超過五億美元獲利。但隨著公司快速成長、成本不斷攀升，WeWork反倒已經虧損將近十億美元。至於WeLive，原本預估到了二〇一七年將會有十多個據點，創造數億美元營收，但是創辦至今仍只有兩個據點。

某些標竿投資人擔憂，早在願景基金鉅額注資、扭曲市場之前，WeWork就已經面臨某些問題。（後來優步自行和願景基金協商，成功獲得數十億美元投資，取代卡拉尼克接任執行長的達拉．柯霍斯洛夏西〔Dara Khosrowshahi〕當時力排眾議，主張應爭取孫正義投資：「與其讓他們的資金大砲正對著我，不如將他們的資金大砲轉移到我身後。」）並非所有標竿合夥人都認為，鼓勵亞當採取更瘋狂行動是穩當的作法，但是WeWork大部分決策並不受他們掌控。在董事會同意讓亞當持有的每股股票擁有更多投票權後，鄧利維就將控制權轉讓給亞當了，除非他們願意冒著被排擠或是被逐出董事會的風險，否則許多標竿合夥人認為，他們頂多只能提供建議，然後期望亞當聽得進去。

但實際上，二〇一〇年代整體氛圍，正好鼓勵亞當遵從孫正義的指示行動。WeWork不計一切代價加速成長，完全符合當時在矽谷日益流行的成長策略：閃電擴張（blitzscaling），這名詞是由領英共同創辦人雷德・霍夫曼（Reid Hoffman）所創造，他在史丹福大學開了一門閃電擴張課程：「CS183C：科技促成的閃電擴張」（CS183C: Technology-Enabled Blitzscaling）。霍夫曼在隨後出版的書中承認〔9〕，閃電擴張概念看似違反直覺。「和傳統商業思維完全不同，但是有目標、而且刻意這麼做，」他在書中寫道。這個概念背後的邏輯是，不要太過擔憂困擾傳統企業家的風險與成本問題。目標是創造「閃電」成長，網絡效應是核心關鍵。在矽谷，創辦一家高獲利企業已是過時想法，「親愛的，投資人希望看到的是以十億為單位的數字」，願景基金引發的效應，打破了資本主義某些基本規則，WeWork和其他公司在制訂產品價格時，目的不是為了創造獲利，而是搶占市場。在一個完美世界，你會變得大到不能倒。

霍夫曼承認，閃電擴張有其危險，他在書中最後一章〈兼顧社會責任的閃電擴張〉中指出，

9 譯註：二〇一八年霍夫曼出版《閃電擴張》（*Blitzscaling: The Lightning-Fast Path to Building Massively Valuable Companies*），中文版由天下雜誌出版。

要同時「兼顧責任與速度」並不容易。霍夫曼表示，某些新創公司創辦人的「行為如果類似有道德的海盜，也許會因此受益，但他們的行為絕不該類似反社會罪犯的行徑」。[10]他比較不擔心道德問題，他真正擔心的，是卡拉尼克和優步事件可能引發的負面公關效應。

亞當一點也不想減緩速度。二〇一八年某天清晨，他帶著全面啟動的閃電擴張計畫，飛抵西雅圖與星巴克前執行長霍華．舒茲（Howard Schultz）碰面。當時WeWork正考慮進軍零售業。兩人碰面時，舒茲給了亞當一個建議。他說，星巴克業務起飛後（當時還沒有出現「閃電擴張」說法），應該要花六個月踩煞車，先解決困擾公司多年的種種問題。這正是WeWork許多高階主管要求紐曼做的：讓銷售和出租作業系統化，掌控施工流程，停止跨足周邊業務。在飛離西雅圖的私人飛機上，亞當與一同搭機的幾名員工提到舒茲的建議，然後告訴他們他真正的想法：「去他的。」

10 譯註：這句話出自《閃電擴張》第四章〈管理創新，快速拉拔人才成長〉，沿用中文版翻譯。

14

聖杯
The Holy Grail

亞當與舒茲見過面後飛往舊金山，然後搭車前往賽富時創辦人、已成為他好友的馬爾克・貝奧尼夫（Marc Benioff）住家參加派對。貝奧尼夫在最後一次網際網路泡沫期間創辦賽富時，後來成為新創界大管家。當時他正準備將公司搬遷至與公司同名的舊金山最高大樓。賽富時的業務主要是為企業提供後台科技解決方案，可說是「軟體即服務」（software-as-a-service）運動先驅。這種新商業模式主要是販售各種電腦應用程式訂閱方案，使用者透過雲端即可使用這些程式。當年孫正義藉由銷售磁片和光碟片積累財富，但是三十年後，所有估值最高的矽谷科技公司當中，已有部分公司採取「軟體即服務」營運模式：包括賽富時、Slack[1]、帕蘭泰爾（Palantir）[2]，以及其他許許

1 譯註：Slack在二〇〇九年於加拿大創立，開發專為團隊溝通與協作所設計的即時通訊服務，二〇一九年在紐約證券交易所上市。二〇二〇年十二月，賽富時以二七七億美元價格收購Slack。

2 譯註：帕蘭泰爾是由矽谷科技大老、前PayPal執行長彼得・提爾（Peter Thiel）於二〇〇四年與其他科技公司老闆共同創辦的大數據分析公司，美國中央情報局、國防部和食品藥物管理局都是其客戶，二〇二〇年在紐約證券交易所上市。

多多提供新經濟運作不可或缺的雲端服務的無名企業。

但是這些矽谷獨角獸的規模愈來愈大，貝奧尼夫開始有些不安。有了創投業者資金挹注，這些企業自然能快速擴張，但如果缺乏紀律，就很難長久經營。在十年投資熱潮中期，貝奧尼夫便警告：「將會有許多獨角獸死亡。」

紐曼開始對外推銷WeWork是新品種的「軟體即服務」公司，他提出了「空間即服務」（space as a service）的概念。他的想法是，所有大小企業不再需要自己處理房地產業務，他們可以委託WeWork協助管理實體空間，未來WeWork將轉型成為類似提供房地產雲端服務的公司，也就是成為房地產「平台」。接下來十年，許多野心勃勃的新創公司也都採取相同策略，即便他們提出的主張有些空洞：例如臉書、優步和Airbnb都自稱是平台，就連植物漢堡排製造商「超越肉類」（Beyond Meat）（「植物產品平台」）、室內健身自行車廠商「派樂騰」（Peloton）（「全球最大互動健身平台」）、床墊品牌「卡斯普」（Casper）（「優質睡眠服務平台」）等公司，也都提出類似訴求。如今企業如果只做原來的自己，已不夠優秀。

亞當和其他WeWork高階主管一直想盡辦法，要讓公司與矽谷新崛起的科技巨擘產生關聯，搭上「軟體即服務」熱潮就是他們的最新操作手法。WeWork需要辦公大樓，就如同優步需要汽車、Airbnb需要公寓一樣。WeWork的會員網路就如同改良版領英，他們從每個據點蒐集「數據」、提升新據點營運效率，相當於「辦公空間版谷歌分析（Google Analytics）[3]」。各個地方的WeWork

辦公空間就好比「更有靈魂的亞馬遜倉儲」。凱斯公司創辦人、後來擔任WeWork成長長（chief growth officer）的戴夫・法諾表示，公司的目標是「將所有以為我們是一家房地產公司的殘存印象，全部消除殆盡」。

房地產業批評，WeWork的成功跟科技一點關係也沒有，真正的關鍵是亞當很會說故事。亞當聽了之後大為不滿，特別是這些批評來自出租辦公大樓給WeWork的房東。二〇一七年，亞當在紐約證券交易所對著觀眾說，「如果你沒什麼好話要說，而且那個人是你的客戶的話，這麼說好了，這個人日後將成為全球最大房客」，那麼「實在沒有道理」這樣批評對方。房東和房地產投資人都明白WeWork能提供哪些價值；新穎的設計、彈性化條件、暢飲時段等特色，都非常受到客戶喜愛，房東必須改造自己的辦公空間才能符合WeWork要求。相較之下，國際工作場所集團擁有的辦公空間數量，雖然是WeWork全球據點總和的五倍，市值卻只有三十億美元。WeWork究竟做了什麼事，所以被視為科技公司，值得二百億美元估值？至今依舊是個謎。

• • •

3 譯註：谷歌開發的網站流量統計服務平台，可以追蹤網頁瀏覽量、造訪人次、平均瀏覽時間、訪客來源、使用裝置等等。

就在亞當宣布「WeWork火星正在籌備」的兩年後，他終於如願和馬斯克見面。亞當非常緊張。參加大型會議前他向來如此，整個人被焦慮淹沒，直到觀眾出現在面前，任何簡報主題都已經有了固定模式後，他才能真正放鬆。特斯拉是市場上最熱門的科技股，馬斯克是矽谷出了名不按牌理出牌的夢想家，也是少數野心和自大程度超越紐曼的創業家。

亞當在麥可．葛羅斯陪同下，與馬斯克在SpaceX洛杉磯總部會面。亞當經常遲到，但這回是馬斯克遲到了，所以他只剩下幾分鐘聽紐曼簡報。亞當告訴馬斯克，如果他能成功載送人類到火星，WeWork可以幫他們興建房屋、建立社區，讓他們在另一個星球上順利生存。馬斯克預計在二〇二四年送人類上火星；亞當提議興建模擬用的「地球WeWork火星」，如此一來，他們便能預先解決未來可能面臨的問題。亞當說，維繫生命是比較困難的部分，但馬斯克直接打臉他，說他認為真正困難的是抵達火星。馬斯克說，他不需要WeWork。

這次會面讓紐曼非常失望。雖然有非常多WeWork會員是科技公司，但是WeWork卻很難說服矽谷相信它是一家科技公司。亞當依舊很少使用電腦，而且直到前陣子公司才正式聘用科技長。另一位產品長曾經任職雅虎和奧多比（Adobe），但在加入WeWork不久後便離開了，還沒來得及落實WeConnect夢想。

二〇一七年，紐曼在灣區生活了一段時間，麥可．葛羅斯和他家人也住在灣區，部分原因是紐曼和葛羅斯期望，能像當初他們成功說服紐約房地產業者和投資業者那樣，順利爭取到矽谷科技公司支持。秋季時WeWork宣布，他們將招聘一百名軟體工程師，公司將租下賽富時大樓中層的三層樓，這棟大樓是舊金山市區最昂貴的房地產，WeWork希望藉此吸引工程師加入。依照原先辦公空間規畫，必須在地板打孔才能裝設室內大樓梯，另外還有設備完善、仿效土耳其浴的水療中心，使用馬哈倫（Maharam）安哥拉山羊毛製作的休閒椅，鋪設在各處地板的復古地毯，以及售價高達九千四百美元、由伯格・摩根森（Børge Mogensen）[4]設計的座椅。參與裝修的員工表示，未來還會興建一間空中祕密酒吧（speakeasy）[5]和另一座通風系統，這樣亞當就可以在自己的辦公室抽大麻。

和光鮮亮麗的全新摩天大樓相比，負責阻擋W型肝炎的WeWork原有工程團隊工作的地下室空間，簡直差遠了，但現在公司必須盡其所能地吸引新人才加入。科技業已開始將實體空間視為下一個要全力征服的新領域，但是直到現在，WeWork都還不習慣支付與矽谷同等的頂級高薪，也不懂得如何應對這群新進員工。與公司過去雇用的社會新鮮人或房地產專業人員相比，這些新人更清楚和公司協商股票選擇權時，需要考慮哪些複雜細節。有一名新加入的科技員工便帶著一

4 譯註：一九一四～一九七二，知名的丹麥家具設計師，致力於設計實用、風格簡潔，而且平價的高品質家具。

5 譯註：一九二〇年代美國頒布禁酒令，酒吧都設立在較為隱密的地方，例如地下室，或是採取店中店的形式，隱身在咖啡館、理髮廳或西裝店裡，躲避查禁。禁酒令解除後，speakeasy指的是風格低調、地點隱密的酒吧，例如沒有明顯的招牌或是位在不起眼的在狹小巷弄內。

張試算表走進辦公室，試算表上列出了各種股權支付方案，這舉動讓法務長珍．巴倫特有些沮喪。「你必須信任我們，」巴倫特說。

為了建立科技團隊，亞當特地挖角曾在YouTube、Spotify和蘋果工作的工程師席瓦．賈拉曼（Shiva Rajaraman）；亞當告訴賈拉曼，他應該離開蘋果，因為WeWork正在發展的事業規模「比iPhone還要大」。WeWork的科技團隊從二〇一三年的六人，擴大到超過兩百人，但是賈拉曼上任後第一個任務，依舊是修復太空站和太空人。WeWork堅持自行開發和維護系統，而不是外包給既有軟體供應商，卻因此造成不良後果。WeWork墨西哥辦公空間開幕後有好幾個月，太空人一直無法處理房客付款；印度據點開幕後，由於多數房客希望用現金付款，WeWork工程團隊只好放下手邊所有工作，忙著找出解決方法，將現金支付系統納入原有系統。剩下的少許空檔只夠用來處理內部投訴：例如社群經理抱怨，在使用內部領英平台時，原本用來向設備管理團隊通報洗手間故障的按鍵壞了。

WeWork積極透過各種形式提升科技實力，證明公司估值是合理的。WeWork一直希望從實體空間蒐集到有用數據，例如：二〇一七年，前谷歌資深員工湯默．沙朗（Tomer Sharon）帶領的團隊推出北極星（Polaris）系統，提供員工使用，這套系統匯集了超過一千名會員訪談資料，由沙朗的團隊將所有資訊整合為數個資訊「塊」（nugget），協助社群經理有效解決實體空間的各種疑難雜症。**（請問北極星，WeWork中西部會員對我們廚房使用的燈泡有什麼看法？）**不過，最後得出的結果都是可預期的：舊金山會員抱怨咖啡太難喝；人們多半比較喜歡正方形辦公室，而不是長方形；以玻璃隔板裝潢的辦公空間都會有噪音問題，尤其如果你工作的WeWork辦公空間旁邊是租給客服中心，就更令人無法忍受了。對北極星團隊來說，所有訪談資料中最讓人毛骨悚然的是，有會員形容在WeWork如迷宮般的玻璃隔牆內工作，「感覺很像待在一座未來監獄」。

但是矽谷向來信守一項原則：不能只相信人的主觀意見，因此「空間版谷歌分析」團隊開始設法從WeWork實體空間蒐集數據。他們在會議室內每張桌子下方安裝感測器，確認一整天有多少人使用這些會議桌。他們發現使用的人不多，於是決定改用尺寸更小的會議桌。他們嘗試利用相機和麥克風，追蹤人們的臉部表情和說話音調。（軟體銀行曾建議，WeWork應該和商湯科技〔SenseTime〕合作，商湯是願景銀行投資的中國企業，他們開發的臉部辨識技術後來被用來監控中國異議分子，遭到外界撻伐。）WeWork認為，或許可以好好應用這些判讀資料，將它們轉換成數字，例如：**現在會議上有百分之七十的人心不在焉，或是對目前討論的主題帶有負面情緒。**

WeWork總愛運用全球最先進科技，解決相對簡單的問題，但得出的真相也無法大幅提升公司優勢。舉例來說，某個團隊運用機器學習技術預測會議室使用率，「準確率達百分之八十」，他們因此宣稱，可以為各種會議類型推薦適合的開會空間。另一個團隊驕傲地宣布，他們開發出一套演算法，可以協助繪製新空間的設計草圖，速度快過公司內部任何一個建築師；這套演算法總計可以為建築師省下幾分鐘。安裝在咖啡吧台的感測器數據顯示，上午排隊隊伍通常比較長。

WeLive的某個團隊發現，住處相鄰、使用相同公共空間的人，比起居住在大樓另一端的住戶更容易成為好友。我參觀WeWork在曼哈頓新開幕的辦公空間時，經理告訴我，正式營運後「我們得到的最重要啟發」是，一般人比較喜歡房間後方靠近窗戶的辦公桌。他說，之前他們沒有想到這一點，但是他也承認「這很合理」。

WeWork認為，如果要創造獲利，最具體的做法就是精簡流程，因此每當有新據點開幕，新成立的團隊——也就是房地產與開發科技團隊（real estate and development technology，REDTech）——就得忙著設法控管流程。以「大樓就是數據」作為企業口號的新創公司凱斯，開發出星際門（Stargate）軟體，方便公司追蹤全球各地辦公大樓從預租到裝修的實際進度，這套軟體和太空人、太空站一樣，與WeWork軟體系統相容。但是，還有很多WeWork需求無法改善。營建業充滿各種不可告人的骯髒交易，轉包商私下握手達成的交易很難套入公司演算法當中。WeWork雖然大幅精簡家具供應鏈，並採取大量採購模式，但他們只是取得折扣，並沒有真正改造這個產業。「如果你拿我們的做法和餐飲公司、或是和Gap挑選設備的方法做比較，就會發現沒什麼不同，」負責管理家具採購的艾莉森．利特曼（Alison Littman）說。

除了提升核心業務的運作效率，WeWork希望利用其中一、兩項新科技拓展營收來源。例如，會議室感測器或許可以偵測會員何時使用會議室卻沒有付錢。孫正義和亞當討論過推動「虛擬會員制」，不需要租用辦公空間也能加入WeWork社群。在二〇一七年科技關鍵創新大會（TechCrunch

Dispute）上，亞當大力吹噓WeWork新推出的「服務商店」（Services Store），再次承諾WeWork將會成為全方位媒介平台，從賽富時軟體到來福車（Lyft）折扣等所有服務都會包含在內。

問題是，沒有任何做法能夠創造可觀獲利。到了二〇一七年底，服務僅占WeWork整體營收的百分之五。至於虛擬會員制，公司無法確定提供會員哪些福利，或是WeWork要如何從中獲利。會員網路的使用人數仍舊低於「英語，寶貝！」高峰期用戶數。WeWork後來雇用全球最頂尖的設計公司IDEO重新設計應用程式，但是IDEO一直無法設計出真正獨特的功能：他們曾提議增加「啤酒按鍵」，方便用戶提醒其他會員他們正在尋找酒咖，如果有人願意加入，就直接在辦公室啤酒桶前碰面。

到目前為止，WeWork工程團隊規模成長了五倍，人數超過一千人，增加幅度相當驚人，不過優步的工程團隊人數是WeWork五倍。WeWork工程團隊對自己的工作相當引以為傲，但是許多人直到後來才終於明白，他們的工作根本無助於公司建立護城河、形成實體社群網絡，更無法讓公司估值變得合理。他們負責的許多專案，只是去修正米格爾和他兄弟歐基夫·沙利在多年前提出的構想，成效也只比之前稍微好一些。唯一真正有意義的創新，大概就是發明了一套人體縮小機制，讓公司有辦法將更多支付租金的房客，塞進更擁擠的空間。「我們不想承認，其實沒有任何專案真正成功或是創造營收，」科技團隊某位資深經理說。「我們只是在花錢尋找聖杯。」

如果WeWork無法透過工程團隊打進矽谷菁英圈，亞當只好動用孫正義的資金尋求突破。短短六個月內，亞當買下五家公司，包括一家程式設計學院，以及由柏魯克學院同學成立的行銷公司。「亞當一心一意要在併購數量上超越Airbnb，」一位參與併購的資深員工表示。紐曼曾談到希望收購Slack，以及當時仍沒沒無聞的視訊軟體公司Zoom。最大一筆收購案是Meetup，使用者可透過這個線上平台規劃實體聚會活動。Meetup成立於十五年前，但是一直沒有找到可行的商業模式，WeWork同意支付一．五六億美元收購它，希望WeWork辦公空間在非上班時間有其他用途，或許能因此幫助WeWork達到孫正義設定的百萬會員目標。

二〇一七年，亞當試圖收購科技公司康霏（Comfy），這家公司開發的應用程式，可以協助企業更有效管理經營辦公大樓時所需的各項系統，非常適合WeWork。康霏創辦人也很有意願，但是談判持續了數個月之久，直到某天晚上，所有人聚集在WeWork總部，一邊喝著龍舌蘭酒一邊談判。除了亞當提供的WeWork股票，康霏三位創辦人也想要現金。但是亞當拒絕讓步，他堅稱不拿股票的人是笨蛋，這些股票的價值未來必定會大漲。大約到了凌晨三點，其中一名康霏創辦人借著酒膽走向正播放音樂的iPad，點播肯卓克．拉瑪（Kendrick Lamar）的歌曲〈謙虛〉（Humble），節奏強烈的副歌歌詞寫著「坐下／謙虛點」，但是依舊無法突破僵局。

這段時期，許多中型新創公司的成長企圖遇到了瓶頸，因此非常希望有機會搭上WeWork火箭飛船。在七月四日放假日這一天，猶他州科技公司提姆（Teem）創辦人尚恩．里奇（Shaun Ritchie）坐上亞當的邁巴赫座車前排乘客座位離開WeWork總部，紐曼則和珍．巴倫特一起坐在後座開會，當時亞當打算收購提姆。車輛抵達東河後，巴倫特跳下車，改搭一路跟隨在邁巴赫後方的黑色休旅車。里奇則換坐到原本巴倫特的座位，一邊和亞當討論WeWork收購提姆一事，一邊前往亞當位在漢普頓的某處住家。提姆開發了一套會議室排程軟體，信仰摩門教的里奇很欣賞亞當對工作充滿熱情、懷抱強烈使命感。

「WeWork的目的是什麼？」他們搭車穿越長島時，里奇問亞當，「這會是你一生的事業嗎？」

「不，不，不，」亞當回答說。「WeWork只是一個工具。我一生的事業是為彌賽亞降臨做準備。」

看到亞當如此狂熱，里奇感覺自己的企圖心遠遠不足。每當紐曼考慮收購某家企業，他都會向創辦人提出一個問題：如果他們可以做任何事，他們會想要做什麼？緊接著他會告訴他們，不如加入WeWork，去做他們想做的事情。關於收購提姆這件事，還有許多細節需要討論，例如里奇的投資人只想要現金、而不是WeWork股票，但是亞當仍非常堅持。「我們就這麼說定了，」亞當告訴里奇。最後WeWork以大約一億元美元價格收購提姆，里奇加入WeWork後不久，才從其他高階主管那裡得知，當亞當說將會發生某件事，結果通常會如他所料。

許多WeWork高階主管對於亞當瘋狂收購的行為感到不解。每當他們聯繫其他公司尋求合作機會，結果往往是亞當中途加入對話，然後將談判導向收購。在自己的新創公司被紐曼收購後，加入WeWork的某高階主管說：「我們的策略就是不要讓亞當和創辦人碰面，因為他總是想要收購對方，反對合作。他的想法是，『如果由我掌控這家公司，他們會表現得更好。』」WeWork毫不手軟地肆意揮霍金錢，某位同樣經營辦公空間的競爭對手因此被投資人問說，他打算如何打敗WeWork，他說他沒有這種打算，因為在他看來，孫正義挹注大筆資金、紐曼如此積極收購企業，背後目的很可能是要迫使他和他的投資人退場。

WeWork雖然不缺資金，但收購企業非常花錢，而且亞當敲定的某些收購案與WeWork核心業務並沒有太大關聯。其中最令人困惑的是，亞當花了一千三百八十萬美元，大量收購浪園（Wavegarden）股權，這家西班牙公司專門為衝浪玩家打造室內造浪池。亞當宣稱，WeWork或許會開始興建企業園區，屆時浪園將會成為園區主要景點。但此舉就和亞當在WeWork總部某間高階主管會議室內，掛上他個人衝浪的巨幅照片一樣，讓人覺得不明所以。「這座造浪池只會讓人們忍不住想：『到底在搞什麼鬼？』」一名員工說，「不是因為憤怒，而是覺得無法理解。」

15 辦學校：WeGrow

二〇一七年秋季，WeWork企業溝通團隊某位成員，打電話給在亨特學院的教育學院擔任教授的一名朋友。他急需對方幫忙，原因是其團隊看到一則谷歌快訊，當下意識到事情大條了。某位住在翠貝卡的部落客披露一則突發新聞，表示該地區將出現一所新小學：「這是WeWork第一次嘗試投入教育事業；未來他們會在全球各地建立學校，培養具備覺知力的創業家。」

WeWork所有員工都是第一次聽到這個消息。當年夏季，紐曼夫婦四處探詢在東西兩岸、擁有無限資源的父母，可能會選擇哪些公私立教育機構，然後逐一調查。夫妻兩人一致認為，對於他們即將升上一年級的大女兒來說，這些學校全都不夠格。本著真正的創業家精神，蕾貝卡決定自己創辦學校，取名「部落學校」（The Tribe School），原本只有一間教室，位在翠貝卡的哈巴德（Chabad）[1]猶太教堂內，共有七名學生。後來學校計畫擴大規模，搬進附近大樓，WeWork支付

1 譯註：極端正統猶太教派哈西迪猶太教（Hasidic Judaism）的分支。

超額租金，將十多年老房客蒙特梭利學校趕出大樓。原本公司希望保持低調，依照矽谷說法，以「潛水中模式」（stealth-mode）〔2〕經營這所幼稚園。直到那名部落客揭露消息，WeWork高階主管才不得不緊急動腦思考，經營一所小學意味著什麼。

之前確實有員工提過這個想法。二〇一六年，WeWork一名高階主管的助理剛成為新手媽媽，她曾提議公司可以為員工和會員提供負擔得起的企業托兒服務：WeKids。她和亞當討論過這個想法，亞當也很認同。「如果你真的想改變世界，就應該在小孩兩歲時改變他們，」亞當開始對其他人這麼說。但是後來公司強調節省成本，這項提案便胎死腹中，有一次蕾貝卡告訴記者，她還在討論這個提案，亞當立刻抗議道：「你們最後一次開會討論這件事是什麼時候？」

「上星期，」蕾貝卡說。

「好吧，我已經決定延後這個專案，所以希望你別再開會討論這件事，」亞當說。

但是取得孫正義的資金後，紐曼夫婦終於有機會重新推動這個夢想。二〇一七年，WeWork收購弗萊特隆學校（Flatiron School），這所學校專為成年人提供程式設計方面的密集課程。這次收購案坐實了數年前亞當對聯合辦公服務公司發出的威脅，當時聯合辦公服務公司決定放棄共同工作空間市場，轉而投入教育領域。二〇一四年，WeWork和聯合辦公服務公司敲定合作協議，在全美WeWork據點成立聯合辦公服務教室，那時亞當告訴聯合辦公服務公司創辦人，他還沒有準備好進入教育領域，不過一旦他準備好了，必定會採取行動，而且是大規模行動。

經營一所小學，要比教導程式設計證照課程複雜得多。蕾貝卡沒有正式接受過教育相關訓練；在她個人自傳中，與學校教育有關的部分寫道，她曾「師事多位大師，拜入達賴喇嘛尊者與大地之母門下潛心修行」，不過她的教育理念和現代教育的進步派思想是一致的，WeWork協助聯繫的那位亨特學院教授也認為，創辦小學的構想很不錯。一般而言，成立新學校最大困難是：設立和經營一個空間，然後找到父母願意送小孩來這裡就讀。不過WeWork正好提供了可能的解方：關於前者，WeWork已經累積不少專業，而且既有會員未來有可能成為父母，所以第二個問題也迎刃而解。

這位教授同意擔任這項專案的顧問，某一天他和紐曼夫婦共進晚餐，亞當預測日後WeLive的規模將會超越WeWork，同樣的新學校的規模最終也會超越前兩者。他們將新學校取名為WeGrow，並計畫在各大城市設立分校，形成完整的私立學校網路，讓類似亞當的全球公民可以帶著孩子四處移動。紐曼夫婦希望創辦新的教育機構取代大學，這個機構將提供「從出生到死亡」的學習課程。蕾貝卡開始使用「延續一生的生命教育」（School of Life for Life）作為口號，口號的英文縮寫為SOLFL，也就是刪除英文單字soulful（充滿靈魂）的兩個u。WeGrow在二〇一八至二〇一九學年度開始招收學生，蕾貝卡寄出入學證明，歡迎即將入學的幼稚園學生，他們將會在

2 譯註：或稱為「隱身模式」，指的是新創公司對自己的商業計畫或技術完全保密，避免被競爭對手搶先一步。

二〇二一年自WeGrow高中畢業。蕾貝卡在入學證明上簽上自己的名字，還畫了一顆愛心。

• • •

在二〇一〇年代，每家新創公司都需要編織創業神話。WeWork的神話故事隨著時間不斷變化。在早期，亞當會強調卡巴拉扮演了重要角色，影響他對WeWork的看法，直到後來劉・法蘭克福說服他，這並非打動市場的最有效說法。於是後來的故事轉而強調亞當和米格爾兒時的成長經驗，以及這些經驗如何讓他們體認到社群的重要性。唯一的爭論點是，如何讓米格爾更自在地說出自己是在「公社」（commune）、而不是「母系集體社區」（matriarchal collective）長大的？這樣會比較容易解釋。

「他不喜歡公社這個說法，」二〇一五年亞當告訴一位記者，「他有跟你說公社嗎？」

「有，」記者回答。

「可能是他情緒崩潰，」亞當說，「也可能是他已經準備好接受公社這個說法。」

到了二〇一六年，故事又變了。蕾貝卡突然成為公司第三位創辦人，時常和亞當一起出現在雜誌人物報導中，照片裡兩人看起來就像創業界的搖滾巨星。至於米格爾，總是遠遠站在一旁。公司的創業起點不再是亞當和米格爾會面當時，而是亞當與蕾貝卡的第一次約會，當時她說亞當根本在「鬼扯」。

得知蕾貝卡突然成為公司第三位創辦人，WeWork員工都非常錯愕。蕾貝卡受訪時提到，WeWork某個新辦公空間開幕前，有好幾個晚上她幫忙擦玻璃隔板、洗地板，一直忙到凌晨四點，但是最早加入WeWork的員工卻完全不記得蕾貝卡做過這些事。直到二〇一四年，WeWork才在寄給投資人的報告中，將蕾貝卡列入領導團隊名單中，當年《富比士》雜誌刊出的人物報導〔3〕也只稱呼她是紐曼「從事電影工作的妻子」。

蕾貝卡已經放棄表演事業，接下來幾年斷斷續續擔任WeWork品牌長。她鼓勵亞當應該將WeWork與**創造者**（creator）這個字連繫在一起，但是亞當反對，因為人們會認為這褻瀆了神明，後來亞當為員工設立了新職務「我們長」（CWeO），負責監督個別地區的營運。有時候蕾貝卡會離開品牌長職務，忙著照顧人數不斷增加的紐曼家庭。二〇一七年他們的第五個小孩出生，但是蕾貝卡依舊在背後發揮影響力，這點讓員工相當困擾。「蕾貝卡覺得如何？」亞當經常會這樣問員工，雖然有時候他太太完全不見人影。到了二〇一七年底，WeWork挖角靈魂飛輪（SoulCycle）創辦人之一茱莉・萊斯（Julie Rice）擔任品牌長。但是幾個月後，萊斯被迫默默離開這個職務，蕾貝卡再度回鍋。「之前公司向大家介紹說，茱莉是那種『總有辦法完成不可能的任務』的人才，」一

3 譯註：原文標題為："Inside The Phenomenal Rise Of WeWork," *Forbes*, Nov 5, 2014.

名WeWork高階主管說，「然後有一天亞當透過電子郵件宣布說，蕾貝卡回任公司品牌長。」董事會在得知亞當安插自己的太太擔任高階主管後，曾對此事表示關切，但據說亞當告訴董事會，要嘛同時接受他們夫妻兩人，不然兩人就一起離開。

蕾貝卡愈來愈常代表公司出現在公共場合，原本WeWork的公關話術就已經讓人感覺非常華而不實，現在又更緊密結合事業與靈性兩大元素。「我一直在思考一件事，那就是成為你人生的創辦人，」蕾貝卡告訴一名記者。她擁有自己的辦公室，就在亞當隔壁，裡面沒有辦公桌，但是堆放了大量書籍，包括艾茵・蘭德（Ayn Rand）[4]撰寫的《源泉》（*The Fountainhead*），以及某位心理治療師撰寫的《前世今生》（*Many Lives, Many Masters*），這名治療師宣稱能夠讓人們與前世的自己連結。[5]蕾貝卡的辦公室地板鋪了一張白色長毛地毯，員工進入前必須脫鞋，有個團隊因此暱稱她的辦公室是「綿羊牧場」。

不論蕾貝卡或是公司說了多少次，WeWork內部沒有任何人認真看待她是公司共同創辦人這件事，但也不會有人懷疑WeGrow歸她所有。二〇一八年年初，蕾貝卡的堂姊葛妮絲・派特洛為自己的古普（Goop）[6]網站採訪蕾貝卡。這次蕾貝卡沒有冠上先前堅持使用的娘家姓氏，在談到創辦新學校以及這所學校如何符合WeWork企業理念時，她也沒有承認自己和家族親戚之間有關聯。「我們透過WeWork這個實體結構，為這世界注入正向能量與覺知，」她說，「我們這一生都在向生命學習。」

古普網站的訪談激怒了在WeGrow工作的某些教育人員，他們認為在宣傳WeGrow之前，應該先確定學校成立後的運作細節。正當大家忙著敲定即將到來的學年度課程安排和後勤作業，蕾貝卡竟然跑去哈納雷灣和家人度假，導致辦學進度落後。蕾貝卡雇用她的高中好友、曾擔任她婚禮伴娘的琳賽・泰勒（Lindsay Taylor）擔任WeGrow營運長，協助管理這項專案。之後她又找來亞當・博朗（Adam Braun）幫忙，博朗自己創辦了一間非營利教育機構「鉛筆承諾」（Pencils of Promise），大部分資金來自歌手小賈斯汀（Justin Bieber），因為賈斯汀的經紀人正是博朗的哥哥斯庫特（Scooter）。

WeGrow創辦初期，就和一家仍處於初期發展階段的新創公司一樣，不斷進行各種嘗試。優先事項變來變去，例如蕾貝卡從夏威夷回到公司後，建議學校應該開設衝浪課程，而且許多優先事項多半是無關緊要的事。WeGrow員工被告知他們的鞋子不能有鞋帶，而且只能穿黑色、白色或米色鞋子。許多應徵教師的人因為一些無足輕重的理由被拒絕：例如老師的說話音調，也就是

4 譯註：艾茵・蘭德是俄裔美籍小說家及哲學家，一九二六年流亡美國，透過英文寫作在好萊塢電影圈和百老匯戲劇界闖出名號，後來透過撰寫報紙專欄、小說和哲學作品，成為極具影響力的公共知識分子。

5 譯註：耶魯大學醫學博士、知名精神科醫生布萊恩・魏斯（Brian L. Weiss）透過催眠治療，自稱開啟病患的前世記憶，之後將這段治療過程寫成小說，一九八八年在美國出版後隨即成為暢銷書。

6 譯註：葛妮絲・派特洛於二〇〇八年成立的生活風格網站，分享健康飲食與養生等知識，之後更推出自有品牌保健品、護膚品和服飾。

他們的「能量」。WeGrow第一個據點還沒有開幕，蕾貝卡就開始籌備第二和第三個據點，地點分別在舊金山和以色列，換句話說，她同樣是以閃電擴張模式建立幼兒教育事業。WeWork早期成功的關鍵在於速度和適應，但教育不一定是適合不斷實驗的最佳場域。「他們總愛說，『這就是新創公司的運作模式，』」某位WeGrow顧問說，「我會對他們說：『這不是新創公司。你是一家十億美元的公司，但這些人是父母的小孩。』」

• • •

二〇一八年秋季，WeGrow在WeWork雀兒喜總部三樓正式成立，他們自我定位為一所「培養具備覺知力的創業家，致力於發揮每位兒童超能力的學校。」學校開幕當天，就和每次WeWork新辦公大樓開幕時一樣充滿混亂：公司人力資源部門忘了將WeGrow安全團隊納入薪資表中，保全人員有一個月沒有拿到薪資，因此拿離職威脅公司。第一屆WeGrow共有四十六名學生入學，包括亞當的四個小孩和他們的幾位好友，年紀從幼幼班到四年級。學費最高達四萬二千美元，但是學校也有提供財務補助。「我們歡迎來自各行各業的迷你創造者。」

WeGrow的上學日從音樂課開始，老師會演奏烏克麗麗、邦哥鼓和鈴鼓等樂器，有時候還會跳康加舞。接著是二十五分鐘的冥想，稱為WePractice，到了中午則有「感恩時刻」。WeGrow還有開設希伯來語和機器人課程，每天有兩個藝術學習時段，學生每星期會前往紐曼夫婦位在威斯特徹斯特郡的住處，採收新鮮農產品，然後在WeWork總部大樓的農產市集販售。課程設計看起來有些愚蠢，不過許多父母卻非常喜歡，包括安雅．提森（Anja Tyson），她在古普網站上看完蕾貝卡的訪談後，就立刻幫自己的女兒報名入學。「如果他們有成立藝術碩士課程，她會繼續留在那裡，」提森說。

不過大眾的反應就沒那麼友善。「這就是紐約市最惹人厭的小學嗎？」《紐約郵報》問道。在許多人看來，在幼兒教育階段就開始培養小孩成為創業家，根本是可恥的資本家行為。WeWork學習主管卻誇耀說，有位學生「很喜歡管理專案」，甚至和WeWork活動團隊合作、自我磨練。「在我看來，沒有理由不讓小學生創業，」蕾貝卡說，「兒童在五歲的時候，就已經準備好建立未來一生的事業。」WeGrow培養的第一批創業家，總有一天需要擁有自己的WeWork辦公室，只是時間早晚問題。

對WeWork員工來說，WeGrow比造浪池要有意義，不過也只多了一點點而已。關於教育兒童，他們了解多少？賈伯斯曾要求最資深員工列出蘋果公司前十大優先事項，然後告訴他們，公司只能做到三項。但是紐曼夫婦缺乏這種專注力，如果真要他們列出前三項優先任務，應該是：公寓、造浪池和學校；此外，員工也愈來愈無法理解，WeWork要如何在它跨足的各個領域累積足夠專業，同時確保辦公室租賃核心業務持續成長。

但不論是否所有人都已準備好，WeWorld仍持續擴張。「像亞當這樣了不起的創業家，才不會聽我這種傢伙的意見。」二〇一八年布魯斯．鄧利維在談到自己如何費力說服紐曼專注經營核心業務時說道。就在蕾貝卡取代茱莉．萊斯擔任公司品牌長後，萊斯開始負責WeWork進軍零售業的計畫。許多WeWork據點都有開設誠實市場（Honesty Market）販售各式點心，雖然沒有收銀台，但公司有安裝一台攝影機，監控會員到底有多誠實，不過公司已開始逐步將誠實市場轉型為WeMRKT，提供更多樣商品。此外，萊斯還要負責規劃名為Made by We的新空間，地點在曼哈頓熨斗區內、歷史悠久的珍妮佛家具（Jennifer Convertibles）展示間，訪客可以在這個新空間購買WeWork會員製作的商品，也可以用每半小時六美元的價格租用座位；另外還有一間咖啡店，可預訂座位，但不包含咖啡在內。

此外，公司還成立了精品健身房Rise by We。（有人建議取名WeRun和WeWorkout，但全被否決。）Rise by We就位在曼哈頓下城的WeWork辦公大樓地下室，之前亞當曾考慮在這裡開一家乒乓球夜店。健身房開設了融合「創業精神」的瑜伽課程，交由艾狄．紐曼的先生管理，他此前是以色列的職業足球選手。麥可．葛羅斯說公司的目標相當遠大：成為我們世代的權威，指引我們世代「最終在哪裡生活、在哪裡運動、下班後在哪裡和朋友碰面喝酒」。不過，亞當的說法比葛羅斯更貼切：就如同亞馬遜以賣書起家，再逐步擴張進入更廣泛的電商領域，亞當希望WeWork能跨足「更大範圍的生活類別」。

二〇一八年，WeWork聘請年輕的丹麥明星建築師比雅克・英格爾斯（Bjarke Ingels）正式擔任建築長，協助想法先進的紐曼實現他的野心，拓展辦公空間的其他可能性。「在二〇一八年，我們希望對於承租的大樓發揮影響力，」亞當在宣布聘用英格爾斯的消息時說道。「在二〇一九年，我們會將目標擴大為WeWork所在地區；到了二〇二〇年，則是我們生活的城市。」（英格爾斯的公司也協助設計WeGrow的奢華教室。）亞當透露了他心中的願景：在不久之後，一位二十四歲的平面設計師會對別人說，他屬於WeWork社群，可以使用全球各地的飯店、公寓和辦公空間，每年分別在紐約、台拉維夫和上海停留幾個月，在這些城市遠距工作、建立家庭、累積財富。

• • •

來自紐約的吉姆（Jim）、喬登（Jordan）和傑克・德西柯（Jake DeCicco）三兄弟，是少數被選中、也願意嘗試體驗WeLifestyle的人。德西柯三兄弟都是大學運動選手，吉姆和傑克分別加入柯蓋德大學（Colgate University）和喬治城大學（Georgetown University）足球隊，喬登則是加入費城大學（Philadelphia University）籃球隊，他們三人對出於健康考量而無法盡情暢飲加糖星冰樂，感到非常沮喪。於是喬登決定自己動手做，最後調製出他稱為超級咖啡（Super Coffee）的飲料，也就是富含蛋白質的咖啡。〔7〕他倒了一些給傑克，傑克又分給喬治城大學其他人試喝，後來他們勸說吉姆辭去金融業工作，合力創辦超級咖啡公司。

二〇一六年，在某次社交場合上，傑克遇見了同樣畢業於喬治城大學的亞提・明森。明森邀請傑克參觀WeWork雀兒喜總部大樓。「開會到一半時，這位留著長髮、穿著T恤的傢伙走進來，」吉姆說。短短幾分鐘內，亞當就告訴傑克說，他很喜歡他充滿活力的樣子，WeWork不僅會投資德西柯三兄弟的公司，他們還可以住在紐約的WeLive，無須支付房租，樓下就是WeWork經營的辦公空間。Rise by We開幕後，德西柯三兄弟取消了原本的健身房會員；如果他們其中任何一個人安頓下來、而且有了小孩，WeGrow似乎是不錯的選擇。「就我們德西柯三兄弟的情況來看，我們的生活模式完全符合亞當想像，」吉姆說，「其中有幾天我們甚至沒有離開那棟大樓。」

自從亞當投資德西柯三兄弟的公司「基圖生活」（Kitu Life），他們只和亞當碰過幾次面，但是他們一直盡心盡力學習。「因為他，我們比以前更有企圖心，」吉姆說。他和他兄弟不再只是將基圖生活視為一家不起眼的蛋白奶昔公司。他們仿效紐曼的做法，重新設定目標：「改變美國的飲食典範。」吉姆心裡明白，這樣說過於自大，但是亞當讓他們體認到，設定超高期望很重要。「改變典範是困難的，」吉姆說，「直到你相信自己做得到。」

7 譯註：他們使用有機咖啡豆、乳蛋白以及有助穩定血糖的椰子油調配出超級咖啡，熱量較低，但又有運動員需要的蛋白質。

16 權力遊戲 Game of Thrones

二〇一七年春季，ＩＢＭ面臨緊要關頭。他們必須立即在紐約找到新辦公空間，安置行銷部門六百名員工。在考慮過不同選項之後，他們選定位在格林威治大學廣場八十八號、外觀瘦長的十一層大樓。這棟大樓由WeWork經營，原本希望依照慣例，將每層樓個別辦公室分租給不同公司。但是ＩＢＭ說他們想要租下整棟大樓。最終，WeWork決定將整棟大樓出租給單一企業。

這次交易代表著WeWork經營模式出現了轉變，之前他們一直試圖說服大型企業，使用他們提出的「空間即服務」方案。但是很快地，各種問題接二連三出現。大樓無線網路不穩定，其中一台電梯幾乎故障，另一台也無法運作，有好幾個月ＩＢＭ員工不得不爬樓梯上下班。在多數大樓，房東必須負責解決類似電梯維修的問題，但是ＩＢＭ和這個特殊房東簽訂的租約條款和一般情況不同，得由WeWork負責維修。「那棟大樓的問題真的非常多，」一位WeWork資深員工說。「只能偷笑、偷笑、偷笑。」

之所以偷笑，是因為這棟大樓屬於亞當名下所有。他和之前在卡巴拉中心結識的時尚設計師艾利・塔哈瑞（Elie Tahari）合作，以七千萬美元買下這棟大樓，再租給WeWork。亞當從未公開他與其他人共同擁有這棟大樓產權，這在道德上是有疑慮的。他等於是向自己的公司收房租。

IBM愈來愈無法忍受新辦公空間頻頻出狀況，亞當親自到這棟大樓向房客保證他會處理。在WeWork總部，幾位高階主管開會討論要如何解決危機。大家都同意，某人的腦袋就要不保了。既然不可能處罰房東，只好開除負責資訊系統的員工。

多數員工並不知情，多年來亞當和少數WeWork高階主管一直向公司收取租金。亞當、馬克・拉皮德斯和艾瑞兒・泰德，共同擁有瓦里克街上的WeWork辦公大樓，這是WeWork在紐約的第四個據點；他們買下這棟大樓後出租給WeWork，兩年後以超過二千五百萬美元價格轉賣出去。但是就在亞當買下IBM大樓後，他開始意識到：成為自己公司的房東是有問題的。當你和自己談判時，誰會贏？二〇一三年，WeWork打算承租芝加哥市某棟大樓的部分樓層，亞當原本想要買下這些樓層，卻遭到董事會反對，董事會認為這樣會有利益衝突。但是當紐曼掌控了董事會，這些反對意見便徹底失效。到了二〇一八年春天，WeWork已經支付超過一千二百萬美元的租金給亞當，未來還會支付超過一億美元。

長期以來亞當一直堅稱，WeWork沒有擁有任何大樓。「我們絕對沒有購買房地產，」他在二〇一五年說道。「那樣的話，我們就真的成了房地產公司。」但是，二〇一七年底WeWork成立了新事業單位：WeWork房地產顧問委員會（WeWork Property Advisors），從事房地產買賣。WeWork花費大約八・五億美元，買下羅德與泰勒百貨公司位於中城的旗艦大樓，比下一個最接近的出價多出一・五億美元。這間百貨公司於一九一四年開幕，擁有專門服務百貨公司員工的健身房、學校和牙醫診所，雖然年代久遠，卻完全符合亞當對自家大樓的想像。WeWork打算將總部搬遷到這裡；原本掛在戶外的草寫「羅德與泰勒」招牌，如今換上寫著「做你所愛」的橫幅標語，顯示這棟大樓即將進行整修。

原本WeWork房地產顧問委員會計畫向投資人籌資，協助WeWork買下大樓。團隊成立了基金，希望募到十億美元。不過亞當有更好的想法：為何不募資一千億美元？或許可以成為專門投資辦公大樓的願景基金，而且馬上就能成為全球同類型基金當中規模最大的。雖然這個數字不盡合理，但是亞當在早期募資時學到的教訓早已根深柢固。「亞當會喊出一千億美元，這樣到最後他就能拿到十億美元，」一位參與基金成立的人說，「你必須設定夠遠大的目標，才能站上比其他人更高的位置。」

這是亞當第一次以如此龐大的資金投資房地產，他不斷丟出各種問題給團隊。「他最想知道的是，這些投資會如何提升WeWork的價值？」一名員工說，「我們會說，『如果我們募到十億美元，你就能買下三百萬平方英尺的房地產。』接著亞當開始計算：『那如果以每平方英尺平均兩百美元來計算，等於可以創造六億美元營收，然後再乘上二十倍營收乘數，』這是投資人大方為WeWork設定的乘數，『公司估值將會增加一百二十億美元。』」員工向來對於亞當快速計算龐大數字的能力嘖嘖稱奇，有些員工曾親眼見識到亞當完成計算後，非常有邏輯地導出結論。「當時我們正在敲定一筆交易，」某位WeWork房地產高階主管說，「亞當就直接說：『現在有這麼多平方英尺，所以可以擺放這麼多辦公桌，因為每張辦公桌可以創造這麼多營收，乘上二十就是公司估值，我的持股比例有這麼多，所以對我個人來說，這筆交易的價值是二千萬美元。』」

• • •

負責指導亞當學習房地產投資技巧的工作，有部分落在里奇・戈梅爾（Rich Gomel）身上，戈梅爾從沒有想過自己會扮演這個角色。戈梅爾在二〇一七年年初加入WeWork擔任總裁，之前他曾在喜達屋酒店任職超過十年，另外在摩根大通工作了五年，掌管旗下的房地產投資公司。對於像戈梅爾這樣的人，或那些從傳統企業跳槽到WeWork、加入高階管理團隊的中年主管來說，難得有機會參與科技業之外其他產業的閃電擴張過程，開心收割隨之而來的財富。

戈梅爾的許多新同事很快就明白，他有可能成為WeWork下一任執行長：亞當帶領公司度過閃電擴張的成長階段後，就會辭去執行長職務，成為董事長，繼續推動他的願景，公司則會交給像戈梅爾一樣經驗老道的操盤手，由他帶領WeWork邁向公開上市新階段。但是，正如同孫正義後來並未履行尋找接班人的承諾，亞當對於移交權力似乎有些猶豫。幾個月後，戈梅爾被調離原本的主管職務，不再掌管辦公室租賃核心業務，轉而負責WeWork跨足的房地產投資業務。

在WeWork，高階主管命運時常出現大逆轉，大家早已見怪不怪。戈梅爾加入WeWork之後接下亞提・明森原本職務，此前曾有兩年，明森是房間裡的大人，是亞當的接班人，與亞當的關係就如同臉書營運長雪柔・桑德伯格（Sheryl Sandberg）與祖克伯。明森比亞當矮一英尺，遵循比較傳統的生涯發展路徑，在美國企業界按部就班一步步爬升：他畢業於紐約私立高中，之後取得喬治城大學會計學士學位、哥倫比亞大學商管碩士學位。他曾經為多位創業家工作過，這些創業家憑藉一股衝勁大膽創業，但是當公司成長為大型企業後，當年的衝動也逐漸消褪，無一例外。

但紐曼卻愈來愈大膽。關於WeWork未來發展方向，亞當和亞提一直爭執不下。亞當執意將WeWork定位成科技公司，對此亞提抱持懷疑，他認為更合理的做法是將WeWork定位成辦公空間市場的耐吉，消費者願意為高檔品牌支付更高價格。但是亞當聽不進去。亞提不斷質疑亞當，為何要花費數億美元購併其他公司，這舉動更是讓亞當感到心煩。某次全體員工大會結束後，亞當沒有意識到他的麥克風仍然開著，所有員工都聽得到他說話，他在走下台時告訴麥可・葛羅斯：「我們必須讓亞提離開。」

亞提和WeWork其他高階主管不太願意對紐曼過度施壓。曾經有人真的這麼做了，下場不是被禁止參加原本應該出席的會議，就是被調派到冷門的新職務。「亞提一直是個頭痛人物，」一位高階主管說，「他之所以沒有被踢出去，唯一的理由是他太大咖了。」

這次衝突導致高階主管產生內訌，他們發現自己不斷被拉進和踢出亞當的核心決策圈。「他讓我們每個人互鬥，」亞當身邊的一位高階主管說。不只一名高階主管形容自己像是親身經歷了《權力遊戲》（*Game of Thrones*）的情節。一位跳槽至競爭對手的高階主管，向一名同事解釋自己為何決定離開——只因為「我真的受夠了亞當對我大吼大叫」。紐曼似乎利用過度緊湊的行程安排作為控制手段，強迫所有主管在晚上任何時間趕去他的某個住處開會，或是在飛越美國上空的私人飛機上開會，因為他只能在這個時候擠出半小時。有些高階主管認為，亞當有時完全不考量身邊人的個人生活，這才是他真正的超能力。「有一次我們安排在凌晨兩點開會，結果他遲到了四十五分鐘，」前營收長法蘭西斯．羅伯說，「不過這次會議價值數百萬美元。」

米格爾從旁觀察了亞當將近十年，他試圖解釋這位共同創辦人的領導風格；他認為亞當時常受到恐懼所驅使。有一次亞當與高階主管在公司以外的地方開會，大家圍著一張大桌坐著，亞當突然起身，開始來回踱步。在這種情況下，他通常會滔滔不絕說個不停，然後不斷要求倒酒，確保其他人有足夠的酒喝，每個人都不知道什麼時候能離開會議室去吃頓飯。不過亞當的心情似乎很不錯，不斷誇耀公司的成長。

但是很快地他話鋒一轉。他說最近聽到有人買了幾台要價二萬美元的咖啡機。雖然WeWork很有錢，但他可不希望公司再次被迫採取錙銖必較的管理方式。「是誰核准的？」亞當問，他要求在當事人起身之前，任何人都不得離開會議室。房間內的某位高階主管當下想到電影《鐵面無私》（*The Untouchables*）的畫面，一群黑手黨成員圍著一張桌子坐著，飾演艾爾·卡彭（Al Capone）的勞勃·狄·尼洛（Robert De Niro）繞著桌子來回踱步，手上拿著棒球球棒，慷慨激昂地對著所有人說話，然後突然間用球棒打死一名膽敢背叛他的主管。

• • •

二〇一七年夏天，亞當的高階主管團隊再次重新洗牌，亞提被拔除營運長頭銜，轉任財務長，珍·巴倫特升任營運長。許多WeWork高階主管總是在得到亞當關愛的眼神不久後又失寵，但是這麼多年來巴倫特卻掌握愈來愈多權力。相較於亞當精力過度旺盛，巴倫特則總是隱忍克制。每當亞當在全體員工大會上做出一個又一個令人疑惑的承諾，有時巴倫特會看著亞當、示意他走到她身旁，然後在他耳邊竊竊私語，接著亞當就會回到麥克風前，面帶微笑地對大家說：「珍不希望我那樣說。」許多員工都有些同情巴倫特，感覺她有點像希拉蕊，每天穿著長褲套裝，在男性主導的世界裡奮戰，很少表露出人們認為的真實情感。「大家都以為我沒有同理心，」巴倫特曾向某位同事抱怨說。

巴倫特自認是局外人。她很晚才出櫃，曾經寄了一封電子郵件給威爾默赫爾的同事，信中引用了愛德華·艾斯特林·康明斯（E. E. Cummings）[1]的詩句，說明她為何決定離開這間大型律師事務所：「在這個日夜逼著你失去自我的世界／只做你自己／意謂著你必須對抗人類面臨的最艱難戰鬥。」巴倫特說，她在WeWork工作感到相當自在，她和她太太結婚時，選擇位在布萊恩公園旁的WeWork辦公空間舉辦婚禮。

巴倫特公開讚揚WeWork的企業文化更寬大包容，她成為位階最高的女性高階主管，這份成就激勵了許多員工。一名高階主管形容巴倫特是「亞當女郎」，許多和她工作關係密切的員工也這麼認為。巴倫特帶領的法務團隊指控喬安娜．絲特蘭格洩露內部文件的訴訟案仍在進行，至今已經超過兩年；表面上是為了追討支付給絲特蘭格的兩千美元資遣費，但最主要目的其實是以儆效尤，讓所有人知道公司會如何對待異議分子。

除了擔任法務長，巴倫特還掌管人力資源部門，早期許多新創公司都會將人資業務交由法務長管理。巴倫特總是能達成亞當為WeWork設定的目標：每年裁減百分之二十人力，相當於閃電擴張版的傑克．威爾許（Jack Welch）〔2〕管理原則——威爾許認為，企業應該定期解雇績效表現落入最後百分之十的員工。「我們達成了這些期望，但是我並沒有因此感到驕傲，」WeWork人資團隊的一名成員說。他開始將公司定期祕密裁員的行為稱為「珍滅絕」（Jen-ocides）。〔3〕

亞當之所以如此重視巴倫特，除了她擁有敏銳的法律眼光，另一個原因是忠誠。長期以來，亞當一直希望高階主管具備這項特質。二〇一八年某次高階主管閉門會議，公司選擇在長島南岸熱門景點蒙托克（Montauk）的衝浪旅館（Surf Lodge）舉行，亞當在會議上宣告隔天天亮前他要去衝浪，鼓勵大家跟他一起。有些人確實跟著他去衝浪了，有些人則回絕。次日稍晚大夥碰面時，亞當對著那些和他一起衝浪的主管們大喊：「我的戰士在哪？」接著麥可・葛羅斯送給這些主管一人一本《孫子兵法》。

在創業初期，亞當身邊全是親朋好友，包括：兒時玩伴、海軍服役時的死黨、卡巴拉的朋友，更別提他的太太、妹妹、多位姻親，以及兩位外甥。WeWork員工曾被要求為艾狄・紐曼仍在學步的小孩預留公司的電子郵件帳號。亞當某些親戚確實和其他人一樣，能夠勝任他們的工作，但是所有人都感覺，如果要在公司升遷，亞當將是關鍵決策者。在蒙托克開會期間，某天晚餐前亞當起身向大家敬酒，他要求坐在他身旁的高階主管站起來，讓位給葛羅斯。「麥可，」亞當說，「每當你雇用自己的家人和朋友，你總是會說一個字，那是什麼？」

「裙帶關係？」葛羅斯說。

「沒錯，」亞當說。「敬裙帶關係！」

1 譯註：一八九四~一九六二，美國詩人、畫家和劇作家。很喜歡把自己的名字寫成小寫的e.e. cummings，創作時也常自創新字或拆解單字，實驗奇特的語法和句子結構。

2 譯註：一九三五~二〇二〇。在一九八一~二〇〇一年間擔任奇異公司（GE）執行長，曾被《財星》雜誌選為「二十世紀最佳經理人」，在任內推動多項改革，成為全球企業仿效的典範，例如「六個標準差」，提升品質管理；依據績效評估將員工分成不同等級，表現最差的必須被淘汰。

3 譯註：借用了種族滅絕（genocide）這個英文單字，將原本的g改為j。

17 讓愛運轉
Operationalize Love

洛杉磯女性大遊行一年後，二〇一八年WeWork高峰會再度回到曼哈頓，公司計畫對外宣布新的經營方向。出身紐約的亞提・明森終於實現兒時夢想，穿著紐約尼克隊球衣，在麥迪遜廣場花園知名籃球場下方的劇院發表演講。蕾貝卡談到WeGrow的時候，忍不住眼眶泛淚。健身兼養生俱樂部Rise by We的瑜伽老師現場表演印度風琴，接著引領大家進行五分鐘冥想。羅奇・克恩斯帶領全體員工呼喊口號：

當我說出「我們」，你們就接著說「工作」！
當我說出「更好」，你們就接著說「一起」！

克恩斯邀請大膽敢秀的員工上台，即興演出自己的創作。有個人接受邀請，表演了一段自由花式饒舌，其中有兩句歌詞是：「亞當・紐曼／他沒人性。」

在二〇一八年高峰會現場，公司同時公布了WeWork第一屆創造者大獎最終結果，這是專門為新創公司舉辦的創業簡報比賽，WeWork將頒發獎金給得獎企業。公司邀請亞當的妹妹艾狄擔任主持人，在全球各地舉辦競賽，包括底特律、台拉維夫、華盛頓特區；亞當通常會在活動現場發表演說。「你們就是創造者，你們就是創造者，」他對著台下觀眾大喊，把自己當成當年的歐普拉（Oprah Winfrey），大方贈送現場觀眾每人一輛車。[1]在紐約高峰會現場，亞當穿著一件印有「熱愛我們」（HIGH ON WE）的T恤，外加一件黑色皮夾克，他向觀眾解釋，為何會想要舉辦比賽、發送獎金給年輕新創公司、之後又如何實現這想法。「當然，這個想法非常有意義，但是誰來負擔這筆費用？」亞當對群眾說，「我們說，『嗯，孫正義或許願意！』」願景基金除了原本投資的四十四億美元，又贊助了創造者大獎超過一・八億美元。最後亞當決定選出兩家得獎企業、而不是一家，每家公司分別獲得一百萬美元獎金，五彩紙屑灑落在亞當和獲勝者身上。饒舌歌手麥可莫（Macklemore）在後台觀賞完頒獎典禮後上台表演。「我看著頒獎典禮，大口喝掉一罐紅牛（Red Bull）[2]，」麥可莫說。「當下我心想，『媽的，我應該進入科技業。』」

五彩紙屑清掃乾淨後，WeWork向員工介紹公司最新計畫：Powered by We，主要訴求對象是企業客戶，也就是類似ＩＢＭ的大型企業，這些公司擁有數千名員工，需要大量玻璃隔間。二〇一六年，亞當接受智遊網（Expedia）董事長巴瑞・迪勒（Barry Diller）邀請，與戴夫・法諾[3]一同飛往洛杉磯，向迪勒簡報WeWork如何重新設計旅遊網站新總部大樓。亞當撕毀原先的設計圖，向迪勒保證WeWork一定會做得更好。法諾和團隊花了兩星期製作簡報，他保證全部成本將會遠低於智遊網原先預估的十億美元。

但最後WeWork輸給了一家建築事務所，這間事務所擅長設計風格時尚的企業總部。不過智遊網執行長達拉．柯霍斯洛夏西決定，聘請WeWork重新設計智遊網位於芝加哥的另一間大型衛星辦公室。Powered by We就此應運而生：主要目標是協助企業搜尋、裝修與經營辦公空間。Powered by We相當於一個平台，員工稱之為WeOS，企業可以透過這個平台，將所有房地產需求外包給WeWork。企業除了可以享用WeWork源源不絕的鮮果汁供應鏈、辦公室啤酒桶配送等好處，更大的優點是能取得更有彈性的租約條件，還可趁此機會降低某些風險。當時美國政府公布新企業會計規則，要求企業必須將辦公室租賃認列為負債，因此在美國各大企業財務長眼中，公司的房地產投資瞬間成了拖累。如果亞當願意承擔責任，代替企業長期持有租賃房產，他們倒是非常樂意讓他這麼做。

1 譯註：二〇〇四年，歐普拉為慶祝她主持的脫口秀新一季節目開播，當場贈送現場二百七十多位觀眾每人一輛全新龐帝克（Pontiac，通用汽車旗下品牌）G6，每台售價約二．八萬美元（以當時匯率計算約台幣九十三萬元）。二〇一一年二月，又贈送全新福斯金龜車給現場觀眾，每輛車售價約三萬美元。

2 譯註：能量飲料品牌。

3 編註：詳見本書第一七三頁。

但是亞當決定服務大型企業一事，引發部分員工反彈。有些社群經理發現，在他們管理的大樓內，如果有企業租用完整的一、兩層樓，就會形成某種階級制度。「就像在高中或是大學，你去餐廳吃飯時，多半會和朋友坐在一起，」一名社群經理說，他負責管理位在波士頓的WeWork辦公大樓，房客包括亞馬遜和利寶互助保險公司（Liberty Mutual）。另外有部分董事會成員認為，爭取大型企業承租完全偏離了公司原本最擅長的業務。「你們都錯了，」亞當在某次會議上說。就如同孫正義不會將願景基金所有資金投入小型企業，亞當也認為，光是靠自由接案的平面設計師，根本無法填滿快速擴張的辦公空間。如果大型企業願意讓大批員工搬進WeWork辦公空間，而不是在各地租用衛星辦公室，將有機會為WeWork創造可觀營收。

Powered by We也承諾，他們要做的不只是改造企業的實體空間。亞當開始推銷這個概念時就曾提到，以特拉維斯・卡拉尼克和優步的情況來看，公司內部問題已經演變成公關惡夢，WeWork可以幫忙解決這些問題。「過去十二個月，並不是新聞報導傷害了優步，」當時亞當說道，「是長期建立的文化開始產生作用。」WeWork一直很難向客戶推銷自己的科技專業，或許可以改為銷售企業文化。

在紐約高峰會現場，Powered by We負責人韋瑞許・席塔（Veresh Sita）上台說明這項新產品可以提供哪些服務。他提到有研究顯示，百分之八十七的大型企業員工對工作缺乏熱情，有一半的人想要跳槽。其中有幾張剪報展示關於新專案的圖檔。在第一張照片，可以看到有幾張白色自助餐桌，周圍擺放了褪色的黃色沙發椅。在第二張照片，相同空間被改裝成工業風的開放空間，鋪著鑲木地板，室內擺放各種多肉植物。「我不知道你們會如何稱呼第一張照片，」席塔說，「死刑犯牢房？」他說，關鍵就在於，我們必須了解如何設計辦公空間才能發揮效用：縮減走道寬度，迫使同事彼此互動；高階主管沒有個人辦公室，必須和屬下坐在一起工作。席塔說，不少公司認為，他們一定要像臉書或推特一樣，擁有設計時尚的辦公空間，但是他們都錯了。「你們根本不需要，」席塔說，「你們真正需要的是文化長。」

• • •

在WeWork，文化長的工作落到了米格爾身上。公司為了冷凍亞提・明森、拔擢珍・巴倫特，將米格爾調離原本掌管的設計團隊，接替巴倫特擔任文化長。這是現代新創公司發明的新職務，工作性質和人力資源相近，只不過多半會保留給那些不太在乎薪資和福利多寡、一心想要幫助公司提升社群凝聚力的高階主管。二〇一八年，米格爾第一次以文化長身分參加年度高峰會，他不認為WeWork為了填滿辦公空間，刻意迎合大型企業。「你們所說的是有血有肉的人類，」他說，「他們不也和那些特立獨行的人一樣需要我們嗎？」

自從和亞當共同創辦綠色辦公桌以來，過去十年米格爾的角色已經有了大幅轉變。WeWork

創業初期業務快速成長，米格爾確實功不可沒，隨著公司不斷擴張，他負責決定WeWork實體空間的美學設計，搞定各種吃力不討好的工作，例如架設網路線、為玻璃隔牆噴沙。每當亞當向投資人和房東提出幾乎不可能實現的承諾，米格爾就坐在一旁，快速盤算著要如何兌現這個創業夥伴剛剛開出的支票。如果說亞當幻想自己是史蒂夫·賈伯斯接班人，那麼米格爾就是他的史蒂夫·沃茲尼克（Steve Wozniak），負責製造機器，讓夥伴的夢想成真。

但是，在一個擁有數千名員工的公司，身兼多職的打雜工角色其實不太能發揮作用。米格爾的建築執照早已過期，他在空間設計流程扮演的角色也逐漸被削弱，因為到後來這份工作就和十年前他協助美國服飾公司快速展店一樣，只不過現在變成閃電擴張。管理一個超過百位建築師和設計師的團隊，並非他的專長。在米格爾內心深處，他仍然是那個個性害羞的設計師，戴上耳機、看著攤開在面前的設計圖，就是他感到最自在的時候。

亞當期望米格爾承擔更多對外溝通工作，但是他一直無法適應這種轉變，不過他性格沉穩，亞當則是精力旺盛、總愛長篇大論，兩人正好互補。（就如同一名員工所說，「如果把亞當比喻成紅牛飲料，米格爾就好比是洋甘菊茶。」）米格爾覺得，告訴其他人該怎麼做，這種行為似乎有些自我耽溺；成為外界關注焦點也會讓他變得神經質。為什麼大家要聽他的？他寧可站在幕後，讓五彩紙屑灑落在另一位創辦人身上。這些年來，米格爾真正見識到亞當的「開啟」能力，他會根據台下觀眾反應，調整自身行為和說詞，這點簡直讓米格爾嘆為觀止。但是輪到米格爾自己上場時，他卻很難適應。「無論如何，在任何情況下，我還是原來的我，」他說。米格爾並不熱衷引用名言佳句，但是他很喜歡引用一句話：「默默努力工作，讓成功自己發聲。」（Work hard and in silence, then let success make the fucking noise.）〔4〕

關於亞當野心過大這件事，米格爾已不像早期那樣心生懷疑，因為他明白，自己對這世界發揮的最大影響力，就是協助亞當．紐曼。當然，他自己變得更有錢也是原因之一。雖然米格爾沒有像亞當那樣成為新創界搖滾明星，但是他依舊能夠靠著彈奏貝斯〔5〕開心領取版稅支票、累積財富。他在漢普頓擁有一棟房產，另外在猶他州山區菁英社區買了一塊地、蓋了另一棟房子，不少年輕新創公司的創辦人也居住在此。雖然米格爾和他的夥伴在早期達成協議，導致米格爾收入縮水，但是他一點也不介意。二十年前他寄了一張明信片給母親，上面寫說他想要搬到紐約，創立一番偉大事業，現在他確實做到了。他協助WeWork成立一百多個據點，讓WeWork逐步成長為全球化企業，自己也跟著參與了公司各個層面的營運。後來WeWork在上海一座老舊鴉片工廠成立新據點，米格爾認為，這或許是有史以來設計得最完美的WeWork辦公空間；但是他不禁開始懷疑，自己還想重複多少次相同工作內容，繼續想著鮮果汁飲水機應該放在哪裡？

4 譯註：出自美國創作歌手克里斯多夫．布里奧斯（Christopher Breaux），藝名為法蘭克海洋（Frank Ocean）。

5 譯註：貝斯又稱為低音吉他，在樂團中貝斯手多半是配角，但卻是連結旋律與節奏不可或缺的角色。在WeWork，米格爾也多半扮演支援角色，低調不張揚，就如同樂團的貝斯手。

文化長職務是全新挑戰。早期的WeWork辦公空間會自然而然產生某種一體感（togetherness），之前亞當曾試圖說服麗莎・絲凱回鍋，幫忙找回這種一體感，但是兩年後卻發現愈來愈難維繫這種感覺。米格爾擔任文化長後，開始著手建立他和其他人所說的文化作業系統（CultureOS），這套系統屬於WeOS的一部分，未來WeWork可透過它協助Powered by We客戶改善公司企業文化。離開智遊網、取代特拉維斯・卡拉尼克接任優步執行長的達拉・柯霍斯洛夏西，不僅決定承租WeWork辦公空間，還要使用WeWork新系統，重建企業文化。

WeWork通常會在總部測試新設計和架構，然後邀請客戶試用。米格爾的第一個任務，就是重新檢討WeWork企業文化，如今公司增加了好幾千名員工，內部文化也有了很大變化。米格爾發現自己幾乎不認識任何新進員工，於是他設定目標，每天向三位新進員工自我介紹。米格爾在二〇一八年高峰會現場發表演說時提到，為了重新建立凝聚力，他希望提出新口號：「讓愛運轉」（Operationalize Love）。

一開始，大家並不看好米格爾會是理解和改善WeWork員工命運的最佳人選。他沒有接受過人力資源專業訓練，在接任文化長之前，他為一個人賣命長達十年。[6]米格爾推算，過去二十年每天晚上他只能睡四、五個小時；曾有位女友對他說：「我希望你能用看著那棟大樓的眼神看我。」

但是，亞當總喜歡把人放在不熟悉的職位，然後觀察他們表現。米格爾原先擔任的創意長職務由時尚設計師亞當・坎摩爾（Adam Kimmel）接任，他和他太太、女演員莉莉・索碧斯基（Leelee

Sobieski）與紐曼夫婦兩人非常要好。坎摩爾生來就流著房地產血液，他父親創辦的公司後來成為全美最大商店街建商，但是坎摩爾並非創意長的正統人選。他和孫正義一樣，從未踏足過WeWork，也沒有建築和設計領域工作經驗。他從沒有管理過和WeWork設計部門規模相當的團隊，事後證明坎摩爾根本無法應付WeWork設計部門的擴張速度：幾年前他決定結束同名男性服飾品牌，正是因為他擔心品牌成長過快，超出自己所能掌控的範圍。

坎摩爾重新制訂WeWork美學標準，捨棄精品飯店風格，將牆面漆成白色，搭配色調明亮的傳統編織地毯，整體看起來更像是經過改裝後棕櫚泉（Palm Springs）汽車旅館。他鼓勵WeWork設計師仿效時尚設計界做法，以季為單位進行思考。但是，公司的美學標準偶爾還是會令員工感到困惑，例如討論到品牌形象時，團隊成員有時候會問：「我們要用坎摩爾顏色還是蕾貝卡顏色？」不過整體而言，亞當認為坎摩爾是個天才，應該給他一個職位，實現他的願景。

二〇一八年，米格爾去找人力資源部門資深員工，解決新舊工作交接問題。設計團隊裡有兩位女性在WeWork工作多年，一直沒有機會和坎摩爾開會。相反地，坎摩爾都是透過其他男性員工傳遞指令。看來坎摩爾和索碧斯基約定好：兩人都不得私下和異性見面，副總統麥克・彭斯（Mike Pence）和他太太之間也曾有過類似約定。人力資源專員與這兩名女性員工碰面後才知道，

6 譯註：自亞當和米格爾共同創辦綠色辦公桌的二〇〇八年開始計算，可參考第二章。

她們擔心如果無法達到坎摩爾的期望，有可能因此丟了工作。幾天後，這位人力資源專員被叫去和紐曼開會。

「你建議我們開除坎摩爾？」紐曼說。

人力資源專員回答說是的。

「開除員工不是你的工作，」紐曼說，他認為應該給予坎摩爾改過的機會。「你的首要工作，是判定這個人在工作崗位上是否表現突出？接著你要問的第二個問題是，他們是好人嗎？」紐曼說，坎摩爾兩者皆是。

• • •

二〇一八年七月某天上午，亞當在以色列透過視訊向WeWork員工演說，當時公司在台拉維夫設立的第一個據點即將成為微軟辦公室。在持續一小時的演講當中，亞當意外宣布一項消息，而且幾乎是後來才想到要公布這件事。他說，在WeWork禁止吃肉。

和之前亞當公告的訊息相比，這一次還不是最奇怪的，但幾乎所有人都非常訝異，包括高階主管在內。一群高階主管坐下來試圖解讀亞當的聲明，但是就連米格爾也想不透，這位創辦夥伴的發言到底是什麼意思。WeWork員工可以帶土耳其三明治進公司吃午餐嗎？會員呢？公司要如何執行這項規定？為什麼？亞當本人吃葷，所以大家以為真正的發起人是吃素的蕾貝卡。「當你吃下某種食物，就是在吸收這個食物的能量，」二〇一八年蕾貝卡在某個播客節目上說道，「所以如果動物是悲傷的，你就會吸收悲傷的情緒。」

經過一番辯論後，高階主管擬訂了一項計畫：公司將不再為員工支付含有葷食的餐點費用，希望藉此降低公司的碳足跡（carbon footprint）。[7]但是，剛加入WeWork、擔任公司第一任永續長的琳賽．貝克（Lindsay Baker）反對這麼做，她擔心會被外界批評為虛偽。在WeWork，肉類並非破壞環境的最大元凶；平時公司必須供應好幾加侖的杏仁、燕麥和牛奶搭配咖啡飲用，事實上這些食材對環境的衝擊更嚴重，更別提WeWork施工時使用的木材與鋁製建材，以及辦公空間使用的老舊空調系統。

雖然無肉政策和WeWork的進步精神相符合，仍舊立即引發大批員工反彈。健康出問題的員工雖然病情各有不同，但是飲食都必須含有肉類；來自烏拉圭和印度的員工表示，這議題有一定的文化敏感性。某位共和黨籍德州政治人物在競選活動上，甚至公開嘲笑這項政策。公司內部出現新的Slack頻道，專門辯論這項議題；員工開始在米其林星級素食餐廳大啖美食，用掉原本可用來報銷龍蝦大餐的額度；或是在機場吃壽司捲，花光公司發放的每日津貼。在納許維爾的創造

7 譯註：碳足跡指的是個人、組織、產品或服務產生的溫室氣體排放量。

者大獎現場，社群經理琳賽・伊絲貝爾不得不向受邀表演的饒舌歌手G-Eazy道歉，因為她沒辦法幫他點義式辣味香腸披薩。

對於公司高層常常沒經過仔細考量，便任意宣布重大政策，WeWork員工早已司空見慣。來自WeWork台拉維夫科技團隊的麥克・布拉沃（Michael Bravo），寫了六頁「宣言」和其他同事分享，他在當中提到，他非常擔憂員工個人自由受到侵犯。布拉沃生長於蘇聯時代，對於WeWork內部「盲目支持的狂熱行為」相當反感；更讓他覺得無力的是，他常聽到同事說因為這事或那事「情緒激動」。「在WeWork工作，你可能每天聽到這個詞一百次，」布拉沃說。「如果有人情緒一直很亢奮，那他可能需要幫助。」布拉沃和其他許多員工一樣，都認為少吃肉或許很不錯，只不過他不希望是老闆規定他這麼做。布拉沃的宣言在公司內部廣為流傳，幾個月後他離開WeWork，當時他寫了一封離別信寄給大家，信件附上一張黃色加茲登旗（Gadsden flag）圖片[8]，從美國革命到茶黨（Tea Party）[9]，都曾使用這面旗幟象徵反抗精神。

很明顯地，無論亞當賦予米格爾或亞提或其他任何人多大權力，WeWork依舊是他的公司。在WeWork，一切都圍繞著他打轉，他極力展現個人魅力，爭取投資人支持，同樣的手法運用在員工身上也能產生類似效用。亞當是技巧純熟的演說家，懂得善用身材優勢掌控全場。他會緊盯著對方的眼睛，讓對方感到不安。「當他看著你的時候，我可以想像那種感覺就像是朱理烏斯・凱撒（Julius Caesar）[10]盯著你看，」社群經理艾蓮娜・安德森說。「他的眼神流露出強烈情感、自我理解和信任。」安德森在二〇一五年加入WeWork，部分原因是要確認她姊妹是否入了邪教。

當時美國企業界興起一股風潮，在追求獲利的同時，特別強調靈性和正念，WeWork是領導企業之一；在「感謝今天是星期一」大會現場，有時員工如果聽到他們贊同的觀點，就會打響指回應，感覺就像在讀詩一樣。人力資源團隊抱怨WeWork薪資低於市場水準，很難吸引人才加入，但是亞當堅稱，人們之所以想要加入WeWork，是因為認同公司的目的和使命，不是為了薪水或福利。

但是員工在職愈久，公司就愈難運用口號（例如「做你所愛」），建立凝聚力。員工一星期通常要工作六十小時甚至更長時間，如果你在傍晚六點半離開公司，回家帶小孩或是去上健身課，就會受到責罵。史黛拉．坦普洛很久沒去看電影了，好不容易有機會刷卡買電影票，信用卡公司竟然提醒她信用卡可能被盜刷。正在考慮離職的員工擔心，他們身邊的朋友全是WeWork同事；

8 譯註：加茲登旗由美國政治家克里斯多夫．加茲登（Christopher Gadsden）設計，黃底旗幟中央有一條蜷曲的美國西部響尾蛇，寫著標語「不要壓迫我」（DON'T TREAD ON ME）。

9 譯註：二〇〇九年歐巴馬上任總統後，一群理念相近的保守人士組成「茶黨」，只是非正式的活動團體，並非正式政黨組織，這群人大肆批評歐巴馬政策，反對加稅、經濟紓困、健保改革、救援銀行以及政府過度龐大。取名「茶黨」是仿效美國獨立前，波士頓居民反對英國殖民政府徵收查稅而組成的抗爭組織「波士頓茶黨」。

10 譯註：西元前一〇〇～前四四年，羅馬共和國末期的軍事統帥與政治家，史稱凱撒大帝。集大權於一身，實行獨裁統治，最後遭到元老院貴族暗殺身亡。

還有員工擔心，如果離職就沒有足夠積蓄買下股票選擇權。此外，離開公司的管道也受到限制：在二〇一八年以前，公司會強迫所有員工（包括大門警衛和咖啡師）簽訂競業條款，防止離職員工跳槽到競爭對手。但後來紐約州總檢察長裁定，WeWork的競業條款違法。

員工逐漸發現，在WeWork工作都會經歷類似的週期。新進員工在最初六到九個月會覺得情緒高昂，但隨後興奮感會逐漸消褪；工作了十八個月後，就會覺得疲乏、理想幻滅，類似禁止吃肉的政策更是讓他們抓狂。這些員工會離開、被新人取代，然後相同過程不斷重複。到了二〇一八年底，WeWork員工迅速增加到一萬人，其中有將近一半加入公司還不滿六個月。許多員工開始覺得WeWork比較像個邪教組織，而不是一家公司。亞當的佈道不斷吸引新崇拜者加入，讓公司能夠持續運作。「從企業經營角度來看，個人崇拜確實有效。」某位人力資源高階主管這麼告訴我。

18

WeWork婚禮

A WeWork Wedding

奧古斯托・孔特瑞拉斯（Augusto Contreras）在二〇一八年初加入WeWork。當時他三十五歲，住在德州，和女朋友共同經營社區藝術課程。他有個朋友在墨西哥市協助成立WeWork一個新據點，這個朋友一直說服他加入WeWork。「我有自己的生活，我有自己的使命，為什麼要離開？」孔特瑞拉斯問。他朋友回答說，他應該要思考，當他擁有更多預算後，想要擁有什麼樣的生活和使命？有段時間孔特瑞拉斯轉向追求精神生活，他在YouTube看到亞當的演講影片，聽他談論未來要如何「讓地球人性化」，他非常認同亞當的觀點，所以決定去WeWork試試看。

孔特瑞拉斯在墨西哥市改革大道（Paseo de la Reforma）上的WeWork辦公大樓擔任社群經理。他熱愛這份職務，包括工作內容、會員和工作夥伴，他們常常想都沒想就外出吃晚餐，直接花掉數千美元。「公司告訴你說，『這是你的美國運通卡：去做任何你想做的事，只要你能不斷提高數字』——這感覺就像做夢。」同事成了麻吉。「真的很像某種宗教狂熱，」孔特瑞拉斯說。「他們不會強迫你做事，但是每個人都充滿幹勁，所以你也會跟著一起做。」

孔特瑞拉斯不希望和外界脫節。他女友仍留在德州繼續經營藝術課程，他想和女友訂婚，但是在WeWork工作步調太快，他根本沒有時間規劃求婚，更別說採取行動了。孔特瑞拉斯詢問他的老闆，能否不用參加夏令營，讓他週末留在德州向女友求婚。老闆說所有人都必須參加，不過也提出了折衷辦法：「你為什麼不在夏令營求婚？」

孔特瑞拉斯同意了。他帶著女友一同前往位在倫敦南方一小時車程的皇家唐橋井（Tunbridge Wells），二〇一八年WeWork在此地舉辦夏令營，這一年已經是第七屆。孔特瑞拉斯原本預計在星期五晚上巴士底搖滾樂團（Bastille）表演時求婚，但是物流出了問題，來不及解決。到了隔天下午躲避球比賽期間，他在數百名同事和公司幾位錄影師的見證下，抓起了麥克風。當天孔特瑞拉斯穿著印有WeWork品牌的T恤，他單膝跪地，然後大叫：「她說願意！」同事們齊聲歡呼。回想起當時情景，孔特瑞拉斯說他感覺自己像是「被我的大家庭圍繞著」。當時他已經在WeWork工作了七個月。

• • •

沒有人知道，二〇一八年夏令營會是最後一屆，不過當時有非常多好消息值得慶祝：軟體銀行同意再投資WeWork十億美元。WeWork讓六千名員工搭機前往倫敦，並邀請了紐西蘭創作歌手蘿兒（Lorde）到場表演，另外還得趕緊替換新餐車，才能符合公司的新飲食規定。員工住宿設備依舊相當簡陋，只能睡帳篷內的充氣床墊，旁邊兩個營地則留給公司創辦人使用，只有戴著貴賓手環的人才能獲准進入。WeWork活動團隊成員拿著米格爾營地列出的一頁需求清單，內容包括：一座烤爐、幾包洋芋片，還有足夠整個週末享用的啤酒、紅酒和椰子水。

亞當和蕾貝卡的需求清單則是落落長。紐曼全家搭乘WeWork最新採購的灣流航太噴射機前往夏令營地點，公司遵照亞當指示，以威爾德古斯一世（Wildgoose I）有限公司名義，花費六千多萬美元買下這架飛機。亞當和蕾貝卡列出的清單總計有三頁半，他們準備將下列物品和裝備全部放進他們的夏令營營地。

住宿營地

- 英屬印度風標準帳篷屋
- 暖氣
- 空調機（三座空調機組）
- 一張特大號雙人床（加上薄墊）
- 四張單人床（兩個房間分別放置兩個單人床）

- 一張嬰兒床
- 一張嬰兒餐椅
- 毛巾、毛毯、香茅蠟燭
- 四張維也納雙人座座椅＋椅子（十二張）
- 八張野餐桌，可供四十人使用
- 一張斯德哥爾摩大型咖啡桌
- 兩台電冰箱
- 兩座烤盤
- 伍斯曼（Woodsman）遮棚
- 一台露營車

交通

- 三台越野車（兩台給辦公室團隊使用，一台給紐曼全家）——恐龍主題
- 一台越野車給WeWork安全團隊使用
- 一輛接駁巴士，載送戴有手環的貴賓往返主場地

- 經典荒原路華（Range Rover），供亞當和蕾貝卡使用
- 賓士 V-Class

人力

- 二十四小時保全人員
- 兩名二十四小時司機
- 兩名專屬調酒師

雜物

- 四個調酒雪克杯
- 至少四百個塑膠烈酒杯——另外從公司帶一些
- 塑膠杯
- 厚紙板
- 木質餐具

- 紙巾
- 吸管（用紙包裝的）
- 六個紅酒開瓶器
- 六個啤酒開罐器
- 四瓶伊索（Aesop）天竺葵洗手乳
- 四瓶伊索梔子花沐浴露
- 四瓶伊索梔子花洗髮精
- 四罐伊索梔子花護髮乳
- 印表機

超市

- 切片紅辣椒六根
- 黃瓜六條
- 新鮮水果切片拼盤（每天兩盤）
- 堅果（不加鹽）

- 腰果三個
- 開心果三個
- 杏仁三個
- 核桃三個
- SkinnyPop 爆米花（十二包）
- 檸檬十個
- 萊姆三十個
- 拉克魯瓦（LaCroix）萊姆風味氣泡水（六罐裝）四組
- 熱水或是可以取得煮沸的水，理想情況是有電茶壺
- 不含乳製品的燕麥片隨身包
- 椰棗三個
- 無糖紅牛能量飲料（十二罐裝）三組
- 正常甜度紅牛能量飲料（十二罐裝）三組
- 冰塊
- 薑根
- 巧克力棒

- 毛豆隨身包
- 能量棒
- 酪梨醬單人份包裝
- 花生奶油隨身包
- 茶
  - 洋甘菊
  - 木槿
  - 薄荷
  - 發奶
- 濾過水
- 新鮮壓縮果汁
- 燕麥奶或豆漿
- 瓦莎（Wasa）雜糧麵包
- 瓦莎雜糧脆餅
- 瓦莎輕燕麥高纖餅乾四盒
- 綠蘋果切片

- 新鮮壓製的有機花生醬
- 混合櫻桃果醬
- 酪梨
- 生菜沙拉拼盤（任何新鮮蔬菜皆可）
- 原種番茄
- 新鮮羅勒
- 新鮮莫札瑞拉起司
- 初榨橄欖油
- 素食壽司捲
- 法式長棍麵包
- 鹽和胡椒（放入研磨機）
- 健康戰士（Health Warrior）南瓜子能量棒三包
- 開明（Enlightened）蠶豆（零食包裝尺寸）六包
- RX Bars 綜合包三包

需求清單最後一部分是酒單，總價相當於一位 WeWork 基層員工年薪，第一行是兩瓶高原騎士（Highland Park）三十年單一麥芽蘇格蘭威士忌，每瓶要價一千美元，最後則是調製貝里尼（Bellinis）、含羞草（mimosa）和西班牙白葡萄水果酒（white wine sangria）需要的酒類，這是蕾貝卡要求加上的。

酒單

- 高原騎士三十年兩瓶
- 十一年響（Hibiki）威士忌一瓶
- 三瓶響調和威士忌（Hibiki Harmony）
- 十八年麥卡倫四瓶
- 蘇托力尊皇伏特加（Stoli Elit）／蒂朵思伏特加（Tito's）二十四瓶
- 十二盒唐胡立歐一九四二
- 十六瓶猶太潔食認證紅酒（龐特卡納酒莊〔Chateau Pontet-Canet〕二〇〇三年出品）
- 八瓶猶太潔食認證紅酒（佩提卡斯特酒莊〔Petit Castel〕二〇一四年出品）
- 猶太潔食認證白酒（奧派瑞酒莊蘇泰爾產區〔Château Clos Haut-Peyraguey Sauternes〕二〇一四年出品）二十四瓶

- 七十二瓶沛羅尼啤酒
- 七十二瓶海尼根啤酒
- 七十二瓶可樂娜輕啤酒

某天下午，WeWork員工跟著行進樂隊前往創造者大獎頒獎舞台，樂隊不斷重複演奏白線條樂團（White Stripes）的創作歌曲〈七國聯軍〉（Seven Nation Army）。亞當、米格爾和蕾貝卡依照原訂行程主持一場座談會；公司通知素食餐車延後供餐，早已喝醉酒、飢餓難忍的WeWork員工千方百計想出各種賄賂花招，但是餐車服務生依舊不為所動，把他們全打發走。第一次參加夏令營的員工明顯感受到，現場群眾似乎散發出某種神奇能量，當三位創辦人走上舞台，所有人齊聲呼喊「歐嘞、歐嘞、歐嘞」（Olé, olé, olé）。[1]一名來自印度的員工開始不斷高喊：「加油，WeWork，加油！」一位來自加州的員工則尖叫：「亞當，你正在改變世界！」

紐曼很早就相信自己有能力做到。「未來我們將為這世界帶來劇烈影響和衝擊，」他說，當天他穿著一件印有「讓我們找到折衷方案」標語的T恤。就在幾星期前，也就是凱特・絲蓓（Kate Spade）[2]和安東尼・波登（Anthony Bourdain）[3]自殺、震驚全球的新聞曝光後不久，亞當在全體員

1 譯註：運動場上常見的加油口號，最早起源於西班牙。

工大會上起身對大家說，如果有人陷入憂鬱或是有自殺傾向，應該直接向他求助。在夏令營活動現場，亞當開心地傳達一則好消息：有位員工真的跑去找他，現在這名員工情況良好，當天也有來到現場。

不論是在夏令營或其他場合，亞當都會談到自己在兒童時期面臨的種種困境，他和蕾貝卡非常希望幫助那些家境拮据的兒童，解決困擾他們的問題。「我對We的最大夢想是，」蕾貝卡告訴台下觀眾說，「在全球各地建立社區，收容那些生活陷入困境的兒童，讓他們能永遠住在這些社區，這是我的初步想法。」

此時亞當突然插話。「現在全球有一．五億名孤兒，」他說。「如果我們把事情做對，就可以在某天醒來時對自己說：『我們想要為那些沒有父母的兒童解決問題。』而且要在兩年內做到我們所說的。」

「還有受虐兒童，」蕾貝卡說。

亞當表示同意。「接著我們可以去幫助少數族群、更弱勢的人，還有被任何更有權勢的人利用的群眾，」他說。「接著我們可以解決全球各地的飢餓問題。眼前有這麼多問題，我們可以一一解決。只要我們下定決心，沒有什麼事情辦不到。」

接著蕾貝卡表達她對艾狄．紐曼的感激之情，謝謝她在亞當剛到紐約時資助他的生活，當天艾狄也在人群中。「你幫他建立了全球最大的家庭，」蕾貝卡說，「身為女性，很重要的工作是幫助男性實踐他們的人生志業。」

• • •

這段發言讓許多女性員工不知該如何反應。身為WeWork最知名的女性高階主管，蕾貝卡竟告訴女性員工，她們的首要工作是協助身邊的男性？蕾貝卡常說自己是繆思；如果轉換成新創圈用語，她會形容自己是「一座平台，目的是幫助其他人」。但是她在夏令營現場的發言，似乎限制了女性員工對於自身角色應有的期望。英國房地產刊物《房地產週刊》（*Property Week*）撰述員湯瑪斯．霍布斯（Thomas Hobbs）曾悄悄混入WeWork夏令營活動現場，他感覺自己像潛入了一場羅傑尼希（Rajneesh）〔4〕聚會，事後他也刊登了蕾貝卡的發言內容。後來蕾貝卡參加某個播客節目，被問到最讓她引以為傲的事情是什麼，她再次強化了前述論點。「或許是幫助我先生和身邊其他人實踐他們的志業，」她說。「我想這是女性擁有的特殊超能力，因為我們可以孕育生命。」

2 譯註：美國時尚設計師，原名凱特．布羅斯納安（Kate Brosnahan）。一九九三年與安迪．絲蓓（Andy Spade）共同創立凱特絲蓓服裝品牌，深受年輕女性喜愛。二〇一八年六月五日在紐約寓所自殺，終年五十五歲。

3 譯註：美國廚師、作家及電視節目主持人，在CNN主持《波登闖異地》節目，多次獲得艾美獎。二〇一八年六月八日，在法國飯店房間上吊自殺，終年六十一歲。

雖然WeWork做了許多努力改善企業文化，但是對於消除女性在工作場所面臨的難題，卻沒什麼建樹。資深職務依舊是男性占絕大多數。在許多場合，亞當會開玩笑地鼓勵女性員工和公司房地產主管、也就是蕾貝卡表親馬克・拉皮德斯約會，拉皮德斯確實曾經和一位下屬交往。曾在二〇一三年應徵亞當幕僚長的梅迪娜・巴爾迪（Medina Bardhi）後來控告公司歧視孕婦和女性員工，根據她的訴狀內容，面試時亞當曾詢問她近期是否計畫懷孕。巴爾迪還提到，二〇一六年她告訴亞當自己懷孕了，不能再和他一起搭乘私人飛機，因為之前和亞當搭機時，他和其他高階主管會在飛機上抽大麻。巴爾迪休假時，亞當以雙倍薪資雇用一名男性幕僚長取代她；她在春季時返回公司上班，卻被趕去紐曼助理旁的座位。幾個月後，亞當把她叫到一旁。他擔心新任幕僚長過度關注「他自己的個人品牌」，他需要全心全意為他工作的人。於是巴爾迪返回原本崗位，只不過一年後她懷了第二胎，二〇一八年亞當再度雇用另一位男性幕僚長取代她。[4]

二〇一八年夏令營結束兩個月後，曾在WeWork工作超過三年、剛被公司開除的盧比・安娜雅（Ruby Anaya）[5]對公司提起訴訟，她說自己有幾次參加公司活動時遭到性騷擾。安娜雅離職前在米格爾團隊工作，擔任文化總監，協助成立WeWork女性支援團體。幾個月前，安娜雅接受哈佛商學院研究團隊訪談，當時哈佛團隊正積極投入WeWork個案研究，探討米格爾如何努力改善WeWork企業文化。但如今，安娜雅卻指控亞當在面試時給了她一杯烈酒；在夏令營期間，有一名男同事撫摸她，她曾向人力資源部門反應，人資專員卻回覆說這名男同事是「績優員工」；文化長米格爾知道她感到不安，卻沒有採取任何行動。

WeWork高階主管激烈爭辯該如何回應，其中有幾個人命令企業溝通團隊，對外洩露安娜雅參加夏令營和WeWork派對活動的照片，讓外界以為她很樂意參加公司的狂歡活動。（公關團隊拒絕這麼做。）由於安娜雅曾在米格爾掌管的文化團隊工作，所以亞當告訴他這個創業夥伴，應該由他負責和員工溝通。就在安娜雅提起訴訟、消息見報隔天，米格爾寄了一封電子郵件給WeWork全體員工，宣稱安娜雅「因為績效不佳被解雇」。

許多WeWork員工看了信件後覺得難以置信。當時#MeToo運動正如火如荼展開，一個月前美國國會才剛舉行布雷特・卡瓦諾（Brett Kavanaugh）大法官任命聽證會〔6〕，但公司文化長似乎對這一切充耳不聞，只表示自己非常關切，並承諾會深入調查。無論在夏令營或高峰會或是公司派對現場，女性員工時常面臨各種尷尬處境，姑且不論安娜雅的官司代表什麼意義，對於任何參加過

4 譯註：一九三一～一九九〇，印度人，原名Chandra Mohan Jain，七〇年代改名為Bhagwan Shree Rajneesh，一九八九年又改名為「奧修」（Osho），曾發表不少批評社會主義、宗教制度化與聖雄甘地的言論，主張以開放態度看待性行為，吸引不少社會菁英和知識分子追隨，被信徒們視為靈性導師。但是他個人生活引發不少爭議，包括逃稅、吸毒、詐騙等，可參考Netflix製作的紀錄片《異狂國度》（*Wild Wild Country*），這部影片記錄了他帶領信徒在美國奧勒岡的沙漠地區建立烏托邦城市，到最終演變成全球性醜聞的經過。

5 譯註：根據安娜雅個人領英帳號列出的工作簡歷，她於二〇一四年八月加入WeWork，擔任產品管理總監，自二〇一七年十一起擔任WeWork文化總監，直到二〇一八年八月離職為止。她在二〇一八年十月十一日向WeWork正式提起訴訟，訴訟文件檔案連結：https://parg.co/bwHf。

這些活動的女性員工來說，安娜雅控告公司一點也不意外。有一名女性員工在參加夏令營期間，某天醒來時竟發現，一名男同事對著她頭頂上方的帳篷撒尿。

公司回應安娜雅官司的方式，只是讓米格爾更進一步受到排擠。在公司工作多年的員工懷疑，其他高階主管是否還聽得進米格爾的意見；剛進公司不久的員工則認為，米格爾應該跟著一起辭職。何況他努力推動的文化作業系統，並沒有創造出任何突破性成果。建立企業文化屬於勞力密集工作，無法標準化。我們很難「讓愛運轉」，所以當WeWork員工後來發現，作家瑪莉安・威廉森（Marianne Williamson）[7]此前早就用過這個口號，沒有人感到驚訝。

・・・

對於在WeWork工作多年的許多員工而言，二〇一八年夏令營結束，也代表一個時代落幕了。活動規模已經大到失去了原有魅力，不少員工反而希望公司給他們一星期休假，省下夏令營花費，直接發給每個人二千美元獎金。夏令營結束後，WeWork活動團隊走進紐曼全家使用的帳篷屋，檢查是否有東西遺留在現場。眼前所見一片狼藉，露營車內還留下一支沒有抽過的大麻菸。反正沒事可做，大家乾脆輪流抽那支菸。

奧古斯托・孔特瑞拉斯在夏令營現場向女友求婚三個月後，就被公司開除。整個秋天，他為了和未婚妻見上一面，不斷往返墨西哥市和德州兩地。偶爾和未婚妻吃飯時，他會使用公司信用卡結帳。孔特瑞拉斯常聽到亞當和其他WeWork高階主管說，這家公司就像個大家庭，所以他以為把未婚妻看作這個大家庭的一分子，應該不會有問題。

十一月某天，一名員工通知孔特瑞拉斯去會議室；他從沒見過這名員工。這也難怪，孔特瑞拉斯加入WeWork時，公司大概有三千人，不到一年就暴增為一萬人。WeWork發現了孔特瑞拉斯和未婚妻的餐費，要求他把錢退還給公司。雖然孔特瑞拉斯心裡有些不爽，但是到了下星期還是乖乖照做；他向公司坦白所有事情，承認自己早在幾個月前就經常用公帳付餐費。公司要求他立刻辭職走人。

幾個月後我和孔特瑞拉斯碰面，他對自己的行為感到非常懊悔，事後他才明白，他竟然相信WeWork真的是個大家庭，簡直蠢到不行。他感覺自己被背叛、失望至極。如今他已回到德州和未婚妻重聚，繼續經營藝術課程。總而言之，手上掌握更多預算，並沒有別人說的那般美好。

6 譯註：美國前總統川普在二〇一八年七月九日提名布雷特．卡瓦諾為大法官候選人，九月初參議院司法委員會舉行任命聽證會。九月底，心理學教授克莉絲汀．布萊希．福特（Christine Blasey Ford）指控卡瓦諾曾在一場高中派對上試圖性侵她，後續又有多位女性指控卡瓦諾行為不當。但是到了十月上旬，美國參議會最終仍以五十票對四十八票，通過卡瓦諾的大法官提名。

7 譯註：美國女作家、心靈導師，曾參與二〇二〇年美國總統大選民主黨黨內初選。

19

堅韌計畫

Fortitude

二〇一八年八月，就在WeWork舉辦最後一屆夏令營幾週前，孫正義告訴軟體銀行股東，他透過願景基金投資數十家公司，這些公司「將會加入我們，成為我們家庭的一分子」。雖然扶養的小孩愈來愈多，不過孫正義似乎特別偏愛其中一位。「WeWork會是下一個阿里巴巴，」他說。這家公司正經營「全新事業」，透過科技和「專屬資料系統」，運用沒人使用過的方法，建立和連結不同社群。他正考慮將軟體銀行總部搬進WeWork在日本成立的辦公空間，他還告訴那些詳細審查WeWork業務的員工，不用過度擔心背後的數學計算問題。「感覺更重要，不要只看數字，」他說。「你必須去感受原力。」

但數字依舊是個問題。雖然亞當曾在二〇一五年宣稱，WeWork不再需要任何私人投資，之後WeWork仍持續獲得投資人挹注超過五十億美元。儘管如此，到了二〇一八年，WeWork仍虧損近二十億美元，現金部位再度告急。四月時，WeWork透過債務融資籌資七・〇二億美元。這個數字具有特殊意義，當時亞當正好慶祝三十九歲生日，乘上十八後，就是猶太教的幸運數字七〇二。

如果要發行債券，WeWork就必須每季公布財報。過去十年，每次設定WeWork預估目標時，多半是基於一廂情願的妄想，因此這回必須提出更冷靜的評估分析，WeWork債券才能吸引機構投資人，例如美國教師保險和年金基金會（Teachers Insurance and Annuity Association of America），現在他們已經是持有最多WeWork債券的投資人之一。誠實會讓人變得謙卑。「我們持續虧損多年，在公司層面我們可能無法獲利，」WeWork在債券發行公開說明書上寫道。

不過，要將「原力」應用在WeWork財報數字，做法非常多。他們在公開說明書中獨創了新指標：經社群調整後的稅前息前折舊攤銷前利潤（Community Adjusted EBITDA），稅前息前折舊攤銷前利潤是衡量企業財務表現的標準指標。「經社群調整後」的說法則是WeWork首創，直白來說就是將公司慣用的誇耀手段應用在財務指標上，美化財務報表。WeWork移除了設計、行銷和行政支出，他們辯稱這些支出會隨著時間累積而遞減。採用經社群調整後稅前息前折舊攤銷前利潤的指標後，二〇一七年WeWork財報從原本虧損九・三三億美元，變成獲利二・三三億美元。

但是成本不會憑空消失，許多人認為WeWork之所以發明這個有些尷尬的指標，目的是說服投資人相信WeWork可以達成某個目標。但事實上他們根本做不到。在二〇一〇年代，許多成長快速、但持續虧損的獨角獸企業，都會自行創造量身訂製的指標，藉此向外界說明，當公司不再需要砸錢擴張規模後，他們相信公司能創造多少收入。（例如優步創造了「核心平台邊際貢獻」〔core platform contribution margin〕[1]指標。）《紐約時報》一名財經記者對這些指標的看法並不是很正面，他認為它們只不過是「剔除了所有難看數字後得出的營收」。〔2〕《金融時報》則形容，經社群調整後的稅前息前折舊攤銷前利潤「或許是整個世代最無恥的財務指標」。〔3〕

從任何角度來看，亞當似乎不怎麼擔心WeWork虧損持續擴大。公司營收每年仍成長兩倍，亞當也不斷重申孫正義的告誡，要求公司必須加速成長，他告訴高階主管，孫正義相信，只要WeWork努力不懈地追求更高的成長目標，公司估值將會衝上一兆美元。內部顧問向亞當建議，既然他趕走了其他內部人選，就應該再找一位值得信任的左右手負責公司營運，亞當聽了之後相當火大，直接把這些話當成耳邊風，他告訴大家，他自己就是WeWork的「馬克和雪柔」。據說，二〇一八年紐曼缺席了好幾次董事會議，董事們對於WeWork的成長速度都相當憂心。布魯斯·鄧利維與代表軟體銀行集團關係企業的董事之一（總計有兩席董事）羅恩·費雪（Ron Fisher）同時向WeWork施壓，要求公司針對何時公開上市擬訂時間表。

但債券發行公開說明書要求企業揭露財報資訊，這點已經讓亞當感到頭痛。不過當時的新創

1 譯註：指的是核心平台獲利（包括Uber Eats在內）占核心平台淨營收的比例。核心平台淨營收＝核心平台總收入減去優步支付給司機和餐廳的抽成後的數字；核心平台獲利＝核心平台淨營收減去行銷和研發支出後的數字。可參考："What Exactly Is Uber's 'Core Platform Contribution Margin'?," *New York Times*, April 11, 2019.

2 譯註：原文標題為："Earnings, but Without the Bad Stuff," *New York Times*, Nov. 9, 2013.

3 譯註：原文標題為："Revealed: the cash cost of WeWork's global expansion," *Financial Times*, April 10, 2019.

公司也不熱衷公開上市，亞當絕非特例。相較於十年前的企業，新創公司維持私有化的時間變得更長：自一九九〇年代末開始，上市公司的平均成立年限成長了三倍，從四年增加到十二年。沙賓法案設下重重限制，促使許多創業家盡可能避開大眾監督，現在他們可以取得源源不絕的私人資金，就更沒有公開上市的壓力。亞馬遜上市前，貝佐斯只完成A輪創投融資；祖克伯則是完成E輪融資。亞當一直延長WeWork私有化期限，等到孫正義投資WeWork時，已經是G輪融資。

孫正義自己也曾希望軟體銀行維持私有化，這樣他就不會受制於上市公司必須遵守的各項規定。如今願景基金大手筆投資新創公司，孫正義認為這是他送給年輕公司「繼續維持私有化的一份大禮」，因為願景基金的投資通常包含從二級市場大量收購股票，例如：二〇一七年，軟體銀行和願景基金從WeWork既有股東手中，收購價值十三億美元的該公司股票，所以早期投資人開始形容，願景基金的投資其實是某種新型退場策略，他們稱之為「孫式公開發行」(Masa-PO)。

二〇一八年夏季，孫正義開始和亞當討論，要如何送出這份禮物。雖然WeWork已是願景基金數一數二的大投資案，但願景基金的投資理念之一是追求「重磅」交易，也就是投入數百億、而不是數十億美元資金給個別企業。就某些方面來看，這種投資策略是有必要的。願景基金握有多達一千億美元資金，但是優秀的創意只有這麼多，愈來愈難找到新的投資標的：至今孫正義已經投資了食物外送、虛擬實境、垂直農法、基因學、自駕車、汽車出租、遛狗、披薩製作機器人、以及運動服飾網路商店等公司。

孫正義和亞當開始擬定新投資方案，相比之下，二〇一七年的投資協議規模簡直是小巫見大巫。軟體銀行和願景基金將會買下WeWork既有股東的持股，包括標竿創投、老菸槍雙人組，還有那些貸款購買已生效選擇權、曾負責管理奧斯汀與倫敦辦公大樓的前社群經理。亞當、孫正義與其他虔誠信徒，依舊是公司的合夥人，至於那些對他們的共同願景抱持懷疑的異端分子，則被排除在外。新投資案規模達二百億美元。WeWork估值將因此超越四百億美元，大約是一年前軟體銀行要求的估值的兩倍。亞當可以繼續掌控整個公司、實現自己的願景，他個人帳面淨值也將突破一百三十億美元，從此躍升為名列前茅的全球富豪。

•••

新計畫代號為堅韌（Fortitude）。軟體銀行和WeWork團隊在紐約、東京和波士頓三大城市之間頻繁往返（世達律師事務所負責WeWork專案的團隊在波士頓上班），敲定最後細節。軟體銀行向來習慣大手筆投資相同產業的不同企業，例如門衝與UberEats，然後在市場上引發價格大戰，所以WeWork堅持孫正義不能投資其他競爭對手。軟體銀行則要求亞當承諾，不會離開公司另行創業，成為WeWork競爭對手。如果未來五年WeWork營收成長到五百億美元，紐曼持有的公司股份將會增加。可以想見，這個目標幾乎不可能達成，但孫正義和亞當生來就是夢想家。

對於WeWork和亞當來說，一旦簽訂堅韌計畫，未來一年WeWork必定能加速成長。正如同先前亞當提出的承諾，再過不久WeWork將會達成原訂目標，取代摩根大通成為紐約第一大辦公室承租戶，亞當期望WeWork一炮而紅。根據他的計畫，WeWork將會租下世界貿易中心一號大樓（One World Trade Center）十多層辦公空間，這裡正是雙子星大樓（Twin Towers）原址。WeWork還預計承租曾經盛極一時的康泰納仕（Condé Nast）雜誌出版公司辦公室，換句話說，又有一家傳統企業因為亞當和孫正義的擴張計畫而被迫搬遷。亞當一直希望使用「大到不能倒」這個說詞描述WeWork，曾經出版《大到不能倒》（*Too Big to Fail*）一書、探討二〇〇八年金融危機的《紐約時報》記者安德魯·羅斯·索爾金（Andrew Ross Sorkin）認為，「大到不能倒」確實很適合用來形容WeWork現況。「長期以來『大到不能倒』的概念多半用來描述銀行業，決定了政府是否會出手拯救，維持銀行正常運作，」索爾金寫道，「就WeWork情況來看，全球各地房東或許發現自己陷入了頗為尷尬的處境，他們必須拯救一家即將倒閉的房客，因為這個房客的規模太龐大了。」〔4〕

隨著萬聖節逐漸逼近，WeWork開始規劃另一場派對，主題設定非常符合當下情境。有一家紐約房地產公司在本業之外同時經營一所小學；有位日本人一直想要投資更多，拜他所賜，這家紐約房地產公司獲得沙烏地阿拉伯的鉅額石油資金，成為全球最有價值的私人企業之一。整個過程充滿了超現實感，該如何用簡單的一句話來描述？最後公司決定將二〇一八年派對主題定為：「到底什麼才是真實？」

整個秋天亞當不斷向員工提到堅韌計畫，似乎以為這項計畫有可能成真。「只要亞當在場，雙方就能握手完成交易，」一名WeWork高階主管說。有了這筆資金，WeWork想做多少事情都可以放手去做。亞當曾拋出一個想法，希望收購規模達四十億美元的商業房地產巨擘戴德梁行（Cushman & Wakefield）。他也曾競標收購連鎖沙拉店「甜綠」（Sweetgreen）。事到如今，WeWork這個名字似乎已不足以涵括亞當的全部野心，公司開始思考品牌重塑問題，這和當年谷歌將公司名稱改為「字母」（Alphabet）的做法非常類似。目前公司有三大產品線：WeWork、WeLive和WeGrow，後來亞當又憑空想出更多產品線。在獲得孫正義數十億美元資金挹注後，WeWork決定改名為We Company。〔5〕

• • •

「陽光是神明的贈禮，」十月時孫正義對一群投資人說。當日天氣酷熱，孫正義回到新德里，前不久他才承諾投資印度太陽能產業一千億美元，並保證未來電力成本將會降至零。孫正義迅速撥出願景基金的資金，同時計畫成立第二、第三和第四支願景基金。

4 譯註：原文標題為："WeWork's Rise: How a Sublet Start-Up Is Taking Over," *New York Times*, Nov 13, 2018.

5 譯註：二〇一九年一月，WeWork正式改名為We Company。但是，到了二〇二〇年十月中，再度改回WeWork。

然而就在他於印度發表演說的同一天，爆發一則突發新聞：沙烏地阿拉伯記者賈瑪爾・卡舒吉（Jamal Khashoggi）在土耳其境內的沙國領事館內失蹤。卡舒吉曾撰文批判穆罕默德・本・沙爾曼和沙國政府。隨著相關線索逐一浮現，沙國政府明顯與這起謀殺案有關。很少有跨國企業領導人像孫正義一樣，與沙國關係如此直接。消息曝光後孫正義選擇保持沉默，私下與沙爾曼會面，當他確認沙國仍將依照原先承諾、投資四百五十億美元給第二支願景基金後，便轉身離開了。（一個月後，孫正義才公開譴責卡舒吉遭殺害案。）

除了孫正義，因為卡舒吉謀殺案受到最大牽連的企業領導人，是沙國透過願景基金投資的十多家企業老闆。就獲得基金投資的金額來看，優步是唯一超過WeWork的美國新創公司，其執行長達拉・柯霍斯洛夏西決定，退出沙國政府在利雅德舉辦的未來投資論壇（Future Investment Initiative），這場論壇又稱為「沙漠版達沃斯」（Davos in the Desert）。[6]過沒多久亞當也決定退出論壇，但是正好遇上川普頒發旅遊禁令，所以他沒有公開這項消息。

不過在WeWork內部，亞當仍不斷向員工誇耀公司與沙國的關係。二〇一八年，公司花了很多時間擬訂大規模的中東擴張計畫，主要以沙國和願景基金第二大股東阿布達比為主，包括在阿布達比成立弗萊特隆學校分校，幫助女性學習編寫程式。亞當表示，他正與沙國協商，允許WeWork加入新未來城（Neom）計畫，這是沙國政府全新打造的未來城市，位在沙國西北部靠近以色列邊境地區。在這座未來城將會有管家機器人、人造雨雲，以及夜光沙灘海岸。亞當認為，如果WeWork能參與這項計畫，將可創造數十億美元的經濟價值。

亞當時常提到，他希望自己和公司能為中東地區帶來和平。傑瑞德・庫許納在白宮負責主導多項專案，其中也包括中東在內，亞當相信，他、庫許納和沙爾曼都屬於千禧世代領導人，有能力建立更美好的世界。至於美國企業在沙國做生意時，可能牽涉各種複雜的地緣政治問題，多數時候亞當都顯得漠不關心。就在卡舒吉死後不久，WeWork公關團隊邀請在喬治・布希總統（President George W. Bush）執政期間擔任國家安全顧問的史蒂芬・哈德利（Stephen Hadley），到公司總部和亞當會面，向亞當說明當前局勢以及沙國邀請WeWork投資當地市場的可能動機。兩人會面時亞當告訴哈德利，沙爾曼只是需要一位適合的導師。當哈德利詢問有誰能勝任，亞當停頓了一會，然後回答：「我。」

雖然亞當對於投資沙國和阿拉伯聯合大公國[7]躍躍欲試，但這兩個國家對WeWork卻是興趣缺缺。當初他們之所以找上孫正義和願景基金，是希望國家的經濟發展更多元，他們想要投資將會主導未來發展的知識型產業，而不是房地產。在軟體銀行與亞當協商堅韌計畫期間，亞當和阿

6 譯註：非營利組織世界經濟論壇（World Economic Forum）每年一月下旬都會在瑞士滑雪勝地達沃斯舉辦，邀請全球各大企業領導人、政府官員、學者和其他意見領袖參加，探討全球關注的重大議題。

7 譯註：阿拉伯聯合大公國由七個邦組成，包括：阿布達比、杜拜（Dubai）、沙迦（Sharjah）、阿吉曼（Ajman）、歐姆庫溫（Umm Al Quwain）、富傑拉（Fujairah）和拉斯海瑪（Ras Al-Khaimah）。除外交、國防等事務由聯邦政府管轄之外，七個邦擁有各自的行政體系，享有高度自主權。

布達比主權財富基金負責人卡爾杜恩・哈里法・艾爾・穆巴拉克（Khaldoon Khalifa Al Mubarak）相約在瑞吉飯店（St. Regis hotel）會面，不過當天亞當遲到了，這次會面沒有達成任何成果。根據《浮華世界》報導，當天亞當戴著太陽眼鏡，看起來像是宿醉。

• • •

亞當依舊對堅韌計畫和孫正義充滿信心。他的副手們已開始相信，對亞當而言孫正義就好比父親；在亞當的兒童時期，多數時候父親是缺席的。亞當曾形容，自己和孫正義的情感連結是一種「特殊關係」，孫正義驕傲地告訴亞當，「最後一個讓我有這種感覺的人是馬雲」，也就是阿里巴巴創辦人。雖然當時亞當是孫正義最偏愛的小孩，但是不久後這個特殊地位便被其他人取代。當年秋季，願景基金加碼投資十億美元給剛成立不久、成長快速的印度連鎖飯店品牌歐遊（Oyo），公司創辦人比亞當年輕十五歲。〔8〕「你的小老弟表現得確實比你好，」孫正義對亞當說。兩人會面時，孫正義向亞當炫耀說，歐遊的成長計畫非常有企圖心。

在軟體銀行內部，反對堅韌計畫的力道相當猛烈，就和當年反對孫正義與亞當在汽車後座達成的投資協議一樣。軟體銀行許多高階主管不贊同這項計畫，包括掌管願景基金的拉耶夫・米斯拉（Rajeev Misra）在內，之前他還曾公開宣稱WeWork估值將會達到一千億美元。反對者表示

WeWork虧損太大；至於成立WeLive和WeGrow太過冒險，因為公司在這兩個產業都不具備任何專業或優勢，更別提造浪池投資案。軟體銀行投資人似乎同樣憂心不已：就在堅韌計畫細節首度在媒體曝光後，WeWork股價應聲下跌五%。

雙方關係也日益緊張。協助管理願景基金WeWork投資案的維卡斯・帕爾克（Vikas J. Parekh），也開始懷疑WeWork商業模式很有可能出了問題，亞當索性禁止他參加日後的會議。WeWork開始宣稱，軟體銀行內部存在一股「暗黑勢力」（deep state，這是借自公司法務和財務團隊說法），這股勢力試圖扭轉孫正義對於新投資協議的看法。軟體銀行內部強力要求納入一項條款，一旦紐曼因為暴力犯罪入獄，軟體銀行有權驅逐他。在某次會議上，亞當頻頻提到傑瑞德・庫許納是他好友，此舉被認為是為了提醒孫正義，亞當在白宮擁有強大人脈，當時軟體銀行正等待美國政府核准斯普林特與T-Mobile併購案。（二〇一八年八月，在川普位於紐澤西的私人高爾夫球場上，紐曼終於見到了川普，當時亞當與蕾貝卡正在和庫許納與伊凡卡用餐，川普過來和他們打招呼。）

十一月，兩家公司初步達成協議，軟體銀行將加碼投資WeWork三十億美元，堅韌計畫也將持續協商。但是在談判過程中，帶領WeWork團隊的巴倫特與明森發現，雖然軟體銀行撤錢毫不手軟，但他們也不是省油的燈。不久後WeWork將會再次燒光現金，屆時軟體銀行很可能會盡量

8 譯註：二〇一三年，十九歲的利特施・阿加瓦爾（Ritesh Agarwal）輟學創辦歐遊，主打平價市場。

拖延，藉此逼迫WeWork接受較為不利的條件。

他們開始思考備援計畫：公開上市。二〇一八年，WeWork陸續收到各家投資銀行簡報，說明在近期推動首次公開發行可能面臨哪些情況。WeWork開始著手準備提交給證券交易委員會的S-1表格，這是公開上市第一步。WeWork希望藉此讓軟體銀行知道，儘管亞當對於公開上市有些猶豫，但是如果有必要，公司依舊可以在沒有金主投資的情況下繼續成長。

堅韌計畫協商仍持續進行。媒體揭露了計畫的大略架構，WeWork員工大為振奮，因為公司先前承諾的股票收購計畫終於成真，亞當也即將達成維持公司私有化的夢想。十二月初，某位華爾街人士為猶太慈善團體舉辦募款活動，亞當受邀出席發表專題演講。高盛董事長勞爾德·貝蘭克梵（Lloyd Blankfein）介紹他出場，亞當身穿黑色西裝、戴著圓頂小帽走上台，然後站在三台大螢幕前演講，他的臉就出現在螢幕上。亞當宣布WeGrow將會開設「猶太系列課程」，有興趣學習妥拉（Torah）[9]的學生可以參加；他還提到，最近他們才剛慶祝光明節，人們會在這一天感謝神賜奇蹟，這也是亞當最愛的節日。「在日常生活中，不應該害怕暴露自己的缺點，」他說，「要有勇氣盡情生活，真正做自己。很少有人能真正做自己，但如果我們每個人都能完全展現自我，就沒有任何事情能阻止我們，最終將會達成世界和平，**彌賽亞**將會降臨人世。」

•
•
•

聖誕節前，紐曼全家搭乘威爾德古斯一世私人飛機，前往哈納雷灣度過冬季假期。亞當打算再度衝浪，這次他是和衝浪傳奇人物萊爾德・漢米爾頓（Laird Hamilton）同行。當時WeWork正要敲定一筆投資，領投萊爾德超級食物公司（Laird Superfood）新一輪融資，這間公司由漢米爾頓創辦，主要銷售含有薑黃與蘑菇成分的咖啡奶精。這次融資預計籌募三千二百萬美元，以堅韌計畫規模來看，金額不算大。亞當之前投資的造浪池公司正面臨困境，造價高達一千六百萬美元的「海灣」乏人問津，WeWork只好將浪園的投資價值減記為零。不過，亞當決定投資萊爾德超級食物公司與衝浪無關，他的目的是加碼投資強調營養價值的咖啡奶精公司，就和孫正義大力投資多家食物外送應用程式一樣。如果德西柯三兄弟無法改變美國食品產業典範，漢米爾頓或許可以。

亞當抵達夏威夷，對未來相當樂觀。十二月時，WeWork總計設立七十九個新據點，數量超越前六年總和，其中包括位在賽富時大樓內的全新辦公空間，向外可遠眺舊金山大部分景觀。世界貿易中心一號大樓的交易雖然破局，WeWork依舊成功超越摩根大通，成為紐約第一大辦公室承租戶。雀兒喜總部大樓完成整修，包括拆除大量個人辦公桌，因為「辦公空間版谷歌分析」團隊發現，多數人大部分時間都在開會；只有少數幾個人辦公空間加大，例如亞當的辦公室。為了維護隱私，玻璃隔牆上特地貼了一層波浪形磨砂膜；與亞當辦公室相連的衛浴間裡，有一座紅外

9 譯註：「妥拉」廣義泛指希伯來文聖經，狹義則是指《舊約聖經》的五卷書，包括：創世記、出埃及記、利未記、民數記和申命記。

線三溫暖烤箱和冷水浴缸，後來因為樓下辦公室漏水，員工才知道原來有這些設備；裡面還放了一塊衝浪板，上面貼了一張亞當的巨幅照片。

最重要的是，最終定案的堅韌計畫文件已正式付印。這項投資計畫已成定局。和漢米爾頓一起在夏威夷衝浪時，亞當鼓起勇氣衝入捲浪頂端，後來他對外誇耀說當時浪高達到十八英尺（約五百五十公分）。亞當很晚才開始玩衝浪，所以技巧仍有待提升。他盡全力追上海浪，但是隨著波浪力量逐漸增強，變得愈來愈難控制。當他終於有機會喘口氣，卻發現自己有根手指斷了。

在亞當享受衝浪的同時，支持堅韌計畫的勢力悄悄地開始瓦解。沙烏地阿拉伯和阿布達比反對願景基金投入更多資金給WeWork，孫正義只好想辦法自己出資。十二月十八日，軟體銀行旗下經營日本行動電話業務的子公司公開上市，成為全球第二大首次公開發行，僅次於阿里巴巴。孫正義期望這次公開發行能夠再次讓他賺大錢，他打算將部分資金投入堅韌計畫。「一千億美元幾乎不夠，」他解釋願景基金所能提供的資金為何不足他所需，「我的夢想太大了。」

但是沒想到股價慘跌，交易第一天就損失了三十億美元，成為日本股市史上表現最差的首次公開上市案之一。[10]美中貿易戰持續不歇，全球股市劇烈震盪，股價暴跌速度是二〇〇八年以來首見。自當年夏季至十二月底，軟體銀行集團股價重挫超過三分之一；在夏季時，堅韌計畫只不過是存在於孫正義和亞當腦海中的想像。

聖誕節前夕，孫正義從茂宜島（Maui）打電話給亞當，當時他正在島上度假，茂宜島就位在亞當衝浪地點東方，兩地之間隔著三座島嶼。〔11〕孫正義告訴亞當，堅韌計畫已經結束。股市崩盤嚇跑了潛在投資夥伴，而且這項計畫規模太大、風險太高。軟體銀行股價暴跌後，部分金融機構針對孫正義的個人持股，發出追繳保證金通知。現在他的資金嚴重吃緊。

亞當接到電話時大為震驚。他的顧問曾多次勸誡他不要抱太大期望，也曾警告他，只有在孫正義覺得WeWork對自己有用時才值得信任。但是長期以來，孫正義似乎是唯一和亞當占有相同現實扭曲力場的人。過了幾小時後，亞當告訴蕾貝卡這個消息。他刻意拖到隔天才打電話給巴倫特和明森，希望等到他們享受完假期，再告知他們這個令人失望的消息。（幾乎沒有參與談判的米格爾此刻正在紐西蘭度假。）亞當和副手們談話時，語氣非常平靜，似乎依舊相信自己能重新贏得金主支持。既然孫正義也在夏威夷，所有人都希望亞當再次施展個人魅力。

十二月二十六日，亞當飛到茂宜島和孫正義共進早餐。軟體銀行已經投入大筆資金給WeWork，對孫正義來說，在這個時候徹底放棄亞當實在不合情理。雙方都需要保留顏面。原先的兩百億美元投資案已成為泡影，但是孫正義同意另外投資二十億美元。沒有任何一毛錢來自願景基金。

明森、巴倫特和另外幾名高階主管立即中斷聖誕節後的假期，回到紐約思考下一步。他們還

10 譯註：行動電話子公司上市第一天，股價便重挫超過十四%。

11 譯註：亞當的衝浪地點哈納雷灣位在可愛島，與茂宜島之間隔著歐胡島（Oahu）、莫洛凱島（Molokai）和拉奈島（Lanai）。

沒有完成S-1表格，現在勢必得加緊趕工。不久後就是WeWork十週年紀念，公司必須在年底前提交書面文件，才能繼續享有政府提供給「年輕」企業的優惠。十二月二十八日，WeWork祕密繳交第一版S-1表格給證券交易委員會。亞當一直極力逃避公開上市，他的導師也曾向他保證，會盡可能延長公司私有化期限，沒想到如今公司卻被迫趕著上市。「這個像父親一般的人用這種方式讓亞當失望，我無法形容這對他是多大的打擊，」紐曼身邊一名高階主管說。「我不認為他真的走出來了。從那時候開始一直到最後，他所有行為反應都和這件事有關。」

• • •

堅韌計畫終止兩星期後，亞當接受消費者新聞與商業頻道（CNBC）專訪。他看起來面容憔悴，發生衝浪意外後，他的手指一直綁著支架。亞當就坐在艾希頓．庫奇身旁，庫奇的生涯在二〇一〇年代出現重大轉折，從原本在電影和電視節目中扮演毒蟲的演員，搖身一變成了知名創投家。庫奇是蕾貝卡在洛杉磯期間認識她的，不過當時已經和亞當認識了十年；庫奇和他的前妻黛咪．摩爾也曾參與卡巴拉中心的活動。二〇一三年，庫奇在賈伯斯傳記電影中扮演賈伯斯後，幾乎放棄了演員事業，如今他與蓋希．奧希爾尼（Guy Oseary）共同經營桑德創投公司（Sound Ventures），奧希爾尼是美國鼎鼎有名的演藝經紀人，旗下最知名的明星是瑪丹娜。

庫奇並沒有投資WeWork。消費者新聞與商業頻道的新聞跑馬燈寫說庫奇是「WeWork策略合夥人」，WeWork曾邀請庫奇協助改造創造者大獎。（其中一個想法是分析WeWork訪客紀錄，看看哪家公司有知名人物來訪，藉此評斷一家公司的發展潛力。）雖然WeWork自稱是科技公司，但是庫奇一直無法理解，這家公司和他感興趣的科技公司到底有哪些相似之處，不過他說他後來改變想法。「當我真正了解內情後……我明白它真的是一家科技公司，」庫奇接受消費者新聞與商業頻道節目訪談時說。「我發現，這家公司運用自身科技，比起世上其他任何一家公司，都更有能力凝聚所有人、消除貧富差距。」庫奇表示，關於堅韌計畫失敗這件事，他沒有什麼要強調的。「這是史上第二大規模的創投投資！」庫奇指的是軟體銀行對WeWork的總投資金額。「我是優步的投資人，所以我知道最大投資案是哪一件。」隨後亞當面帶微笑地說，不久後庫奇就會投資WeWork。

亞當和庫奇一起待在洛杉磯，參加WeWork二〇一九年高峰會，堅韌計畫腰斬，徹底戳破了公司向來狂妄自大的公關說辭，但是在高峰會現場，公司卻極力掩蓋這件事。WeWork再次租下好萊塢環球影城，由吹牛老爹〔12〕和庫奇共同宣布創造者大獎得主。米格爾穿著印有「未來令人驚奇」（THE FUTURE IS AMAZING）標語的黑色T恤上台發表談話。接著音響開始播放巴布・馬利（Bob

12 譯註：美國饒舌歌手和音樂製作人，本名為尚恩・約翰・庫姆斯（Sean John Combs），藝名Diddy、吹牛老爹（Puff Daddy），如今身兼企業家、服裝設計師、演員等多重身分。

Marley)[13]的創作歌曲〈三隻小鳥〉(Three Little Birds)開場和弦，亞提．明森走上講台，身上穿著一件夏威夷襯衫。他告訴WeWork員工，今天他之所以站在這講台上，是為了消除大家的疑慮。「你們有多少人收到電子郵件、電話、簡訊，詢問軟體銀行撤回投資的事？」明森問。「你們可以告訴他們，你們的財務長穿了一件該死的夏威夷襯衫，走上台對你們說，所有小事都會好轉。」

這段玩笑引來台下一陣笑聲，但是WeWork員工其實非常緊張。公司從沒有因為遭受挫敗，被迫說出自己的故事。後來輪到亞當上台，他邊踱步邊滔滔不絕地為計畫失敗提出辯解，堅稱來自公司外部的消息通常是「假造的」。他還誇耀說，獲得孫正義最新一筆投資後，公司估值將可高達四百七十億美元，一舉超越SpaceX、Airbnb和尤爾(Juul)[14]，成為全美國最有價值新創公司的第二名，僅次於優步。另外，關於品牌重塑問題，高階主管也有些遲疑，他們認為在缺乏足夠金援下，貿然宣布We Company品牌重塑計畫似乎有欠妥當，不過至少可以分散人們的注意力。亞當談起了他和米格爾在十年前擬訂的原版商業計畫，從WeSail到WeBank無所不包；他說WeBank已經在籌備。公司轉型計畫的最後一部分，是提出新使命宣言：「提升全球覺知。」

這想法並非是WeWork原創。卡巴拉中心創辦人的兒子耶胡達．伯格(Yehuda Berg)在他所寫的《實踐卡巴拉》(*Living Kabbalah: A Practical System for Making the Power Work for You*)書中就曾提到，卡巴拉中心目標是「提升全球覺知」。但是紐曼全家和卡巴拉中心早已變得疏離，據說亞當甚至稱卡巴拉中心為邪教。(二〇一五年，伯格和卡巴拉中心被迫賠償十七萬七千五百美元給一名退出的學員，這名學員指控伯格強行灌她酒和處方藥，意圖侵犯她。）但是蕾貝卡非常喜歡「提升全球覺知」這說法，加上前陣子她有機會和狄帕克・喬普拉（Deepak Chopra）[15]互動，所以她提出了新的使命宣言。「WeGrow的使命，老實說所有We品牌的使命，就是提升全球覺知，」秋季時她對記者說。蕾貝卡表示，所有人的目標是「提升自己的覺知，而不是，你知道的，其他事情。」

蕾貝卡花了很多年，不斷思考如何將靈性與商業緊密結合，現在她終於將個人信仰系統融入WeWork，對她而言這確實是一大勝利。蕾貝卡告訴參加高峰會的員工，她準備推出一檔播客節目，第一集就是她在高峰會舞台上與嗆辣紅椒樂團（Red Hot Chili Peppers）主唱安東尼・基德斯（Anthony Kiedis）的對談內容。

但是對談開始沒多久就出了差錯。蕾貝卡詢問基德斯，嗆辣紅椒為何將其中一張專輯取名為《母乳》（*Mother's Milk*），接著兩人就開始討論初乳的重要性，初乳指的是母親在產後頭幾天分泌的乳汁。現場許多員工開始有些坐立難安。後來蕾貝卡詢問基德斯，樂團裡有以色列人是什麼感覺。

13 譯註：一九四五～一九八一，牙買加創作歌手，被尊為雷鬼音樂教父。長期致力於牙買加社會運動，音樂作品多半強調愛與和平、反戰、種族平等主題。

14 編註：Juul為創於二〇一五年的一家美國電子菸公司。

15 譯註：一九四六年出生於印度，一九七〇年代移民美國，先是成為內科和內分泌醫師，後來轉向研究身心靈治療，自稱目標是將西方科技奇蹟與東方傳統智慧結合，著述頗豐。

「我愛以色列人，特別是某個人，」蕾貝卡說，同時向坐在人群中的亞當點頭示意，事實上嗆辣紅椒樂團中那名以色列團員，早在三十年前就因為服用過量海洛因而過世。〔16〕

這星期在洛杉磯經歷的一切，令許多WeWork員工充滿疑惑。蕾貝卡為什麼要採訪基德斯？WeWork估值再度創新高，有了新資金挹注，員工得以將部分持股變現，但這並非他們原本期待的意外之財。在We Company大品牌之下切割出不同產品線，確實有些道理，但是公司的使命宣言太深奧難懂，讓人覺得不明所以。當公司提出「做你所愛」、「創造生活而不是求生存」等口號時，雖然員工和會員可能忍不住翻白眼，但至少他們理解這些口號的意義。可現在，盧比．安娜雅和公司大打官司，公司和沙烏地阿拉伯政府有生意往來，員工得費力跟上公司的工作步調，以上種種因素都讓員工愈來愈難說服自己，為什麼要這麼拚命工作。

在高峰會上，哈佛商學院教授法蘭西絲．傅萊（Frances Frei）發表了演說，她提到如果企業在以下三件事情開始搖擺不定，通常會惹上麻煩：真實性（authenticity）、邏輯與同理心。幾星期後，許多WeWork員工觀看了描述療診公司暴起暴落的HBO紀錄片，「搖擺不定」正是他們內心感受之一。WeWork與療診公司都是靠著創辦人個人魅力而迅速崛起，資訊流通受到層層管制，基層員工也都希望公司內有個大人掌管財務。但是在療診公司董事會，沒有任何一名董事是醫生；在WeWork董事會，沒有任何一位董事來自房地產業。不過讓WeWork員工稍感安慰的是，他們提供的是有形服務，而不是從未成功的血液檢測技術，而且他們提供的服務確實受到客戶喜愛。

但是，眼看著在其他野心勃勃的新創公司工作的同業，愈來愈難解釋自家公司究竟是做什麼的，WeWork員工也開始有些擔心害怕。

不過在WeWork內部，有個人一點都不擔心公司的未來。「你知道，要製造出一顆鑽石，需要花多少時間嗎？」亞當在高峰會上問一名記者，「五十萬到四百萬年。我很喜歡這個類比，要製作出某個珍貴的東西，就必須施加巨大壓力。」

16 譯註：這裡指的是創團團員之一，吉他手希勒·斯洛伐克（Hillel Slovak），一九六二年在以色列出生，一九八八年因為服用過量海洛因死亡。

20 我們當中的我
The I in We

二〇一九年四月，也就是We Company開始提升全球覺知的三個月後，我去參觀了WeWork第一個據點：蘇活區格蘭街一五四號大樓。這棟大樓就像來自另一個時代的時間膠囊，當初完全外行的米格爾親手鋪設的網路線依舊留在牆上，畫著一個人拿著棍棒、準備砸壞電腦的企業標誌貼圖，仍舊貼在速度慢到令人不耐的電梯內。「未來我們再也不可能成為最先進的WeWork辦公空間，這裡已經成了歷史，」大樓社群經理考特尼・華勒斯（Courtney Wallace）帶著我穿過玻璃隔牆間的狹窄走道時對我說。華勒斯在二〇一一年加入WeWork，他簡直不敢置信，公司竟然成長到如此龐大的規模。但是他認為亞當應該不覺得意外。「亞當的野心沒有極限，」華勒斯說，「我想亞當會說，沒想到竟然花了這麼久。」

格蘭街一五四號大樓在九年前開幕，雖然現在市場上有更多新選擇，但仍有一半房客繼續租用這棟大樓的辦公空間：有位WeWork員工占用了某間辦公室，他負責管理位在相同街區內的新據點翻修工程。《紐約》雜誌指派我撰寫一篇WeWork專題報導，部分原因是亞當・紐曼帝國正步步進逼：《紐約》雜誌辦公室位在蘇活區某棟大樓〔1〕，在距離大樓約一．六公里的範圍內，突然出現十多個WeWork辦公空間，由傑瑞德的弟弟約書亞．庫許納（Josh Kushner）創辦的健康保險公司「奧斯卡健康公司」（Oscar Health），也在同棟大樓內租下由Powered by We全新設計與翻修的辦公空間。〔2〕

我參觀完格蘭街一五四號大樓後，發現有幾通未接來電，但沒有顯示電話號碼。我走到室外回電，結果是一名任職WeWork多年的高階主管打來的，他聽說我正在撰寫該公司的報導。他很願意談談自身經驗，但希望能私下聊。如果WeWork成功完成首次公開發行，他必定能獲得鉅額報酬；他曾親眼目睹公司如何對待喬安娜．絲特蘭格，或其他與公司意見不合的員工。他相信這是一門好生意，但是他認為，WeWork將自己定位成科技公司，或是對外宣稱大力改革教育、改善企業文化等舉動，實在很可笑。「WeWork的企業文化是我這輩子見過最糟糕的，」他說。幾天後，我和另一名WeWork離職員工約在丹波區某家咖啡店碰面，距離綠色辦公桌舊辦公室不遠，我們私下聊天時，這名員工也表達類似看法。「我曾經參與製作部分WeWork宣傳廣告，」當我們坐定後他說道。他想要確定，我的文章是否也是宣傳廣告。

當我和更多WeWork現任與離職員工聊過後，明顯發現許多人一直很難忘懷在這家公司工作的日子。對某些人來說，在WeWork工作是他們年輕歲月中，最興奮激昂的一段經歷，卻也是最困惑不解的一段時光。有不少離職員工形容，離開這家公司就像是逃離瓊斯鎮（Jonestown）〔3〕和韋科（Waco）〔4〕；至於繼續留下來的員工，只是單純希望不久後公司順利完成首次公開發行，他們就能賣股變現，尋找新的工作。

在我參觀格蘭街一五四號大樓時、打電話給我的那名高階主管，曾不只一次收到WeWork工作邀請，最後他終於下定決心離開原本工作的大型企業。「最後我說，『媽的，如果我聽到的話有一半是真的，如果亞當說的話有部分是真的，我很希望成為這艘太空船的一分子，』」他說。自此之後，這艘太空船持續爬升；他明白，這家公司有充分理由會成功，但是他也相信，不久後公司將會發生某種意外。他說，WeWork的麻煩就在於：它最大優點和最大弱點都來自高層。「亞當是天才業務員，」他說，「他身邊的人崇拜他，這種個人崇拜讓公司能夠持續運作，讓每個人閉嘴。」亞當懷抱的願景，以及他對投資人、房東和員工承諾的事，是維持WeWork運轉所需的燃料。即使是這名高階主管也很容易受到影響。我們在飯店大廳酒吧碰面時，我一眼就看到他的

1 譯註：瓦克里街七十五號的「一號哈德遜廣場」（One Hudson Square）大樓。

2 譯註：奧斯卡健康公司在二〇一九年六月正式搬進一號哈德遜廣場大樓的新辦公室。參考文章：“Inside the WeWork-designed offices of $3.2 billion startup Oscar Health, where kombucha is on tap and employees can work on a massive daybed,” *Business Insider*, Aug 21, 2019.

3 編註：瓊斯鎮位於南美洲圭亞那西北部的叢林地區，因一九七八年十一月邪教「人民聖殿教」（The Peoples Temple of the Disciples of Christ）創立者吉姆．瓊斯（Jim Jones）號召九百多名信徒在此集體服毒自殺而聞名。

4 編註：韋科位於德州，一九九三年四月，此地發生邪教史上知名的「韋科慘案」。

手機背面還貼著WeWork貼圖，上面寫著：做你所愛。他還能說什麼呢？亞當確實非常有說服力。

・・・

許多房地產同業都不太願意公開談論WeWork。他們有非常多、而且是各式各樣的理由，期待亞當真正回到現實。（有個人把我介紹給一名私家偵探，他們曾雇用這名偵探挖掘WeWork的齷齪事。）但實際上，過去十年，所有房東無一不眉開眼笑地兌現WeWork支票，亞當的競爭對手也很感激彈性辦公空間市場出現這麼一位能力高強的先知，不斷宣揚管理企業房地產的創新方法。他們無法解釋WeWork估值是怎麼算出來的，但每個人都很擔心，亞當有可能會如願實現自己的野心，至少到目前為止沒有任何事情能阻止他，亞當的權力將會持續膨脹。在這種情況下，沒有人希望和亞當作對。某天，我約了在紐約經營小型辦公空間「千居」（Spacious）的普雷斯頓·佩塞克（Preston Pesek）碰面，結束後沒多久他就打電話給我，要求我別寫出某些重要談話內容，否則亞當會想要收購他的公司。三個月後，紐曼以四千三百萬美元併購了佩塞克的公司。

WeWork持續忙著準備即將來臨的首次公開發行。過去十年，大部分時候，競爭對手只能眼睜睜看著WeWork公然藐視企業地心引力法則，他們認為這次上市將會是大清算時刻，不只是對WeWork而言，還包括整個系統。就在我參觀完格蘭街一五四號大樓幾星期後，我和聯合辦公服務公司的共同創辦人傑克・舒瓦茲聊了一會，這家新創公司雖然獲得貝佐斯投資，但是早在二〇一〇年代初期，便將共同工作市場拱手讓給WeWork。「當時我不了解，只要願意承擔巨大風險，就能獲得同等報酬，」舒瓦茲對我說，「在房地產業，你會看到很多人雖然沒有比較聰明，卻願意把錢全部押注在黑色二十二號，這就是川普的做事方式。」聯合辦公服務公司的教育事業成績相當不錯，舒瓦茲並不後悔放棄共同工作空間市場，特別是當軟體銀行進入這個產業、扭曲市場經濟法則之後。他認為WeWork是很好的企業，營收也相當不錯。只是他無法理解，為什麼公司估值可以達到四百七十億美元。

不過，對於WeWork迅速崛起，舒瓦茲並不覺得意外，他曾在金融業工作多年，這就是系統運作方式。亞當逐一說服投資人相信他的願景；每當他成功說服新投資人加入，隨著WeWork估值飆高，既有投資人的持股價值也跟著水漲船高，隨後投資人便拋售股票，將風險轉給下一個傻瓜。即使WeWork順利上市、首次公開發行股價大跌，亞當仍擁有大約五分之一股權，而且他持有的是優先股，這意謂著他可以比多數員工更早拿回自己的錢。「假設估值縮水到五十億美元，」舒瓦茲說道，這個數字更接近國際工作場所集團在倫敦股市的市值，「員工會虧錢，投資人慘賠。但亞當還是能保有十億美元身價。所以從客觀角度來看，設下如此長時間的騙局，冒著其他人大失血的風險，是不是錯了？當然你可以辯解說，這種做法符合理性。」

全球經濟歷經十年毫無限制地成長，憑空創造龐大財富，如今這股熱潮已接近尾聲，但是有件事總是令舒瓦茲夜不成眠：WeWork崛起究竟帶給下一代創業家哪些警示？「你要問的是，資本主義該如何走下去？」舒瓦茲問說，「類似這種公司可以透過非常多簡單方法，影響下一代創業家對於成功的看法。我們可以這麼問，在我們建立的系統中，成功創業家真正反映了我們希望建立的價值觀嗎？要是某個人利用整個系統大賺一筆，我們應該在意還是不在意？」舒瓦茲不介意亞當變得富有；他自己也很想賺大錢。他說：「我之所以在意，原因是最成功的公司多半是那些全力快速擴張、玩弄真相的公司，如果真是如此，那麼資本主義是偉大的、甚至是有效的說法，過沒多久就會不攻自破。」

• • •

「我想我得去剪頭髮了，」二〇一九年四月，我在WeWork總部的亞當辦公室和亞當碰面時他說道。他給我看一張十年前拍攝的黑白照片：他和米格爾並肩而坐，謀劃新事業的未來，當時公司還沒有成立。那時候亞當的頭髮比現在短很多、也整齊許多，之後他開始留著及肩長髮。隨著堅韌計畫腰斬、股票上市迫在眉睫，亞當開始考慮恢復當年他和米格爾思考未來時的樣貌。

亞當告訴我，他很想讓大眾知道WeWork的真實情況。「數字會說話，」他說，反覆將公司的未來發展和亞馬遜相提並論，這正是他慣用伎倆。現在他依舊擺出維護隱私的姿態，「有很多數字不能對外公開，」但是他又堅稱，自己已經準備好公布財報，「我想公布成績單是件好事。」

不過他倒也不急。當年稍早，他曾告訴一位他極力想挖角的高階主管，二〇一九年WeWork會做好萬全準備，確保能在二〇二〇年順利上市。亞當的夢想依舊相當大膽。我在他的辦公室看到一張海報斜靠在沙發上，設計非常搶眼，於是我向他問起了海報的事。海報展示了未來WeCity的樣貌，日期標示為二〇四八年。「我應該把它藏起來，」亞當笑著說他不能透露任何細節，只能告訴我實際開幕日期會提早許多，目前暫定是二〇二八年。

二〇一九年頭幾個月，亞當和蕾貝卡一直待在他們在西岸的新住宅：他們花費二千一百萬美元買下這棟位於馬林郡的房子，原屋主是畢生致力於推廣搖滾樂的比爾・葛拉漢（Bill Graham）。新住家總計有七間臥房，一座安裝有滑水道的游泳池，還有一間格局近似吉他形狀的房間，房間內有個小空間，相當於吉他的琴頭。窗戶上寫著死之華樂團（Grateful Dead）的歌曲〈惡魔的朋友〉（Friend of the Devil）開場和弦。

紐曼夫婦兩人在西岸還有一些業務需要處理。二〇一九年初某天，WeWork西岸房地產團隊某成員收到亞當的簡訊，當時亞當正在威爾德古斯一世的飛機上。團隊已經花費好幾個月，希望在比佛利山莊找到適合的辦公空間，幫助WeWork進一步打進好萊塢娛樂圈，同時讓庫奇的投資公司桑德創投有辦公室可用。其中可能選項之一是威爾夏大道（Wilshire Boulevard）九八三〇號大樓，這裡曾是好萊塢知名的人才媒合公司「創新藝人經紀公司」（Creative Artists Agency）的辦公室。

這棟建築物正是過剩年代的代表性作品，由貝聿銘[5]設計，中庭擺放了一幅羅伊．李奇登斯坦（Roy Lichtenstein）[6]創作的大型壁畫。WeWork房地產團隊懷疑，公司承租這棟大樓是否真的符合經濟效益。但是亞當從四萬英尺高空下達指令：完成交易。

原本可能要花費數個月才能談定租約，WeWork團隊只花了幾星期就搞定，但是負責對新據點進行盡職調查的團隊並未參與其中。因為老闆只想完成交易。「這筆交易並不符合經濟效益，但我們還是達成任務，」參與這項專案的員工說。

和房東談判時，孫正義的資金成了兩面刃，房東知道WeWork房地產團隊承受巨大壓力，必須盡可能簽訂更多租約。WeWork團隊和創新藝人經紀公司創辦人邁可．奧維茨（Michael Ovitz）約定在威爾夏大道九八三〇號大樓見面談判，當時奧維茨仍是這棟大樓的共同所有人。奧維茨是好萊塢相當精明的交易高手，WeWork員工努力翻閱他的回憶錄，急切想要找到有利的談判角度。最終WeWork做出某些讓步才順利成交，包括：對於WeWork使用的木材類型和洗手間設備，奧維茨擁有否決權；WeWork同意支付數十萬美元的機械工程費用（在過去強調成本控制階段，WeWork絕不可能同意負擔這筆費用）。此外桑德創投將會占用部分大樓空間，而且頭兩年免付租金。簽訂租約時WeWork團隊心知肚明，交易條件實在太差了，公司恐怕永遠賺不了錢。

沒有任何跡象顯示，WeWork會在首次公開發行之前放緩擴張野心。WeLive依舊只有兩個據點，但是根據二〇一四年公司預估，這個時候應該要有六十九個據點，不過團隊仍努力在全球各地完成交易，包括改建一家邁阿密海灘飯店。亞當考慮收購長期競爭對手國際工作場所集團，此外公司正準備支付十三億美元，購併全球最大物業管理公司畢吉斯（BGIS）。WeWork西岸團隊的部分成員頂住壓力、拚盡全力，希望達成辦公室租賃目標，他們前往蒙大拿勘查適合開發的空地，未來可在此為會員舉辦夏令營，浪園衝浪池或許可作為重要賣點。三月時，亞當聘用一位谷歌高階主管和一位設計師朋友，負責將WeCities概念化，因為二〇一八年的期限已近在眼前。二〇一九年初，傑瑞德・庫許納打電話給亞當，請他協助製作一支影片，影片會在六月於巴林舉行的和平促進繁榮（Peace to Prosperity）〔7〕高峰會上播放，目的是宣傳巴勒斯坦的經濟成長。WeWork公關團隊有些猶豫，但亞當將這工作交給以色列籍高階主管羅尼・巴哈爾（Roni Bahar）負責，他找到一家廣告公司協助製作影片。在高峰會現場，庫許納為出席活動的觀眾播放這支影片：樹木從瓦礫堆中拔地而起，花朵在沙漠中綻放。當天孫正義也在現場，美國財政部長史蒂夫・梅努欽（Steve

5 譯註：一九一七~二〇一九，美籍華裔建築師，一九八三年獲得普立茲克獎，代表作包括東海大學路思義教堂、法國羅浮宮金字塔、卡達杜哈伊斯蘭藝術博物館、香港中國銀行大廈、中國駐美國大使館。

6 譯註：一九二三~一九九七，美國普普藝術家，擅長以粗黑線條勾勒輪廓、以網點構成鮮豔色塊，描繪生活用品、愛情、戰爭等主題。

7 譯註：二〇一九年六月，美國白宮公布「和平促進繁榮：改善巴勒斯坦和以色列人民生活願景」計畫，交由庫許納主導規劃，希望透過經濟援助改善巴勒斯坦人的生活狀況，進而說服巴勒斯坦，與以色列和平相處。六月底，美國和沙烏地阿拉伯等其他阿拉伯國家在巴林舉行和平促進繁榮高峰會，巴勒斯坦政府拒絕出席。

Mnuchin）也出席了，他說加薩將會成為「熱門的首次公開發行市場」。

在此同時，蕾貝卡利用亞當待在西岸的時候，尋找適合機會擴張WeGrow規模。學校原址已重新整修，秋季時容納人數是原先兩倍，她希望在WeWork落腳的每個城市都成立一所學校，未來擁有「WeGrow全球會員」資格的人就可以帶著孩子前往世界各地。WeWork團隊被派往灣區，協助尋找符合蕾貝卡所有要求的地點。蕾貝卡希望學校接近大自然，所以團隊跑去馬林郡勘查，但是她又希望學校靠近WeWork社群，團隊只好返回舊金山。後來他們在內河碼頭（Embarcadero）找到很不錯的地點，但是蕾貝卡又擔心地震可能會破壞校舍。

原本WeWork房地產團隊忙著達成公司要求，盡快找到新辦公空間，現在又要分心幫忙尋找校地，但是公司和紐曼家庭需求之間的界線，卻變得愈來愈模糊。紐曼全家待在西岸期間，曾要求部分WeGrow老師離開學校，擔任他們小孩的私人家教。其中一位老師回到紐約後，趁著蕾貝卡不在，向另一名學生伸出援手。紐曼夫婦的大女兒原本在WeGrow學生搖滾樂團擔任主唱與鋼琴演奏，紐曼全家前往馬林郡度假後，樂團就少了女主唱。於是那位老師找到一個在學校過得並不順心的八歲女孩，問她是否願意嘗試唱歌。她不會彈奏任何樂器，但這是加入樂團的必要條件，不過老師認為或許可以破例一次。後來女孩點頭答應，而且在短時間內進步神速。

到了學期中紐曼全家回到紐約，蕾貝卡立刻推翻那名老師的決定。她說這樣的改變不符規定，規則就是規則。女孩被踢出樂團，蕾貝卡的女兒重新回到麥克風前。

• • •

五月初某個午後，正忙著為《紐約》雜誌撰寫報導的我，跑去參觀芮福全球（Thrive Global）總部，這家公司由雅莉安娜・赫芬頓（Arianna Huffington）創辦，致力於「消除壓力和工作倦怠流行病」。二〇一八年，赫芬頓聘請WeWork重新設計芮福辦公室，這是WeWork新產品線「WeWork總部」(Headquarters by WeWork）提供的服務之一，「WeWork總部」就相當於精簡版Powered by We。赫芬頓親自迎接我，同時和WeWork企業溝通團隊的一名成員打招呼，這名員工負責全程陪在我身旁。赫芬頓才剛剛和這名員工的老闆、WeWork企業溝通團隊新主管吉米・艾希（Jimmy Asci）談過話。艾希曾經和優步的特拉維斯・卡拉尼克合作，當時赫芬頓正好擔任優步董事。「我認識吉米時，他正代表優步的特拉維斯，幫忙公司度過重大危機，從此之後我們的關係就變得非常緊密。」赫芬頓說。

整個星期我都在為即將刊登的文章和WeWork企業溝通團隊纏鬥。他們堅稱，亞當從沒有要求安裝通風口，好讓自己可以在辦公室抽大麻；亞當出售WeWork股票從沒有超過二億美元；蕾貝卡絕對沒有過度干涉WeGrow搖滾樂團。（他們建議，我可以報導萊爾德超級食物公司「表現非常突出」。）我的報導寫說，亞當告訴另一位WeWork高階主管，他會創辦另一家新創公司，專門研究如何延長人類壽命，但是公司說亞當並沒有這樣的意圖，因為他沒有計畫創辦另一家公司。他希望只要情況允許，他能繼續擔任WeWork執行長。

WeWork員工告訴我，他們看了我的文章〈我們當中的我〉（The I in We）之後，不知怎的感覺鬆了一口氣。他們終於明白，自己在WeWork宇宙某個角落經歷的一切，其實反映了某種更龐大的體制問題，因此心裡稍微好過一些。我們之所以選擇用這個標題，是因為每個人描述自己在WeWork的工作經歷時，幾乎都與亞當脫離不了關係，包括正面和負面經驗。「亞當就是WeWork，」前營收長法蘭西斯．羅伯當時對我說，「他是四分之一瘋狂、四分之一聰明，另外二分之一則是在自我與真心關心他人之間來回拔河。如果亞當明天被巴士撞，我大概會賣掉手中股票。」

〈我們當中的我〉這篇文章在六月刊登後，WeWork公關團隊向我坦承，我的採訪內容讓他們感到相當棘手，以前很少發生這種情況。過去幾年，亞當非常有個人魅力，在面對記者時總能發揮效用；雖然每位記者都強力要求他說明公司的財務狀況，但在報導時卻語氣熱切地描述他如何推動科技創新，如何刻意縮減走道寬度、創造社群效應。以色列報紙《國土報》（Haaretz）的一名記者在二〇一七年寫過一篇亞當的人物報導，幾個月後這名記者離開報社，加入WeWork。

我採訪亞當時，WeWork正推出新投資基金ARK，取代WeWork房地產顧問委員會。（亞當說基金名字代表**亞當**、**蕾貝卡**和**小孩**這三個英文單字的第一個字母，但是當《彭博社》報導基金名字的英文縮寫時，發言人卻說實際上是代表**資產**（asset）、**報酬**（return）和**達標**（kicker）。）成立ARK之後，WeWork就可以購買更多房地產，但是亞當擁有IBM大樓與其他WeWork房地產的事，也會再度引發外界關注。不過，亞當完全不在乎這麼做可能有利益衝突；他只是想要利用實際行動向其他房東證明，WeWork是值得往來的房客。亞當計畫以成本價將房地產賣給ARK，他對外宣稱這麼做其實是犧牲了自己的利益。「我投資房地產的眼光相當精準，如果當初我以一百美元買下，現在可能已經漲到三百美元，」他告訴《彭博社》。

亞當強調，他個人利益和公司一致，他複述一遍在公司創業初期、他曾對喬許・西蒙斯說過的話：「WeWork就是我；我就是WeWork。」即使拋售價值高達數億美元的股票，亞當依舊是WeWork最大股東。「我的股票可以賺更多錢，」他告訴我，這是相較於他從自家公司收到的租金而言。「如果我真的想賺錢，就應該買更多WeWork股票才對。」

「我倒是希望自己手上有一些股票，」我開玩笑說。

「現在還來得及，還有很大上漲空間。」亞當回答。

21 展翅翱翔 Wingspan

就在我採訪完亞當幾天後，他和蕾貝卡帶著五個孩子搭乘威爾德古斯一世飛機，展開為期三星期、橫跨全球的旅行，慶祝亞當四十歲生日。據說WeWork員工花了整整三天，為紐曼的小孩下載電視節目和電影，好讓他們可以在飛機上觀看，這架飛機經過改裝，新增兩間浴室。（紐曼夫婦後來將私人旅遊費用退還給公司。）紐曼全家飛往多明尼加共和國，在當地停留一星期去衝浪，然後在四月底時飛越大西洋。亞當取消了以色列行程，當時《快速企業》記者正在撰寫他的人物報導，原本亞當計畫帶記者參觀他的祖籍地。但是亞當非常緊張，不是因為要和另一位記者碰面，而是因為一名以色列航空（El Al）空服員感染麻疹，當時麻疹疫情已擴散至全球[1]，而亞當最小的孩子沒有打疫苗。

於是紐曼全家飛往距離印度南端約八百公里的島國：馬爾地夫，他們邀請了二十多個家庭和

1 譯註：二〇一九年初，全球各地爆發麻疹疫情，根據世界衛生組織統計，一月至三月全球麻疹病例數相較前一年暴增三〇〇%。可參考：https://www.who.int/news/item/15-05-2019-new-measles-surveillance-data-for-201

朋友參加亞當的生日派對，包括麥可．葛羅斯在內。紐曼一家租下一棟設計時尚的濱海度假屋，屋外有專屬通道前往衝浪景點帕斯塔角（Pasta Point），另外還有一艘專供他們使用的遊艇停靠在近岸。他們要求帶小孩來度假的家庭必須有保母隨行。

亞當在馬爾地夫度假時，WeWork高階主管團隊正在苦思公司下一步該怎麼走。亞當和亞提曾爭論過，如果公司有可能公開上市，接下來該做哪些事。亞提認為控制成本、改善財務、做好上市準備才是明智做法。隨後公司主管被要求裁減人力，所有支出必須符合「紀律」。WeWork董事會阻擋亞當收購「遠距年」（Remote Year），這個線上平台主要是協助數位遊牧工作者，在全球各地找到適合的住宿和工作場所。創造者大獎在首爾舉辦完最後一場活動後便暫停，二〇一九年高峰會取消。四月一日，WeWork宣布不再支付仲介業者高昂佣金；多年來遭受嚴重打擊的競爭對手懷疑，這個改變或許只是愚人節的玩笑話。

但是亞當依舊認為，WeWork應該持續擴張。他說，公司規模已經變得非常龐大，如果資金吃緊，房東會想辦法配合，這就是「大到不能倒」論點。據說亞當在某次會議上說道：「如果我告訴大家『停止所有行動』，大樓價值將會暴跌。」他這話有部分是對的。四月中時，標準普爾全球評級公司（S&P Global Ratings）對外表示，一旦WeWork倒閉，將會有超過三十億美元的商業房貸證券面臨違約風險。

到了四月底，整個局勢充滿不確定，對於正環遊世界、四處衝浪的亞當來說，眼前危機四伏。

他持續和紐約的高階主管密集聯繫，他們時常在大半夜接到亞當的電話。但是馬爾地夫和紐約有九小時時差，溝通起來更困難。在亞當關燈迎接安息日時，紐約是星期五早上，所有人才剛要起床工作，到後來亞當索性要求一名副手飛到馬爾地夫，親自協助他處理工作的事。

亞提在電話上告訴亞當，他和WeWork財務團隊準備在五月初與紐約的投資銀行碰面，篩選出一家負責統籌WeWork首次公開發行流程。亞提和其他人認為，該是時候採取行動了。到了明年某個時間點，WeWork必須取得新資金才可能維持成長，而且自從二〇一八年市場崩盤、導致堅韌計畫腰斬後，如今市場再度反彈回升。過去十年獲得源源不絕創投資金挹注的企業，包括優步、來福車、Slack和超越肉類，都已經公開上市。視訊會議軟體廠商Zoom也剛掛牌，交易第一天股價便飆漲七二%。WeWork自然不希望錯過這個大好時機，亞提希望搶先披露消息，這樣WeWork就有理由宣稱，他們是選擇在最有利時機點公開上市，而不是為了拚死一搏。

亞當還是無法做出決定，但是他沒有太多其他選擇。四月二十九日，亞當在印度洋上慶祝完生日後，WeWork正式對外宣布，他們正在為首次公開發行做準備。

• • •

WeWork員工聽到這項消息後拍手叫好。這麼多年來，他們累積愈來愈多股票選擇權，卻不知道能拿它做什麼，後來又因為堅韌計畫停擺而大失所望，如今看來終於有機會變現。員工開始討論買房、還清債務、或是找新工作等等。許多自認理財達人的員工建議同事，現在就買下他們手中的股票選擇權，等到要出售股票時，就能少繳一些資本利得稅。有些員工貸款數十萬美元買下股票選擇權。WeWork的Slack帳號原本有個「個人理財」頻道，員工會在這裡討論信用評分和退休儲蓄計畫，後來頻道改名為「首次公開發行新聞」，因為公司上市將會影響員工個人的財務未來。

亞當從馬爾地夫回到紐約後，對於首次公開上市的態度開始有了轉變。雖然他寧可讓公司繼續私有化，但是既然公司已經做出了決定，加上財經媒體不斷報導公司首次公開發行的消息，現在他可以平心靜氣地看待這件事。WeWork高階主管希望趁著亞當改變心意，快速採取行動；如果讓他有更長時間重新考慮，他就愈有可能再度變心。亞提也擔憂，如果整個夏季和潛在投資人在漢普頓密集會面，等於給了亞當更多機會說出他不應該說的話。WeWork的目標是在七月底前公開上市，十八日或許是個幸運日期。

但是要達成這目標簡直難如登天。參與WeWork首次公開發行籌備工作的一名小組成員，和負責Slack公開發行的資深成員聊過後，更是覺得膽戰心驚。Slack同樣計畫在不久後公開上市，但是Slack團隊成員透露，之前六個月他們幾乎什麼事情也沒做，只專心處理上市籌備工作。WeWork財務團隊有不少成員才剛從大型上市公司跳槽過來，他們萬萬沒想到，WeWork竟然自以為已做好準備公布財報、讓大眾監督。前不久公司才讓數千名員工搭飛機前往加州參加研討會，還邀請了嗆辣紅椒樂團現場表演。市場要求的財務責任在哪？「我們所有人都認為，公司現在還沒有能力做這件事，」財務團隊的某位成員說。

就在WeWork宣布首次公開發行後不久，某個工作團隊和想像力公司（Imagination）員工碰面，想像力是一家專門協助企業處理公開上市籌備作業的行銷公司。當WeWork員工說出預定時間表後，想像力員工忍不住大笑。因為除了必須準備好所有必要文件，還要取得證券交易委員會核准，所以根本不可能在這麼短的時間內完成。但是接受常態或限制，向來不是WeWork習慣的做事方式。「這完全是WeWork的作風，」WeWork團隊某位成員說，「高層的回覆是，如果不能按照WeWork的方式來做，我們就去找其他人。」

• • •

就在WeWork宣布首次公開發行兩星期後，出現了一個重要預兆。亞當曾在他的辦公室告訴我，他會特別關注優步股票上市；原因是兩家公司都獲得標竿創投和軟體銀行的投資，而且依舊持續燒錢。二〇一八年，WeWork和優步都虧損了將近二十億美元，這數字令人瞠目結舌，就連長期不賺錢的科技巨獸亞馬遜，也沒有出現過這種虧損紀錄。優步上市正好可以測試，對於投資未獲利企業的接受度究竟有多高。

五月十日，優步在紐約證券交易所掛牌上市，卻創下交易史上最難堪的首日交易紀錄。[2]眼看優步股價大跌，WeWork和軟體銀行內部所有人都相當憂心。孫正義在WeWork和優步未上市前、估值衝上高點時，投入數十億美元資金。如今軟體銀行持有的優步股票已經泡水，偏偏這段時間孫正義正忙著向投資人簡報，邀請他們加入規模達一千億美元的第二支願景基金。所以，他絕不希望自己重蹈覆轍。

亞當自認知道如何避免步上優步的後塵。五月底，這家共乘公司第一次公布上市後營收，不僅持續虧損[3]，更創下成長速度最緩慢紀錄。許多公開上市公司都會面臨相同情況，因為他們必須向外界證明公司確實有在努力縮減開支。但是亞當告訴其他人，他認為放緩成長速度反而會嚇跑投資人。他說，WeWork要加速成長。WeWork每天有兩個新據點開幕，每星期簽下十多份租約，每週一有一百名新進員工到職。如果所有事情依照亞當的計畫進行，到了下半年WeWork將會創下超乎投資人預期的驚人成長數字。放手花大錢，才能更快速擴張。

• • •

財經媒體向來喜歡將首次公開發行視為迷你版超級盃，能夠為投資人、創辦人、長期員工帶來意想不到的財富，當然也包括那些在家偶爾買賣股票的散戶投資人，他們會思考某家新公司是否有可能成為下一個蘋果或亞馬遜，如果真是如此，那麼小孩的大學學費就有著落了。就實務面來看，首次公開發行只是企業籌資方式之一，如果公司繼續維持私有化，就不可能透過這種方式籌資。WeWork希望向大眾籌資三十億美元，維持公司成長；但由於投資人會買賣股票，公司必須投入更多努力，確保順利達成籌資目標。要做到這一點，公司不僅要吸引那些習慣觀看消費者新聞與商業頻道作為消遣的業餘投資人，更重要的是爭取有能力在首次公開發行大量買進股票的機構投資人。退休金基金和共同基金經理人的投資策略，和標竿創投、軟體銀行大不相同，他們不會憑藉直覺做決定，讓自己的工作陷入險境。他們想要看到實際數字。

所以，首先必須確定：WeWork的實際價值是多少？這是最重要的基本數字。在新創熱潮期間，一直隱藏著一個不可告人的祕密，那就是私有市場估值基本上沒有任何意義，因為這個數字和一家公司賺了多少錢、創造多少經濟價值沒有多大關聯。這些估值完全是憑感覺與數學公式計算得出的模糊數字。當競爭變得更加激烈，例如WeWork在最初幾輪融資面臨的情況，創投業者多半會誇大估值，引誘創辦人接受他們的資金，將其他創投業者排除在外。從A輪到B輪和C輪融資，新創公司的估值會不斷膨脹。

孫正義加入後，WeWork估值更是高到令人難以理解。沒有投資人能像軟體銀行一樣，投資

2 譯註：優步首次公開發行價為四十五美元，上市首日終場大跌七・六%。
3 譯註：二〇一九年五月三十日，優步公布上市後第一季財報，總計虧損十・一億美元。

數十億美元給WeWork，WeWork估值之所以衝上四百七十億美元，或多或少是亞當和孫正義私下協議的結果，如果和二〇一六年時，弘毅投資與其他投資人投資WeWork的估值相比，將近成長三倍。[4] WeWork最新估值的背後，其實隱藏了更黑暗的內幕。孫正義在茂宜島度假時，同意額外投資二十億美元，其中一半是以四百七十億美元估值為基準，另一半則是用來收購既有股東持股，但是以更低的估值數字，也就是二百三十億美元為基準，這個數字稍微高於軟體銀行在二〇一七年投資WeWork的估值。

投資條件底定後，WeWork部分高階主管認為，調降估值或是選擇介於兩個估值之間的「混合估值」（blended valuation）似乎比較妥當。四百七十億美元估值反而讓WeWork成為箭靶，WeWork早期支持者也提出質疑，例如普徠仕。WeWork執意聽從軟體銀行要求、加速擴張規模，讓普徠仕愈來愈感到心灰意冷，自二〇一九年初開始，便盡可能拋售WeWork股票，至於剩餘持股價格，則是以二百五十億美元估值作為計算標準。四月時，富達也悄悄調降手中持股價格，以一百八十億美元估值作為計算標準。夏季時，亞當和一群富達投資經理人在波士頓碰面，他穿著招牌T恤和牛仔褲，富達投資經理人告訴他，富達還沒有決定是否要投資WeWork首次公開發行。

然而不論是孫正義或亞當，都無意降低WeWork估值。當時孫正義正努力為第二支願景基金募資，在眾多重要投資標的當中，如果有一家企業估值飆高，軟體銀行便能對外誇耀說他們創下驚人的投資績效，至少帳面上是如此。至於亞當，則是對於新估值感到相當自豪，優步公開上市後，WeWork就成了美國最有價值的新創私有企業。他要求WeWork企業溝通團隊大力宣傳公司估值達四百七十億美元，亞提・明森告訴其他人，WeWork將會以超過五百億美元估值上市。亞當告訴《華爾街日報》，看著孫正義仔細精算WeWork估值，真是「一道美麗的風景」。

• • •

他們確實有樂觀理由。過去幾年，全球最大銀行一直想辦法和亞當、WeWork打好關係，現在WeWork終於開始籌備首次公開發行。在籌備上市過程中，「主承銷商」是最搶手的位置，擔任主承銷商的銀行將負起最主要責任，告訴WeWork該如何推銷自己，同時向潛在投資人提出擔保。在參與首次公開發行的銀行名單中，擔任主承銷商的銀行會列在最左上方；如果以WeWork的規模來計算，主承銷商大約可收取一億美元的費用。

五月時，WeWork舉辦了一場「預演秀」(bake off)來決定主承銷商，有三家公司參加這場預演秀，包括摩根大通、高盛和摩根史坦利。摩根大通是最佳候選者，因為他們和WeWork有長期合作關係，除了二〇一四年曾投資WeWork〔5〕，還曾協助WeWork簽訂貸款和其他融資協議，提供

4 譯註：二〇一六年三月，WeWork完成新一輪融資，總計募得四・三億美元，投資人包括中國的弘毅投資和聯想控股公司，WeWork估值達一百六十億美元。可參考："WeWork Targets Asia as Valuation Hits $16 Billion," *Wall Street Journal*, Mar 10, 2016.

紐曼夫婦九千七百萬美元低利房貸，購買多棟房產；此外還同意以亞當持有的WeWork股票作為擔保，提供亞當個人五億美元信用貸款。亞當習慣稱呼摩根大通執行長傑米・戴蒙為他的「私人銀行家」。輪到摩根大通進行主承銷商簡報時，他們的銀行家建議，WeWork上市時的估值應設定為四百六十億至六百三十億美元之間。

摩根史坦利的簡報由邁克爾・格萊姆絲（Michael Grimes）領軍，在他的帶領下，過去十年最大規模的科技公司首次公開發行案，有部分是由摩根史坦利負責。（格萊姆絲曾兼差擔任優步司機，因而順利拿下優步首次公開發行案。）一年前，堅韌計畫還未成形時，摩根史坦利團隊曾建議WeWork，或許可以啟動新一輪私人融資；另外摩根史坦利也提到，未來如果進行首次公開發行，投資人設定估值時，最高可能會達到一千零四十億美元。不過，在五月預演秀現場，摩根史坦利的報告卻顯得冷靜許多，他們建議未來估值應介於一百八十億至五百二十億美元之間，就看WeWork如何向那些有疑慮的投資人解釋公司的獲利模式。

到了五月第二個星期，也就是在優步以超過七百億美元估值上市前幾天，高盛向WeWork簡報，提出了最高的估值數字：九百六十億美元。過去幾年，高盛和摩根大通之間不斷上演龍爭虎鬥戲碼，希望贏得亞當好感。十二月，剛卸下高盛董事長職務的勞爾德・貝蘭克梵在一場慈善晚宴上發表演講，並當場向所有人介紹亞當。二〇一九年初，貝蘭克梵的繼任者蘇德巍（David Solomon）親自前往WeWork總部參觀，就華爾街標準來說，蘇德巍簡直是個異類，他以藝名DJ

D-Sol在夜店和音樂節兼差表演。（亞當告訴其他人，有一次他和麥可．葛羅斯、蘇德巍共進晚餐，現場播放了DJ D-Sol的音樂。）高盛的簡報同樣少不了各種誇大說辭，他們稱讚亞當懷抱的崇高企圖心可媲美賈伯斯、德雷莎修女（Mother Teresa）與巴布．馬利，他們還引述了巴布．馬利名言：「過你愛的生活／愛你過的生活」。在當時，蘋果是全球唯一市值超過一兆美元的公司，但是在高盛的報告中，其中一張簡報清楚列出「達成一兆美元的途徑」。他們好意地將WeWork與賽富時、阿里巴巴、谷歌和亞馬遜相提並論，並刻意加了一句話極力吹捧WeWork：「你們擴張速度更快。」

各家銀行都知道，亞當對於公開上市依舊猶豫不決，高盛一方面向WeWork簡報首次公開發行計畫，另外也提供了避免公開上市的最後一次機會。當時亞當住在灣區，他開始和高盛一名資深高階主管討論債務融資的可能性，金額大約與堅韌計畫相當。但是WeWork必須取得最高達一百億美元的信用額度，而且要以WeWork大樓現金流作為擔保，高盛最擅長設計這種特殊融資協議。「如果你需要動大腦手術，就得去找全球最頂尖的醫生，」亞當對同事說。根據協議內容，WeWork不一定要公開上市，但如果決定公開上市，必須由高盛擔任主承銷商。

明森和其他高階主管都對這份協議有些質疑。即使是對高盛而言，這筆投資金額也相當可觀。但是亞當希望能加快進行，到了夏季，高盛銀行家和WeWork團隊開始討論協議內容。七月初，高盛財務長史蒂芬．謝爾（Stephen Scherr）告訴WeWork團隊，高盛願意簽約。但是就在七月

5 譯註：二〇一四年二月，摩根大通旗下的摩根資產管理公司和其他投資人共同投資WeWork一．五億美元，可參考第七章。

四日放假日當天，即將要敲定最後部分條款時，雙方卻同時打退堂鼓，協議破局。

亞當回頭去找摩根大通。開會時傑米．戴蒙告訴亞當，他會成立一個團隊負責規劃類似的債務融資方案，但條件是亞當不會再回去找高盛。到了七月底，雙方草擬了一份六十億美元貸款方案，並獲得多家銀行支持，但是這份協議設下了一個圈套：WeWork必須成功上市，並且至少募得三十億美元，這項貸款方案才會生效。對摩根大通來說，不僅未來可以收取五千萬美元的費用，還能擔任主承銷商。對亞當而言，成功上市後就有機會募得九十億美元，實現We Company願景。

• • •

當年稍早亞當待在西岸期間，再次嘗試將WeWork拉進他一直渴望加入的科技巨獸生態系統。伊隆．馬斯克再也沒有和WeWork開會，不過亞當和麥可．葛羅斯繼續尋找可能的合作夥伴。他們與賽富時討論開發辦公室管理應用程式，和蘋果討論如何運用iPhone作為進出WeWork辦公空間的通行裝置。亞當和布魯斯．鄧利維邀請字母公司財務長露絲．波拉特（Ruth Porat）共進晚餐，希望說服她加入WeWork董事會。

但是每一次討論最終都會轉向不久後的首次公開發行，原因自然是亞當刻意將對話導向這個方向。在二〇一〇年代，沒有其他人能像紐曼一樣，在私有市場成功籌募到這麼多資金，他不怎麼擔心WeWork究竟可以提供潛在合作夥伴哪些好處，他更在意的是，說服其他企業執行長投資WeWork首次公開發行。即使賽富時和蘋果的投資金額僅僅是象徵性質，但也足以讓亞當在向其他投資人簡報時更有說服力。

春季時，亞當與蘋果執行長提姆・庫克（Tim Cook）會面。紐曼和葛羅斯與蘋果企業發展副總裁安德利亞・派瑞卡（Adrian Perica）、蘋果財務長盧卡・馬艾斯特里（Luca Maestri）共同擬定一項合作案，然後向庫克簡報，希望蘋果能藉由這項合作案投資WeWork首次公開發行，事實上蘋果已經透過願景基金投資WeWork。亞當帶著父親一同前往庫比蒂諾（Cupertino）[6]，當天他身穿一件T恤，外加一件西裝外套。庫克和紐曼談了九十分鐘。但是兩家公司沒有達成任何交易，雙方都不知道要怎麼合作。

在七月最後一天，摩根大通提供WeWork債務融資的消息走漏，WeWork在百老街八十五號舉行三小時的「分析師日」（analyst day），這裡曾是高盛的辦公大樓，亞當一度想在這裡開一間頂樓俱樂部。針對WeWork首次公開發行，各家分析師必須決定他們公司會投入多少資金、願意支付多高價格。由於證券交易委員會規定，在首次公開發行之前不得對外談論公司未來發展，有兩個月期間多數時候亞當只能保持緘默，但現在他終於有機會重新站在大眾面前，這是最讓他感到自在的場合。蕾貝卡就坐在前排，她選了麥可莫演唱的〈不能打壓我們〉（Can't Hold Us），作為兩

6 譯註：庫比蒂諾是蘋果總部所在地，蘋果將總部取名為「蘋果園區」（Apple Park）。

分鐘開場影片的配樂，副歌歌詞寫著：「就是這個時刻／就在今晚／我們會持續奮戰直到結束」。

房間內擠滿了超過一百名投資人。亞當反覆宣稱，只有亞馬遜能與WeWork類比，但是兩相比較，WeWork更像個便宜貨。歷經堅韌計畫腰斬風暴後，WeWork高階主管很難準確評估公司的情況，他們神情緊張地環顧房間四周，觀察投資人聽完亞當的發言後有什麼反應。結果沒有人提出太過刁難的問題，甚至有幾名分析師事後走到亞當身邊要求和他自拍，WeWork高階主管們大大鬆了一口氣。這次活動相當成功，每個人都充滿信心。大夥人忙亂了好幾個月，現在看起來或許真有可能成功。

• • •

WeWork現在正全力衝刺，準備公開上市。七月來了又走，現在連八月也已經不可能了。根據公司內部預估，如果年底前公司燒光現金，將更迫切需要尋找新資金。所以亞當設定了新目標：必須在猶太新年前公開上市，也就是九月底之前。最後他們設定的日期是十八日。

籌備首次公開發行，最重要的文件就是簡稱S-1表格的公開說明書，這是要提交給證券交易委員會的財務報告，內容非常枯燥無聊。WeWork在二〇一八年底、也就是堅韌計畫確定腰斬後過沒幾天，就提交了第一版S-1給證券交易委員會，但是這份表格仍需要進一步微調，確保能呈現

WeWork最好的一面，同時又能通過證券交易委員會審核，並清楚說明大眾投資人應該注意的任何風險。舉例來說：WeWork在S-1中提到，公司業務會因為「天然災害、公衛危機、政治危機或其他不可預期事件」受到不利影響。

在WeWork內部，S-1的代號為「展翅翱翔」（Wingspan）：有隻鳥兒振翅高飛，將鳥群拋在身後。WeWork所有工作任務似乎都有代號，例如某個行銷活動的代號為史塔克（Stark），靈感來自在《復仇者聯盟》（*Avengers*）系列電影最後一部作品中死去的偏執億萬富翁，或是在《權力遊戲》影集中命運早已注定的史塔克家族。（亞當是《復仇者聯盟》和《權力遊戲》的粉絲。）位在總部六樓，靠近亞當個人辦公室、環境清靜的圖書館空間，變成了「戰情室」，保留給負責撰寫展翅翱翔的工作團隊使用。WeWork一直拖到最後一刻才正式雇用摩根大通，所以一開始並沒有投資銀行負責主導展翅翱翔的準備工作。WeWork高階主管團隊各自認領不同區塊，用文字說明WeWork各項業務內容，然後再想辦法整合。參與撰寫的某位成員形容，整份文件就像「科學怪人」。

隨著愈來愈多外部顧問加入，亞當變得更加倚賴他最信任的人脈圈，也就是蕾貝卡。到目前為止，蕾貝卡多半負責管理獨立於公司核心業務之外的事業單位，像是WeWork工作室或WeGrow。但是自從公司開始製作展翅翱翔，蕾貝卡便在中途加入。銀行家和律師忙著溝通財務細節，蕾貝卡則負責主導展翅翱翔的美術設計。一般來說，製作S-1文件時，美學通常不是重點；籌備作業已經夠忙亂了，更何況這份文件有多達數百頁的圖表、註解，還有以極小字級呈現的財務資訊，根本沒有必要花時間美化版面。

但品牌形象向來是WeWork快速崛起的關鍵，亞當和蕾貝卡堅信，必須讓支持者理解，WeWork之所以成功，是因為內部充滿某種能量，而光靠數字無法傳遞這股能量。就在大家忙著整合展翅翱翔之際，蕾貝卡頻繁進出各個會議，抱怨文件內有太多數字。「我們必須告訴其他人『我們』的故事，」她對著一群員工說。

WeWork特別在公開說明書中段的兩個單元間，安插數十頁照片圖輯，前一個單元是「市場風險的量化與質化分析」，下一個單元則分別說明WeWork各項業務內容。整個夏季，蕾貝卡都在絞盡腦汁精心編排，她希望親自看過每一張照片。WeWork從來不缺攝影師，反正一定可以從他們一直引以為傲的WeWork社群裡找到合適人選。但是蕾貝卡認為應該要更有企圖心：他們能否邀請固定為《風尚》（Vogue）雜誌拍照的攝影師史蒂芬・卡萊恩（Steven Klein）？（WeWork同時雇用了《浮華世界》前攝影總監，由他指派攝影師，重新拍攝WeWork在全球各地的辦公空間，原因是創意長亞當・坎摩爾不喜歡原來的照片；此外，他們還聘請坎摩爾同母異父的哥哥、收費高昂的攝影師阿列克謝・海耶〔Alexei Hay〕[7]，重新為WeWork高階主管拍攝大頭照。）為了製作圖輯，公司得重新拍攝大量照片，這導致成本飆升，光是美術設計就花了數十萬美元。「蕾貝卡把它當成《風尚》雜誌九月號，」一位WeWork高階主管說。

最後的成果是多達三十七頁的人物照片[8]，包括：朗・霍華（Ron Howard）[9]和布萊恩・葛瑟

（Brian Grazer）〔10〕在WeWork洛杉磯辦公空間開會；Zoom執行長在聖荷西辦公空間用筆電工作；雅莉安娜．赫芬頓和亞當．坎摩爾自在地聊天；WeWork社群經理在約翰尼斯堡新辦公室的沙發上跳躍。最後一張照片，是亞當在最近一次造物者大獎現場中，宣布得主後張開雙臂擁抱大家，五彩紙屑灑滿他全身。

蕾貝卡團隊不停修改展翅翱翔的美術設計。她堅持整份文件必須使用再生紙張印刷，但是前面幾個版本由於品質粗糙、缺乏質感，全數被她退回，這使得本就艱難的過程再次倒退。由於視覺設計修改太多次，印刷廠員工忍不住對負責聯繫的WeWork窗口大吼：「這只是財務文件！」每次只要公開說明書有任何更動，證券交易委員會的線上檔案系統就會發出通知，後來他們聯繫印刷廠，要求印刷廠向WeWork施壓，減少修改次數。

關於蕾貝卡參與製作展翅翱翔這件事，WeWork高階主管曾好幾次要求亞當出面解決。亞當理解他們的某些擔憂；有幾位高階主管說，他們曾偷聽到亞當和蕾貝卡大吵，原因是蕾貝卡的頭

7 譯註：阿列克謝．海耶出生於一九七三年，亞當．坎摩爾出生於一九八〇年，兩人母親為紐約藝術家克勞蒂亞．艾若諾（Claudia Aronow）。

8 譯註：WeWork的S-1表格完整內容，可參考美國證券交易委員會網站，檔案連結如下：https://www.sec.gov/Archives/edgar/data/1533523/000119312519220499/d781982ds1.htm

9 譯註：美國電影導演與演員，二〇〇一年執導的《美麗境界》獲得奧斯卡最佳影片和最佳導演兩項大獎。

10 譯註：美國電影和電視監製，曾多次與朗．霍華導演合作。

銜愈加愈長，到後來她的頭銜包括了「共同創辦人、品牌長和影響長、WeGrow創辦人暨執行長」。可是到頭來亞當卻對外表示，蕾貝卡已經取得他的同意，負責掌控展翅翱翔部分製作流程。他和蕾貝卡一直在討論，展翅翱翔最後一頁應該放哪一張照片，前面是一百多頁的附錄。他們希望這份文件能凸顯公司對於永續發展的承諾；之前蕾貝卡對一群員工說過，WeWork上市的唯一理由就是為了「拯救地球」。她和亞當曾想過，在展翅翱翔最後一頁放上海洋湧浪（swell）照片，卻又擔心被外界誤認為是破浪（crashing wave）象徵。最後他們選定一張貝里斯森林的照片，前陣子紐曼夫婦以保護自然環境為名，花錢買下了一座森林。歷經多次來回之後，負責製作展翅翱翔的員工擔心，把重心放在塑造品牌形象，將會導致整份文件失焦。有些人甚至開始懷疑，失焦會不會才是真正的重點？

• • •

S-1表格除了說明公司如何賺錢，另外很重要的一部分是解釋公司如何運作、有哪些控制措施，目的是向投資人保證公司營運穩當無虞。世達律師事務所負責WeWork專案的律師建議，公司應該將重點放在投資大眾關心的治理問題。八月時，紐曼決定出售IBM大樓，解決存在已久的利益衝突問題。雖然有部分新創公司的創辦人，能長期持有在初期融資階段取得的超級投票權股票，但是如果執行長控制太多，難免會引起投資大眾疑慮。

亞當一直希望盡可能保留對公司的控制權。他開始和寶維斯法律事務所（Paul, Weiss）律師合作，其中包括參議員查克．舒默（Chuck Schumer）的弟弟鮑伯．舒默（Bob Schumer），亞當希望鮑伯．舒默能幫他爭取更多控制權。他想要將投票權從原本每股十票提高為二十票，確保未來有新股東加入時，他依然能保有控制權。另外，紐曼夫婦希望增加一項條款，由蕾貝卡決定亞當的接班人。但是布魯斯．鄧利維和其他人表示反對，最後所有人達成協議，未來將交由蕾貝卡和另外兩位WeWork董事會成員共同決定。

提到接班人計畫，不禁讓人想到一月時在洛杉磯舉辦的WeWork高峰會現場，當時亞當告訴大家，不要擔心公司必須屈服於公開市場的遊戲規則。他說，WeWork是一家「受控企業」（controlled company），意思是「由我亞當和我家人百分之百控制這家公司」。亞當說，他希望自己離開公司後，依舊能長久控制公司。WeWork「不僅受到控制，而且是由我們家族世世代代控制」。他不一定期望自己的小孩或他們的小孩日後成為WeWork執行長，但是他希望他的後代能夠保有公司股份，確保WeWork沒有偏離他規劃的發展路徑。「重要的是，」亞當說，「有一天，或許是一百年、或許是三百年後，我的玄孫女走進會議室對大家說：『嗨，你們可能不認識我，但實際上是我在掌控這家公司。你們的做事方法不符合當初我們家族的創業初衷。』」

到了八月中，也就是預定公布展翅翱翔內容的前幾天，曾在二〇一〇年率先爭取和亞當合作的摩根大通銀行家諾亞・溫特魯布打電話給明森和巴倫特，他說傑米・戴蒙打算在S-1定案前，針對治理問題向亞當施壓。「他必須堅定立場，」亞提在談到戴蒙不得不逼迫紐曼表態時說道。

亞當前往摩根大通總部與戴蒙會面，戴蒙建議修改某些公司治理結構。前些時候，高盛內部負責WeWork首次公開發行的銀行家在紐曼夫婦的漢普頓住家開會時，也曾對亞當說過類似的話。亞當開口問戴蒙，是不是想對他說他不能或是不應該繼續這樣下去。戴蒙告訴他，無論如何摩根大通都有辦法讓WeWork順利上市，這是他們的專長。但是他警告說，亞當控制權過大，有可能會傷害企業價值。亞當考量了戴蒙所說的風險後，仍決定堅持原來想法。他相信自己，而且他的成功有很大一部分，是拜他完全不甩傳統智慧那一套所賜。為什麼現在就得要聽？

・・・

即使以WeWork標準來說，展翅翱翔的製作過程都是一團混亂，團隊不斷在救火。每星期都會發生新的緊急情況，必須立即找出解決方案。有時候WeWork高階主管團隊還得費盡心思，在亞當忙著爭取矽谷投資人支持，或是與高盛討論如何避免首次公開發行的同時，想辦法讓他空出時間，專心處理公開上市的複雜流程，包括敲定所有相關細節，確保公開發行計畫順利進行。夏季時，紐曼夫婦花了一些時間和品牌顧問喬納森・米爾登霍爾（Jonathan Mildenhall）討論各種「原型」(archetype)，然後思考他們應該扮演什麼角色。米爾登霍爾相當認同蕾貝卡的自我評估結果：她要扮演「繆思」。亞當想到好幾個角色，其中一個是「魔術師」。

愈是接近就此決定他們人生財富的最重要時刻，亞當和蕾貝卡愈是表現得出奇淡定。夏季大部分時候，蕾貝卡都待在位於阿瑪根賽特（Amagansett）的住家，遙控展翅翱翔的美學設計，員工得開車往返曼哈頓和阿瑪根賽特兩地，來回一次就要花費六小時，由於次數實在太過頻繁，所以他們想出了如何比較委婉的向同事解釋當天他們去了哪裡：「我要出城去東部。」有一次某高階主管前往東部的漢普頓和亞當開會，結果亞當將會議延後兩小時，因為他希望他們先去衝浪。

距離展翅翱翔正式公布只剩下不到幾天，蕾貝卡仍在忙著修改公開說明書第一頁的簡短引言。引言多半只是為了填補頁面，並非必要內容，分析師只會隨意看過一眼，就直接翻閱後面的數字、財務模型和公開資料，然後判斷一家公司有多少價值。優步的使命宣言相當簡短模糊：「我們透過促進全球的移動能力點燃希望之火。」〔11〕展翅翱翔團隊的幾名成員認為，Slack軟體公司的文案結合了企圖心和實用性：「我們的使命是讓工作更輕鬆、更愉悅、更有生產力。」〔12〕

但是這項任務對WeWork員工來說卻不容易，因為現在愈來愈難定義這家公司到底是做什麼的。二〇一九年大部分時間，WeWork企業溝通團隊都在絞盡腦汁，想著要如何利用這一頁簡單

11 譯註：根據公司中文官網的文字。
12 譯註：根據公司中文官網的文字。

描述公司使命。「我們深受We的無窮潛力所吸引」，這是其中一個版本。但是自從公布「提升全球覺知」這個新口號後，We Company品牌重塑成效令人失望，所以展翅翱翔團隊的部分成員想淘汰這句話；即使是亞當，對這句話也不再有百分之百的把握。「只要WeWork傳遞的訊息無誤，而且我們處於絕佳狀態，我們說的話就會像在努力模仿歐巴馬；但是如果我們狀況很差，說的話就和瑪莉安．威廉森沒兩樣。」一位協助撰寫展翅翱翔部分內容的成員說。

蕾貝卡終於交出最後一版的引言草稿，參與展翅翱翔的銀行家、律師、高階主管看完後，個個內心充滿問號。以這份冗長的財務文件來說，這似乎不是最好的開場方式。二〇一九年八月十四日早上七點過後，展翅翱翔正式對外公布，潛在投資人第一眼看到的，是一頁幾乎空白的米白色頁面，頁面中央寫道：

獻給我們的能量——

遠大於我們任何人，

存在於我們每個人體內。

22

永遠只裝半分滿
Always Half Full

八月二十二日，也就是展翅翱翔公布後第八天，WeWork美國行銷團隊主管妮可・帕拉皮亞諾（Nicole Parlapiano）和來自谷歌的多位業務代表會面，說明WeWork邁向二〇二〇年的廣告計畫。Wework和其他擁有龐大行銷預算的新創公司一樣，都會付費購買相關關鍵字（「辦公空間」、「共同工作空間」），或是使用者搜尋競爭對手公司名稱時、結果頁最上方的廣告版位。但是谷歌員工向WeWork展示了一份報告，結果非常不妙。「和之前陷入類似處境的公司相比，谷歌說這是他們見過最令人擔憂的負面情緒變化，」隔天帕拉皮亞諾在寫給她同事的信件中說道。

谷歌自然有理由說服企業購買廣告，隱藏負面報導、擺脫令人頭痛的新聞循環。但是谷歌代表說，外界對於展翅翱翔的不滿聲浪排山倒海而來，即使軟體銀行砸大錢，也無法讓WeWork脫離困境。帕拉皮亞諾告訴同事，在目前「非常有挑戰性」的環境下，如果要試圖扭轉外界對公司的評價，「短短幾小時內，就會花光每星期的付費廣告預算」。接著她寫了一封信安慰吉米・艾希和WeWork公關團隊。

帕拉皮亞諾的電子郵件只寄給少數幾個人，最後卻傳遍整個公司，這封信只不過證實了大家早已知道的事實：展翅翱翔已徹底砸鍋。過去幾年，大部分時候WeWork都能成功躲過負面報導，只有偶爾幾次凸槌，例如阻止清潔人員組工會、和盧比・安娜雅打官司，但是從未發生類似特拉維斯・卡拉尼克和優步在二〇一七年歷經的六個月公關惡夢。標竿創投的布魯斯・鄧利維也曾經歷過，自然不想再來第二次。「我們真的沒有水下魚雷，」四月時鄧利維對《快速企業》記者卡崔娜・布魯克（Katrina Brooker）說。每天有數百萬人使用優步的服務，但是WeWork只有數十萬會員，也就是說，多數民眾從未使用過這些辦公空間，許多人甚至沒聽過這家公司。

現在，突然間他們知道WeWork創辦人留著長髮，他創辦的辦公室租賃公司以前所未有的速度擴張，成為全美國估值最高的私有企業，他太太經營一所小學，他的使命是提升全球覺知。從亞當個人擁有WeWork大樓產權，到蕾貝卡有權決定亞當的接班人，都讓外界感覺WeWork更像是家族企業、不是上市公司。展翅翱翔揭露的資訊當中，有一則訊息成了眾人笑柄：亞當將他個人持有的部分WeWork商標權轉賣給公司，總金額為五百九十萬美元。（原本有一行字說明紐曼會將出售所得捐給慈善團體，但後來又被認為沒必要，所以在最後一刻刪除了。）財經媒體大肆報導二〇一八年WeWork虧損將近二十億美元，蕾貝卡拍板定案的引言立即遭到眾人恥笑。整份文件漏洞百出，以這種形式對外公布，明顯不及格。

展翅翱翔文件有太多內容讓人看了一頭霧水，不過真正讓那些追隨公司多年的人感到錯愕的，其實是數字本身。展翅翱翔並沒有透露究竟是什麼魔法，使得WeWork辦公大樓的獲利大幅超越其他房東出租的辦公空間；這份文件只是證明了亞當依舊在玩弄相同把戲，只不過規模遠遠超過以前。展翅翱翔公布當天，道瓊指數重挫八百點，創下史上最大單日跌幅，某些跡象顯示全球經濟正在走下坡，突然間WeWork的套利模式充滿風險，正好應驗了先前所有人的懷疑。部分房東開始不動聲色地聯繫WeWork競爭對手並詢問對方：假使WeWork倒閉，他們是否願意接手經營WeWork原本的辦公空間。

最重要的是，大眾似乎瞬間明白，亞當憑藉著個人魅力，說服投資人忽略了一項事實：公開說明書的公司簡介和實際業務有明顯落差。「我們是一家社群公司，致力於擴大全球影響力，」S-1文件的開頭寫道。「我們的使命是提升全球覺知。我們建立了橫跨全球的平台，協助企業成長、分享經驗，最終真正達到成功。」在公開說明書中，**社群**這個字總計出現一百五十次，**平台**則出現一百七十次。至於**辦公空間**，只有九次。

展翅翱翔公布兩天後，亞當想盡辦法提振員工士氣。許多員工將自己的人生獻給公司，將個人財務未來和公司綑綁在一起，如今卻發現，公司竟然在瞬間成為眾人笑柄。某次亞當和資深員工通電話，他告訴他們不需要擔心：亞當說，心懷仇恨的人會一直仇恨下去，因為WeWork做了不一樣的事。他堅稱，華爾街基金經理人依舊非常希望投資公司的首次公開發行。在另一場視訊會議上，二〇一八年加入WeWork的亞馬遜前高階主管賽巴斯提安・康寧漢（Sebastian Gunningham）

對員工喊話，只要是亞當親自出馬簡報，無論WeWork推銷什麼，潛在投資人都願意買單。

沒想到這種說法徹底激怒了許多WeWork員工。他們都知道亞當非常有說服力，但是他們也相信，是他們創造了真正有價值的產品。為什麼向投資人簡報時，要如此依賴亞當的銷售技巧？康寧漢在亞馬遜工作超過十年，貝佐斯建立了備忘錄式寫作風格，強調言簡意賅、思考周密，重點是呈現想法、而不是凸顯個人風格。WeWork的S-1文件雖然不到二十萬字，卻是優步的三倍之多，大約和《白鯨記》（*Moby-Dick*）字數相當。但是這份公開說明書似乎無法清楚說明WeWork實際從事什麼業務，以及為什麼公司具有發展潛力。如果真要說有什麼效果，這份公開說明書只是讓讀者更困惑不解。WeWork已經捨棄了「經社群調整後的稅前息錢折舊攤銷前利潤」指標，改用「邊際貢獻」（contribution margin）取代，但也只是用另一個相對來說沒那麼可笑、卻同樣模糊的指標，掩蓋所有成本。某位哈佛商學院資深講師[1]發表了一篇論文回應展翅翱翔，標題非常簡單有力：「為什麼WeWork不會獲利？」（Why WeWork Won't）。

展翅翱翔公布的一星期後，珍・巴倫特邀請銀行家、律師以及密切參與S-1準備工作的WeWork員工，最後一次在六樓戰情室開會，整個夏季大部分時間他們都待在這個房間內。她引述邱吉爾（Winston Churchill）的一句話，意思是選擇阻力最小的路徑永遠不會帶來好結果。[2]接著她又說，過去幾年她和其他高階主管時常在星期一深夜和亞當開會，隔天一大早又要和艾坦・亞德尼、也就是亞當在卡巴拉中心認識的拉比一起聚會。她承認，在WeWork工作非常不容易，而且必須全心投入，但這一切都是值得的。

巴倫特告訴戰情室裡的夥伴，某天亞德尼從全新的詮釋角度，分享另一個亞當、也就是人類始祖的故事。談論伊甸園時，傳統的理解是，因為蛇引誘人類，導致人類墮落，失去上帝恩典，蛇也因此受到詛咒，無法直立行走。但是亞德尼告訴巴倫特，蛇之所以悲哀不是因為失去了腿，而是牠再也不需要伸出四肢碰觸任何東西。蛇是懶惰的生物，只會吞食掉落在牠行進路徑上的東西。亞德尼認為，只有盡全力爭取超出能力範圍的事物，才能真正得到滿足。

• • •

就在展翅翱翔公布後不久，我和某位在大型投資基金公司工作的房地產分析師互傳簡訊，這名分析師正準備前往百老街八十五號WeWork辦公室，和亞當會面。「大家對於WeWork首次公開發行，並沒有覺得特別興奮，」談到華爾街整體氛圍時他這樣說道。幾個月前，我還在撰寫〈我們當中的我〉這篇報導，當時這名分析師告訴我，他可以理解WeWork的業務確實大有前景，

1 譯註：這名資深講師為諾莉・潔拉多・列茲（Nori Gerardo Lietz）。

2 譯註：邱吉爾原句為：「選擇阻力最小的路徑，永遠不會得到勝利。」（Victory will never be found by taking the path of least resistance.）

但是實在看不懂它的估值為什麼這麼高。他實地參觀並認真研究WeWork使用的科技，但是直到離開時，依舊找不到能夠明顯區隔WeWork和其他競爭對手的差異。後來他仔細想想，也許是自己遺漏了什麼線索。「這有可能是房地產業最重要的發明，」春天時他對我說，「也可能是最大的騙局。」

展翅翱翔公布後，為了爭取投資人支持WeWork首次公開發行，亞當開始馬不停地與投資人會面，在百老街八十五號召開的會議正是其中之一，不過參加的人較少，要等到實際公開上市前一星期左右，公司才會正式啟動投資人路演。由於亞當沒能說服矽谷潛在合夥人投資，所以儘早爭取幾家主要基金公司支持WeWork首次公開發行，就變得非常重要，這將關乎到公司能否順利達成三十億美元籌資目標。當一小群分析師抵達開會地點後，亞當表示希望他們喜歡展翅翱翔的內容。他說，WeWork已經盡了全力，讓他們的公開說明書內容比其他多數公司更有趣精彩。

接下來兩個小時亞當說個不停，每當他需要喘口氣，就會叫助理出去幫他倒水。他繼續拿WeWork和亞馬遜相比，強調沒有其他公司能像WeWork一樣，徹底顛覆商業房地產市場。有位分析師向亞當提問，亞當為了討好對方，刻意對他說：「你的思考模式和巴菲特很像。」但是眼看著分析師趁著他特地保留的一點問答時間探查公司訊息，又讓他心裡不痛快。

這群分析師提出的第一個問題很簡單：**你們到底是做什麼的？**亞當無法明確說明WeWork的業務和國際工作場所集團有什麼不同，當時後者在倫敦股市的市值大約是四十億美元。分析師發現，開會時WeWork在桌上擺放了印有WeWork品牌的杯子，上面還寫著一句標語：永遠只裝半分滿。但是對於類似WeWork的企業來說，這絕非最積極樂觀的口號，原因是如果大樓出租率只有百分之五十，就代表公司要破產了。

亞當繼續和不同投資人會面，他發現向投資人簡報不是容易的事，相比之下，之前和孫正義一起想像未來三百年發展計畫輕鬆許多。八月時，亞當前往舊金山向幾家投資機構進行簡報，其中包括以投資科技業為主的大型投資公司：老虎全球管理公司（Tiger Global Management）。亞當在報告時，不斷重複他最愛誇耀的一件事：「我們從沒有關閉任何一棟大樓。」一位分析師立即插話說，這句話雖然聽起來像某種成就，但沒有任何意義。亞當言下之意難道是在說：公司頭十年成立的五百多個據點當中，沒有任何據點失手？看似清白的紀錄反而顯得WeWork缺乏紀律。

在另一場會議，亞當展示了一張簡報，上面的損益數字來自舉辦會議的WeWork辦公大樓，亞當最愛耍這種噱頭。簡報內容還包括負責管理這棟大樓的員工薪資，以此證明WeWork辦公空間的經營成本究竟有多低。一位女性聽完亞當報告後舉手發言。她說，這種薪資水準低於舊金山的生活工資（livable wage）。[3]不過她的擔憂只有部分與道德有關；就實際層面來說，如果未來WeWork再也無法提供可創造紙上財富的股票選擇權給員工，要如何繼續壓低薪資？在下一場會

3 譯註：生活工資是指維持基本生活開銷所需的最低薪資。

議，亞當再次秀出顯示營運成本的簡報，但這回將薪資數字刪除了。

亞當的作秀功力和成交技巧高超，向來是WeWork能夠持續成長的重要推力，但是他不知道要如何說服突然間對WeWork失去信心的一小群投資人，認同他的說法。「亞當無法正常發揮自己的實力，」曾經參與幾次會議的一名高階主管說。他不停地長篇大論，會議時間比原本預期的還要長，根本沒有時間讓投資人提問。亞當極度渴望爭取投資人支持。媒體大肆批評展翅翱翔，亞當從未經歷過這種局面，他非常需要得到肯定；簡報結束後他開始打電話給投資人，想知道他們對於他的表現有什麼評價。摩根大通銀行家不得不說服他，這樣做只會顯得他很沒自信。就連亞當的親信麥可．葛羅斯也告訴另一位高階主管，不要讓亞當參加會議，這麼做是完全是為了公司好。「只要亞當參加會議，你們的估值就會掉十億美元。」一位銀行家對亞提．明森說。

• • •

八月底，孫正義要求亞當飛到東京。對WeWork早期投資人來說，外界對於展翅翱翔的回應雖然讓他們有些尷尬，但並非是一場災難。標竿創投的態度依舊相當樂觀，他們預估WeWork首次公開發行後，大約可變現十億美元，不過之前他們已經出售價值超過三億美元的股票給軟體銀行，相當於當初一千六百五十億美元投資金額的二十倍。

但是軟體銀行的情況完全不同。他們已經投資WeWork超過一百億美元，至今仍未獲得任何回報。由於優步股價下跌，願景基金在最新一季損失將近二十億美元。自從展翅翱翔公布之後，軟體銀行股價大跌百分之十。WeWork和軟體銀行高階主管開始意識到，WeWork恐怕要以遠低於四百七十億美元的估值公開上市。雖然軟體銀行持有的優先股提供了某些保護作用，他們能夠比WeWork員工更早拿回自己的投資，但是如果估值低於軟體銀行當初的投資金額，也就意謂著軟體銀行的投資泡水，結果和優步投資案如出一轍。

更糟的是，偏偏就在孫正義正式推出第二支願景基金之際，WeWork惹出了大麻煩。七月時孫正義宣布，和第一支願景基金的多位有限合夥人達成非約束性承諾（nonbinding commitment），此外他也公布了新加入的投資人名單，包括科氏工業集團（Koch Industries）和哈薩克斯坦國家銀行（National Bank of Kazakhstan）。但是第一支基金的兩大投資案接連出包，第一次出手就讓人大失所望，原本孫正義希望第二支願景基金的規模超越第一支，如今這個期望恐怕要破滅。

可以的話，孫正義和亞當偏愛面對面開會；在會議室裡討論，兩個人都能維持在最佳狀態。現在全公司忙著爭取投資人支持WeWork首次公開發行，但是紐曼的最重要支持者卻認為，紐曼有必要飛越太平洋當面和他討論，看來似乎大事不妙。亞當默默擬定好計畫飛往日本，期望孫正義採取行動支持他，也許是承諾大筆投資WeWork首次公開發行，又或者建議重啟類似堅韌計畫的專案，延後WeWork公開上市時間。

亞當和麥可・葛羅斯、摩根大通的諾亞・溫特魯布一起飛到東京，下午時抵達成田機場，他們預計在當晚十一點機場關閉前飛回紐約。一群人在孫正義的東京住處和他碰面，孫正義身邊則有高盛高階主管丹・狄斯（Dan Dees）陪同。這次會面氣氛不怎麼愉快。孫正義認為WeWork應該延後首次公開發行。展翅翱翔公布後批評聲浪不斷，破壞了公司成長動能，WeWork不可能以他和亞當在八個月前敲定的估值公開上市。這時候必須保留顏面、重新組織，等到晚些時候再捲土重來。孫正義也希望重新協商軟體銀行先前答應的部分投資協議。原本軟體銀行承諾在二〇二〇年四月投資WeWork十五億美元，當初設定的每股價格遠高於WeWork目前股價。不過，亞當願意接受可能的妥協方案：也就是以更低價格出售股權，只希望軟體銀行可以在WeWork首次公開發行時投入更多資金。

到底該不該延後上市，亞當陷入了掙扎。一方面，孫正義是他感覺和自己最契合、也是他最信任的投資人。但是孫正義已經拋棄過他一次。亞當個人反對延後上市，他認為現在退出已經太晚了；這時候應該要全力衝刺。如今導師和學生的想法出現分歧，就在孫正義送亞當飛回紐約時，他提出了警告。他說，不論是對公司或是紐曼而言，選擇這條路並非是明智之舉。

・・・

現在亞當有充裕的時間好好思考剛剛發生的一切。原本他要趕回紐約，繼續準備首次公開發行。但是WeWork高階主管登上威爾德古斯一世飛機後，成田機場的飛航管制人員通知他們，已經錯過機場關閉時間。他們打電話給孫正義，希望透過他的關係通融他們離開，卻毫無結果。現在亞當只能留在東京過夜，思考下一步該怎麼做。

回到紐約後，在勞動節〔4〕過後的星期三，亞當在WeWork總部召開全體員工大會。站在一群態度友善的觀眾面前，或許能帶給他需要的自信心。但是，「首次公開發行新聞」頻道的聊天內容充滿負面情緒。所有人都心知肚明，不論WeWork首次公開發行能帶來哪些好處，必定會全部落入高階主管口袋。之前《華爾街日報》報導說〔5〕，亞當已經出售價值超過七億美元的WeWork股票，遠超過其他任何新創公司的執行長，員工看到文章後大為不滿。此外，根據展翅翱翔內容，WeWork曾合法進行重組，為的是降低亞當和其他高階主管出售持股時必須支付的稅率，而且稅率甚至低於一般員工。

最早加入WeWork的部分員工在看到公開說明書後，更是惱羞成怒，因為當中提到WeWork承諾會與員工分享公司財富。「九年前我們開始這段旅程，我們發放股票給所有員工，因為我們相信，創辦一家成功企業，需要每個人主動解決問題，像企業主一樣思考，」公開說明書寫著。

4 譯註：美國勞動節是在每年九月的第一個星期。

5 譯註：原文標題為：“WeWork Co-Founder Has Cashed Out at Least $700 Million Via Sales, Loans,” *Wall Street Journal*, Jul 18, 2019.

但事實上，WeWork第二位員工麗莎・絲凱沒有得到任何股份，在公司工作三年的丹尼・歐倫斯坦也沒有。直到二〇一三年，也就是WeWork成立三年後，才正式提供股票選擇權給員工。

為了舉辦全體員工大會，亞當要求員工移除六樓的長沙發和電玩遊戲機台，架設一座舞台，這樣他就可以對著全球WeWork員工發表演講。米格爾首先起身發言。募資向來不是他的強項，過去幾星期他幾乎沒有參與募資流程，整個夏天他只負責處理展翅翱翔文件製作相關的工作。七月四日放假日當天，與高盛之間的協議破局，當時米格爾正在慶祝四十五歲生日，思索自己過去十年的人生。自從創辦WeWork之後，他一直沒有時間培養興趣，但是當這條道路的盡頭浮現，他開始有了動力。「我一直夢想嘗試製作拿坡里披薩，」他在Instagram上寫著，他貼出照片展示自己的披薩烤爐。「我已經學到很多，每次看到自己做出來的披薩比上一次還要好，就覺得心滿意足。麵團就像有生命的物體，有自己的個性，而且會隨著時間變化。醬料很簡單，只要用量正確，就會有很大的不同。當然不能忘了起司……我是素食者，所以不吃經典莫札瑞拉起司，但是我會為朋友做，也會實驗不同的純素起司。到目前為止，一切順利！」

在全體員工大會上，米格爾告訴員工，儘管局勢動盪，但仍有一絲希望：不妨想一想，和過去相比，現在又多了多少人知道這家公司。他承認，這段時間確實很不好受，但是他堅稱，那些批評WeWork貪得無厭的說法完全是無稽之談。米格爾鼓勵員工堅守WeWork最初的企業精神：將人們聚集在一起，幫助他們做他們所愛的事情。「我們的目的很純粹，」麥凱爾維說，「我們是不是一直記得那個純粹目的？」如果有，他相信他們正要開始一段歡樂的旅程。

米格爾將麥克風遞給亞當，亞當對外界的負面評價做出回應。「為什麼會有雜音？」他說，「因為我們激怒了某些人。」房地產業變得既懶惰又遲鈍，WeWork破壞了原本舒適自在的系統，打亂了一切。當WeWork一帆風順，他們自然樂於靠著WeWork賺錢，但現在每個人都聞到了一股血腥味，他們開始發動攻擊，希望所有事情回到原本樣貌。亞當告訴員工不要擔心，還說他已經學到了一些教訓。「改變你的內在自我，」他說，「改變世界。」

亞當開始將注意力轉向展翅翱翔公布後暴露的內部問題。雖然他拔擢自己的太太擔任WeWork高階主管，但是整體而言，公司的女性高階主管少之又少，董事會成員包括亞當、布魯斯、朗、劉、史蒂芬、馬克和約翰。上市公司董事會倘若全部由男性組成，必定會出問題，過去兩年多來亞當不斷收到警告，提醒他公司缺乏多元性。為了增加一席女性董事，企業溝通團隊主管吉米・艾希在夏季時，擬訂了一份五十位女性候選人名單給亞當參考。但是亞當反應冷淡。他沒有出席和某位前政府官員的會面，而是鎖定一些企業高階主管，例如字母公司的露絲・波拉特、掌管賽富時房地產業務的伊莉莎白・平克姆（Elizabeth Pinkham），但是這些人根本不可能加入WeWork董事會。某位WeWork高階主管明白表示，這些公司的執行長不太可能讓公司高階主管擔任WeWork董事，但是亞當沒把這名高階主管的顧慮當成一回事。「沒有人會對我說不，」他說。

在全體員工大會上，亞當提到了公司缺乏多元性，他宣稱自己是無辜的。「我不會特別去看男性和女性，」談到徵才流程時他說道。不過，他當場宣布WeWork董事會將增加一名女性董事：哈佛商學院教授法蘭西絲．傅萊，此人曾告訴WeWork員工，搖擺不定會帶來危險。許多企業曾高價聘請傅萊擔任顧問，協助公司度過文化和公關危機；她也曾加入優步董事會。接著亞當和員工談起他向潛在投資人簡報的內容。報告過程大致順利，只是出了一點小問題，導致其中一張簡報無法播放，亞當便趁機開玩笑說，證券交易委員會肯定「滲透」了WeWork。「伊隆和我雖然想法不同，但現在我正在和證券交易委員會打交道，我同意他的看法，」亞當說。之前馬斯克曾經發表推文，提到特斯拉的財務狀況，此舉有誤導投資大眾嫌疑，因此證券交易委員會決議向馬斯克提起訴訟。

亞當告訴台下觀眾，許多投資人對於WeWork仍非常有興趣，包括Zoom執行長袁征。前陣子亞當曾和袁征碰面，討論未來的會議室會是什麼樣貌，兩家公司正在討論，如果Zoom投資WeWork首次公開發行，WeWork可以要求會員使用Zoom的視訊會議服務。亞當向袁征報告說：如果你成為WeWork供應商，就等於成為全球供應商。

• • •

全體員工大會結束後，許多WeWork員工心裡覺得好受多了，亞當再次成功說服他們。在自家員工面前，他總是感到相當自在，他希望下週再安排一場全體員工大會。但是亞當真正要說服的，並非自家員工。當天，柯史莫法律事務所（Cravath, Swaine & Moore）律師喬恩・懷特（John White）代表WeWork，回應先前證券交易委員會寄出的信件，信件長達九頁，列出了證券交易委員會退回展翅翱翔的理由，包括：亞當要求公司支付五百九十萬美元，取得We相關商標權；WeWork提出的商業模式，是依據出租率百分之百的假設來推估，非常不合理。（證券交易委員會寫道：「請向讀者解釋並告訴我們，你們設定工作空間使用率為百分之百，這個假設到底有多符合現實狀況。」）證券交易委員會也要求WeWork，「釐清影像的關聯性，這些影像似乎沒有揭露任何明確資訊，也不符合保護投資人的目的」，這裡指的是蕾貝卡負責編排的照片圖輯，特別是其中有一張是某位民眾參與二〇一七年紐約驕傲遊行的照片。

其中爭論最激烈的是關於「邊際貢獻」的問題，也就是之前被稱為「經社群調整後的稅前息前折舊攤銷前利潤」的財務指標。一般企業在設定財務指標時，都會遵循某些黃金標準，這些標準也都符合一般公認的會計原則。不符合一般公認會計原則的計算方式，例如邊際貢獻，雖然在新創公司愈來愈常見，但是WeWork的做法更大膽，將爭取房客需要支付的銷售、行銷成本，以及承租大樓的所有成本，全數刪除。證券交易委員會認為，在公開說明書中邊際貢獻指標出現超過一百次，會「誤導投資人」。

無論如何，WeWork都必須修改展翅翱翔內容。公司沒有在公開說明書中揭露一項事實：過去兩年，紐曼每年都有加入WeWork薪酬委員會；此外，公司必須修改當年上半年WeWork設置的辦公桌總數，原本公開說明書中寫的是二十七萬三千張，但實際數字是十萬六千張。WeWork重新提交修改過的公開說明書，刪除了依據百分之百出租率推估的目標，不過在亞當堅持下，WeWork律師針對邊際貢獻指標提出反駁，他們寫下長達四十五頁的回應內容，寄給證券交易委員會。他們在信中強調，WeWork願意修改這項指標，例如將原先沒有包含在內的承租成本納入計算，他們相信相較於採用那些直接反映公司賺或賠多少錢的指標，這麼做更能清楚理解企業的營運狀況。亞當甚至親自前往華盛頓特區，重申公司立場。

就在WeWork律師持續和證券交易委員會纏鬥的同時，亞當回到紐約，繼續和其他投資人會面。全體員工大會結束後，他搭車到紐約外的私人機場，搭乘午夜班機飛往倫敦的史坦斯特機場（London Stansted）。他在天亮前抵達，緊接著和沙烏地阿拉伯主權財富基金主席亞希爾・艾爾－魯馬揚（Yasir Al-Rumayyan）會面。自從沙烏地阿拉伯決定不支持堅韌計畫，他們對於亞當和WeWork的疑慮就愈來愈深，魯馬揚拒絕承諾投資WeWork首次公開發行，過程中紐曼的態度一直畢恭畢敬。當天晚上他飛回紐約，接著前往波士頓與多倫多，和更多投資人開會。這次行程也包含了富達在內，亞當穿著正式西裝，詢問富達的投資經理人，要怎麼做才能說服他們投資WeWork首次公開發行。富達可以輕易拿出十億美元投資WeWork首次公開發行，但是他們的房地產投資人認為，WeWork的價值低於外界設定的營收倍數（multiple of revenue）〔6〕，此外公開說明書內容無法讓投資人產生信心；他們認為WeWork尚未找到轉虧為盈的方法。

九月第二個星期亞當回到紐約，此時WeWork首次公開發行面臨重大危機。摩根大通和高盛告訴WeWork，或許他們要考慮以接近或是低於二百億美元的估值公開上市。媒體報導WeWork估值一路下滑：從一百五十億美元到一百二十億美元，再到一百億美元。九月十一日，WeWork估值持續縮水的消息驚動了美國眾議院。在眾議院金融服務委員會的小組委員會會議上，眾議員亞歷山德拉・歐加修－寇蒂茲（Alexandria Ocasio-Cortez）嚴詞批評說，WeWork估值下滑證明了過度膨脹的私有市場如何欺騙投資大眾：「先前他們以四百七十億美元估值募資，然後一夕之間他們決定告訴大眾：『之前只是在開玩笑，我們的估值其實只有二百億美元。』」歐加修－寇蒂茲說，假使WeWork以軟體銀行設定的估值上市，那麼每天拿錢買股的投資大眾根本就是「被敲詐」。

亞當對於企業溝通團隊愈來愈失望，突然間他們竟然無力阻止新聞擴散。有人一直在對外放消息。軟體銀行試圖阻撓首次公開發行？標竿創投想要發動另一次政變？或許是某位對於Wework事業沒有太大熱誠、無法從首次公開發行獲得太多好處的新進高階主管，從內部洩露消息？

亞當變得愈來愈偏執。他回頭去找梅迪娜・巴爾迪，當初她請產假時亞當將她冷凍在一旁，

6 譯註：營收乘數指的是企業價值與營收之間的比例。

但現在他想要請她幫忙自己度過眼前難關。根據巴爾迪的訴狀內容，當時亞當對她說：「我需要借助女性才能。」亞當捨棄WeWork總部辦公室，改在格拉梅西住家的車庫開會。某次開會途中，在以色列就與紐曼一家人熟識的高階主管艾瑞克．本奇諾（Arik Benzino）走去戶外。後來亞當看到有個人在街上來回走動，同時對著手機講話，他立刻走出去對著本奇諾大喊，要他回到室內，他擔心那個人正在監視他們。

• • •

WeWork虧損龐大、展翅翱翔不符合規定等消息曝光後震驚全球，但是多數批評集中在紐曼夫婦身上。WeWork根本無法和紐曼夫婦的影響力切割。在公司的公開說明書中，Slack執行長史都華．巴特菲爾德（Stewart Butterfield）的名字出現四十七次，來福車兩位創辦人的名字出現五十五次。然而光是亞當的名字，就被提及多達一百六十九次。（蕾貝卡有二十次，米格爾只有六次。）WeWork承租了亞當名下四棟大樓，總計支付超過二千萬美元租金給亞當，根據租約協議，未來還要再支付二．三六億美元。亞當的妹妹和妹夫都是公司員工。蕾貝卡的工作是選定亞當的接班人。在全體員工大會上，亞當對許多人的擔憂完全置之不理。「我很少會放棄我的權力，必要的話，我會交給我太太，」他說。接著他又補充說，蕾貝卡幾乎「百分之九十九是對的」。

亞當和蕾貝卡承諾，在WeWork首次公開發行後十年內捐出十億美元。他們原本以為這會得到大家的稱讚，但是大眾反應出乎他們的意料。和其他事件相比，這項消息幾乎沒有引起外界注意。亞當和蕾貝卡雇用了好幾名位高權重的公關專家與顧問，例如馬修・希爾茲克（Matthew Hiltzik）、喬治・薩爾德（George Sard）、公關公司愛德曼（Edelman），希望在短時間內重塑夫妻兩人與公司的形象。蕾貝卡甚至想到，有沒有可能讓支持WeWork的相關主題標籤變成熱門標籤。

公司治理問題完全被亞當漠視，卻成了外界批評WeWork首次公開發行的目標，原本為了化解外界各種疑慮而採取的行動，到頭來卻產生了反效果。根據《華爾街日報》報導，傅萊原本就是WeWork顧問，他除了向公司收取五百萬美元費用，還可以搭乘私人飛機往返紐約和波士頓兩地，換句話說，她根本不符合擔任WeWork董事會獨立董事的資格。

九月十二日星期四下午，亞當和公司律師在WeWork總部與摩根大通、高盛銀行家碰面，共同討論要如何改變，才能說服投資人支持WeWork首次公開發行。銀行家建議亞當放棄超級投票權股票，取消蕾貝卡選定其接班人的權力。亞當反對。當時派樂騰剛剛完成上市，執行長持有的每股股票擁有二十票投票權。但是銀行家指出，派樂騰創辦人只擁有公司少量股份。亞當持有的WeWork股份比任何人都要多。即使WeWork上市，他仍會是對公司最有影響力的人，只是他的權力不再絕對獨大。他們認為，亞當不需要再取得更多控制權。如果他不趕緊採取某些行動，WeWork首次公開發行將陷入危機。

23

陽光從未照射在我們身上

The Sun Never Sets on We

歷經多次討論後，亞當同意讓步：他不再要求每股股票擁有二十票投票權，蕾貝卡也不再有權決定他的接班人。當天晚上，米格爾打電話給納斯達克高階主管，告訴對方WeWork準備在兩星期內上市，他們會選擇在納斯達克、而不是紐約證券交易所掛牌。夏天多數時候，米格爾的任務就是思考如何讓WeWork首次公開發行日變成有趣的活動，確切來說，就是慶祝公司承諾永續經營這份事業。（WeWork設計了一款T恤，上面印有貝里斯森林的照片，公開上市當天所有員工都會穿上這件T恤。）兩家證券交易所都在夏初時，前往紐曼夫婦的阿瑪根賽特住處進行簡報，納斯達克提議推出新指數，納入承諾永續經營的公司。他們將指數取名為We 50。

到了九月第二個星期的週末，WeWork雖然處處受挫，卻依然充滿希望。公司安排在下星期一開始路演，亞當和銀行家將會共同參與這次旋風式路演行程，爭取潛在投資人支持，這樣才能保留足夠時間，趕在猶太新年前公開上市。儘管孫正義態度有所保留，WeWork仍然和軟體銀行達成臨時協議，軟體銀行將另外購買價值十億美元的WeWork股票，投資WeWork首次公開發行。WeWork與Zoom即將達成投資協議，不過規模較小，Zoom預計購買價值兩千五百萬美元的WeWork股票。Zoom投資WeWork的消息並未對外公開，在當時得到Zoom認可並不是什麼了不起的大事，如果是發生在六個月後或許還比較有價值。但是，WeWork卻將他們和軟體銀行達成投資協議的消息洩露給媒體，以此證明投資人依然對WeWork抱持信心。WeWork上市股價可能會介於每股三十到三十六美元，換算下來公司價值大約介於一百二十到一百五十億美元，遠低於之前的四百七十億美元，但是包括紐曼、公司的多數投資人、以及其他早期加入公司的員工和高階主管在內，依然可以獲得可觀的報酬。

星期日當天，摩根大通和高盛的高階主管在WeWork雀兒喜總部會面，敲定最後價格。亞當也想要加入，但是有事無法分身。他必須拍攝公司路演宣傳影片，未來路演每一站都會播放這支影片給投資人觀看。之前亞當就已經想好了影片主題和標題：**陽光從未照射在我們身上**。他希望拍攝在全球各地工作的WeWork高階主管，另外還會拍攝虛擬人物吉姆·德西柯斯（Jim DeCiccos）在不同國家使用WeWork辦公空間的情景。（製作公司發出試鏡通知，尋找擁有「市井小民」長相的演員，意思是「長得好看，但不是模特兒」、「沒有古怪的刺青或是臉部穿孔」，但如果是「『正常』的刺青」可以接受。）

隨著夏季結束，拍攝影片的企圖心跟著大幅消退；有些人認為，亞當只需要重新錄製他在分析師日當天發表的談話內容就可以了。到了九月中，其他WeWork高階主管都已經拍攝完自己的片段，蕾貝卡在寫著「延續一生的生活教育」標語的招牌前方錄下自己的影片，但是亞當錯過四次錄影機會，造成WeWork損失數十萬美元。（他也錯過了原本約定拍攝新大頭照的時間。）由於首次公開發行日期已迫在眉睫，有些人開始考慮，在沒有亞當入鏡的情況下完成影片製作。

亞當是天生為舞台而生的人，依靠群眾能量而活，從不會錯失任何拿起麥克風的機會，但是拍攝影片並非他擅長的事。攝影機的紅燈無法帶來掌聲，再加上他有閱讀障礙，很難閱讀題詞機上的文字。但是這支影片必須經過證券交易委員會審核，所以不可能即興表演。亞當原本想要臨場發揮，但最後接受建議，照著劇本念。

到了亞當設定的起床時間，他還在辦公室思考自己究竟要說什麼。珍．巴倫特、亞提．明森、麥可．葛羅斯和其他高階主管陸續來到六樓，但多數時候亞當都無視他們。幾小時後，許多高階主管和銀行家紛紛離開，留下資淺員工確認亞當錄製完影片。一群製作小組在工作室待命，當亞當錄好的影片送達時就可以立即剪接，然後送到證券交易委員會，這是當天早上第一件要完成的工作。

下午五點左右，亞當終於離開他的辦公室，走到WeWork總部六樓撞球遊戲桌旁的電視機。他穿上一件正式西裝外套，沒有扣上鈕扣，他要求助理放點音樂。音響喇叭開始播放德雷克（Drake）[1]的歌曲〈從底層開始〉（Started from the Bottom）。亞當開口說話，努力想要跟上提詞機上滾動的文字，但依舊無法精準地念出腳本的內容。最後他看到一行文字寫著：如果WeWork成功募資三十億美元，摩根大根會在原本提供給WeWork的二十億美元信用額度之外，再增加六十億美元信用額度。總計WeWork將會獲得一百一十億美元的資金，用來擴張公司規模。

紐曼停頓了一下。「最後，是關於首次公開發行的好消息。」

影片錄製工作一直持續到晚上，麥可．葛羅斯是少數仍留在現場的高階主管。葛羅斯和某些員工與高階主管一樣，不怎麼關心銀行家為WeWork首次公開發行設定多高價格，因為過去幾年他已經出售部分股權。七月時，葛羅斯在洛杉磯買下一棟價值二千八百萬美元的房產，前屋主是佛利伍麥克樂團（Fleetwood Mac）的林賽．白金漢（Lindsey Buckingham）〔2〕，如果和亞當在馬林郡買下的價值二千一百萬美元（擁有一間吉他形狀房間）的新住家相比，葛羅斯顯然略勝一籌。當夜幕降臨，亞當仍在與影片奮戰，葛羅斯心情愉快地在房間內四處晃蕩，張開雙臂擁抱銀行家、律師和顧問，這些人感覺愈來愈洩氣，沒想到WeWork首次公開發行計畫中最簡單的工作，竟然花了這麼長時間。

亞當好不容易錄製完影片時，已經接近午夜。為了正式宣告收工，他要求每個人和他一起喝下最後一杯龍舌蘭酒，謝謝他們堅持到最後。「這是很好的案例，」他說，「說明為什麼你們不應該放棄。」

• • •

隔天早晨，在華盛頓特區的某個WeWork據點，某家數位媒體公司的員工發現，辦公室大門被一把雨傘卡住，這家公司向WeWork租用了一間四人辦公室。週末時這把雨傘突然掉落，正好卡住玻璃門、無法滑動開啟。牆壁沒有任何縫隙，對外窗戶也關著。用力推門或轉動門把也沒用。後來他們找來一塊磁鐵，但雨傘依舊紋風不動；其中一位員工嘗試用鐵絲衣架鑽進玻璃和鋁製支架之間的空隙，雨傘還是毫無動靜。不過這也沒什麼大不了。WeWork在華盛頓特區有十多個據點和閒置空間，員工只需要拿著筆電搬到同棟大樓樓下另一個閒置的辦公空間。WeWork團隊則是呆坐在辦公室裡，思考該做什麼。

當天早上，亞提・明森和珍・巴倫特抵達摩根大通總部，準備參加一連串會議。因為前一晚影片錄製花費太長時間，代表WeWork的銀行家不得不通知投資人，路演行程延後。在摩根大通會議室裡，有些人認為應該照常在這星期舉行：首次公開發行計畫已經走到了這個地步，如果這時更改時間，似乎有些難堪。但是摩根大通銀行家表示，他們不確定能否達到募資目標。如果是籌資十五億美元或許不會有問題，但若是如此，WeWork就無法取得六十億美元債務融資，因為根據之前協議，取得融資的前提是WeWork成功募到三十億美元。當初WeWork刻意放出消息，說軟體銀行支持其首次公開發行，沒想到卻產生了反效果，而且更加凸顯了一項事實：似乎只有

1 譯註：德雷克是加拿大饒舌歌手與演員。

2 譯註：佛利伍麥克樂團是英國老牌搖滾樂團，林賽・白金漢曾在其中擔任吉他手，兩度進出樂團。

亞當和孫正義真的相信，WeWork未來必定能達成最有企圖心的目標。有部分投資人甚至不願意保證會出席WeWork路演。

同時間，亞當正在WeWork位於中城的辦公室裡，與高盛兩位資深銀行家大衛・路德維希（David Ludwig）和金・波斯尼特（Kim Posnett）開會，這裡和摩根大通總部僅相隔幾個街區。如今摩根大通對於WeWork首次公開發行有些疑慮，亞當也對自己的「私人銀行家」失去信心。有些人懷疑摩根大通是否想要打退堂鼓，不願提供六十億美元貸款，所以完全不希望WeWork公開上市。

當天下午，巴倫特打電話給亞當，要他趕去摩根大通總部。銀行家堅稱，最大的問題就出在亞當身上。一位資淺的高盛銀行家對於紐曼在錄製路演影片期間表現出的行為，感到有些不安，於是打電話給摩根大通銀行家，詢問亞當在拍攝影片時是否有吸毒。之前諾亞・溫特魯布就曾特別交代紐曼，首次公開發行日期逐漸逼近，他應該要少抽大麻。亞當抵達摩根大通總部後，亞提便直接帶他到另一個房間，詢問他是否有吸毒；但他堅持說沒有。

同時間，WeWork公關團隊忙著與《華爾街日報》記者艾略特・布朗（Eliot Brown）周旋，因為報社即將刊登一篇報導，大肆爆料亞當的各種反常行為。[3]布朗在這篇文章中揭露了許多驚人細節，例如：有一次亞當在飛往以色列的班機上抽大麻，當時空服員發現了一個麥片盒，裡裝滿了準備在返航時使用的大麻；擁有這架飛機的主人要求，飛機返回美國時絕不能讓紐曼登機。和亞當相處過的人，對這些故事早就見怪不怪。此外WeWork支持者願意原諒亞當的脫序行為，只要他的個人魅力能夠持續推升公司財富就好。

如今WeWork處境危急，亞當成了公司最大的麻煩。銀行家認為亞當必須放棄更多控制權，這件事對他來說非常重要。傑米・戴蒙和大衛・路德維希告訴亞當，他必須完全放棄額外多出的投票權。開會中途，明森曾暫時離開會議室倒水，回到會議室後卻看到亞當大力揮動雙臂，對著摩根大通資產管理部門主管瑪莉・埃爾多斯（Mary Erdoes）大吼，原因是埃爾多斯告訴亞當，根據他們從投資人那裡得到的意見，她認為如果繼續讓亞當控制公司，WeWork的首次公開發行計畫很可能會腰斬。

但是亞當仍持續控制公司，他拒絕做出更多改變，希望依照原訂計畫完成首次公開發行。銀行家堅稱這根本辦不到，不會有太多投資人有興趣投資。他們建議將日期再延至深秋，他們希望到時候WeWork公布的第三季營收，能夠符合紐曼預估的成長目標，重新提振外界對公司的信心。

到了下午，亞當勉強同意延後首次公開發行日期。他的情緒跌落谷底。他原本就不想推動首次公開發行計畫，現在卻因為他個人名聲而讓計畫受挫。他在十年前創辦這家公司，如今控制權卻逐漸被削弱。一整天工作結束後，亞當和助理梅迪娜・巴爾迪搭車離開摩根大通總部，在車上亞當對巴爾迪大發雷霆。根據巴爾迪的訴狀內容，亞當提到巴爾迪請產假這件事，當面對著她

3 譯註：這篇報導文章於二〇一九年九月十八日刊登，標題為："How Adam Neumann's Over-the-Top Style Built WeWork. 'This Is Not the Way Everybody Behaves.'"

說：「希望你好好享受假期。」銀行家繼續留在辦公室擬訂新策略，同時間亞當要求WeWork企業溝通團隊發布聲明，對外表示公司仍會在今年上市。他希望在萬聖節之前完成首次公開發行。

• • •

隔天早上，WeWork在總部舉辦了另一場全體員工大會。但是所有人都明白，這時候很難再一次激起群眾熱情，幫助亞當恢復信心，所以公司決定捨棄實體聚會，要求員工透過視訊會議平台參加。到了上午十一點，米格爾突然出現在螢幕上，他站在貼著WeWork標誌的透明壓克力講台後方，說著一些老生常談，還提到透過這種方式對大家演講感覺有些新奇。他就位在大樓某個地方，但是多數WeWork員工不確定他究竟在哪。眼看著歷經磨難的領導人之一，在某個不起眼的房間內發表戰時演講，員工感覺彷彿經歷了一場《飢餓遊戲》（The Hunger Games）。沒多久米格爾將舞台交給亞當，迎接這名共同創辦人出場，米格爾擁抱對方時似乎有些不自在。他發現，亞當竟然盛裝出席。

「你穿了正式西裝，」米格爾說。

「這不是正式西裝，」亞當說，「只是西裝外套。」

亞當站定後便開始向員工演說，他雖然穿上西裝外套，但整個人看起來依舊有些邋遢。他告訴WeWork員工，過去一個月他變得「謙卑」，但是他很感激有機會擁抱自己的超能力，也就是改變的能力。亞當說，雖然他個人和公司「很會玩私有市場遊戲」，但是他也承認，他們還在努力理解成為上市公司可能面臨哪些現實問題。不過他依舊相當樂觀，相信外界會以更長時間、而不是壞消息不斷的那一個月，來評斷WeWork。

亞當說，他出差到各地爭取投資人支持時，發現還是有很多人喜愛這家公司，這給了他很大鼓舞，特別是國外看待WeWork的態度沒有像美國人那樣嗤之以鼻。「全世界每個人都相信We，」紐曼說。接著他聊起在蒙特婁出差時發生的一段小插曲，他說這是一次有趣的巧合，因為他最後一次造訪這座城市時，還是搞不清楚狀況，一直告訴別人他在多倫多。

突然間螢幕外有聲音打斷亞當。事實上他最近一次出差的確是在多倫多。

亞當立即修正說法，然後結束演講，大家聽完後都憂心忡忡。這是員工第一次看到亞當顯露出焦慮不安。亞當全權掌控公司的假象終於被戳破。他將麥克風遞給亞提，隨後亞提對著攝影機故作嚴肅地說：「早安，蒙特婁。」

• • •

隔天早上，孫正義在加州醒來，看到《華爾街日報》刊登了他這個徒弟的長篇報導。WeWork

企業溝通部門過去一星期，試圖阻止文章中提到的某些內幕消息見報，以前記者很難誘騙亞當的批評者透露他的故事，但是歷經過去一個月的混亂，甚至連親近亞當的人都意識到，只有他離開，公司才有未來。國王沒有死，但是要害怕的事會少很多。

孫正義在帕薩迪納（Pasadena）某間飯店舉辦一場聚會，邀請願景基金投資的企業參加，這是規模最大的一次。亞當理應要出席；孫正義甚至安排他坐主桌。儘管孫正義對WeWork首次公開發行有疑慮，他依然對亞當的願景充滿信心。但由於首次公開發行計畫充滿變數，亞當決定留在紐約坐鎮。

在活動現場，大部分時間，孫正義都在和投資人與願景基金投資的企業老闆談論亞當的事情；大家一致認為孫正義別無選擇，只能放棄他。孫正義在研討會上演講時，並沒有提到WeWork的名字，但他卻提醒願景基金投資的企業，獲利和公司治理非常重要。行為瘋狂遠遠不夠。

亞當回到紐約後，試著接受現實。九月十八日當天，也就是亞當原本設定的上市日期，一名員工看到他窩在自己的辦公室，觀看已經延遲好幾個星期、終於在幾天前拍攝完成的路演影片。他和身邊其他人一樣，似乎不太在意《華爾街日報》的報導，不過要不了多久他就會明白，充滿個人魅力的高速成長企業創辦人如果判斷錯誤，究竟會面臨哪些後果。同年一月，亞當個人出資三千多萬美元投資法拉第電網（Faraday Grid），這是一家蘇格蘭企業，成立目的是希望改造再生能源運輸技術，這是亞當成立的迷你版願景基金投資的另一家公司，這次投資法拉第電網的估值設定為三十四億美元，關鍵就在於他們開發的科技將會產生革命性影響，只不過他們不願透露太多細節；亞當堅信，不論什麼科技，都將「根本地改變未來我們取得和使用能源的方法」。紐曼發現，自己和法拉第電網創辦人安德魯・斯科比（Andrew Scobie）非常契合，這位澳洲人個性鮮明、充滿野心。走進斯科比的辦公室，會立刻看到一句名言，就展示在非常顯眼的位置，據他所說這句話出自亞當・史密斯（Adam Smith）：「所有金錢都是信仰問題。」

但是，自從亞當宣布投資法拉第，情況便逐漸失控。法拉第燒錢的速度相當驚人，短短幾個月員工人數成長三倍，他們在華盛頓特區某棟WeWork辦公大樓內租下大片空間。斯科比甚至動用公司資金給自己買了一支售價一千美元的鋼筆、整修自己的住家，並在愛丁堡為亞當的妹妹艾狄舉辦了一場奢華晚宴，當時艾狄代替亞當負責監督這項投資案。六月時，斯科比被拔除法拉第電網執行長職務。八月十四日，也就是WeWork公布展翅翱翔的當天，《華爾街日報》報導說，法拉第電網已經燒光資金，再也無法證明他們有能力根本地改變之前誓言要徹底顛覆的產業。〔4〕

• • •

4 譯註：原文標題為："Faraday Grid, Startup Backed by WeWork CEO Adam Neumann, Runs Out of Money," *Wall Street Journal*, Aug 14, 2019.

九月二十日星期五，也就是亞當同意延後首次公開發行日的四天後，一群來自WeGrow的學生，從他們位在WeWork大樓三樓的教室搭電梯到六樓，他們每星期會抽出一天到六樓銷售農產品。正好在二十日這一天，全球各地的兒童和大人同步參加一整天的氣候變遷遊行，為了地球的未來走出教室和辦公室，上街遊行抗議。WeGrow學生直接在六樓遊行，手上拿著抗議標誌經過亞當辦公室，標誌上寫著「地球只有一個」。抗議運動不斷在各地蔓延，在遊行現場隨處可見這句標語。

當天下午，在曼哈頓某家公司上班的年輕建築師尼爾．多斯桑托斯（Neal DosSantos）才剛在格拉梅西公園吃完午餐，正要散步回公司，轉眼間便看到亞當在人行道上腳步輕快地朝著住宅區方向走去，還一邊有說有笑地講電話。當時亞當正經過紐約地區歷史悠久的酒吧皮特酒館（Pete's Tavern），身上穿著灰色T恤、黑色長褲，赤著雙腳。

多斯桑托斯一眼就認出亞當。他有朋友在WeWork工作，過去幾年他也曾考慮應徵WeWork的工作。之前他就聽說過不少關於這位創辦人的傳聞，但此刻所見已說明了一切：亞當走路速度飛快、說起話同樣快速，他大概是唯一一位在人生最難熬的一星期，光著腳在紐約大街上走路的執行長。（當時亞當雇用的一位公關人員向我解釋這次意外，他說這就是亞當原本的樣子：他在基布茲社區長大，喜歡赤腳走路。他是基布茲尼克。我們應該要求他別再這麼做嗎？）

一整個星期，亞當大部分時間都躲在格拉梅西住家的車庫，所以他應該是在住家附近被多斯桑托斯瞧見的。那時候亞當已經惹上麻煩，應當多留意自己的言行舉止。媒體持續嚴詞抨擊他，就在當天有媒體爆料，紐曼夫婦和負責整修某棟住宅的承包商發生糾紛；同時間，針對WeWork的批評自四面八方湧來。聯準會波士頓分行總裁艾瑞克・羅森格倫（Eric Rosengren）發表聲明指出，一旦發生經濟衰退，他擔心如果WeWork因此倒閉，銀行和商業房地產地主將損失慘重。

短短一星期內，局勢便發生劇烈變化，亞當瞬間發現他必須起身奮戰，才能繼續控制自己創辦的公司。WeWork董事會正醞釀政變，其中有部分勢力來自軟體銀行，在WeWork董事會七席董事中，軟體銀行就占了兩席。長期以來，孫正義的高階主管們對於大老闆偏愛亞當感到非常洩氣，已開始密謀要把亞當拉下台。外界對於展翅翱翔的批評大部分和亞當有關，所以要說服其他人並不難。

對於標竿創投而言，是否要驅逐公司執行長，依舊是敏感話題。比爾・格爾利和公司合夥人一直不太信任亞當，但問題是，兩年前標竿才逼迫特拉維斯・卡拉尼克離開優步，直到現在公司仍無法完全擺脫罵名：外界指責他們任由創辦人胡作非為，然後再一腳把他們踢開。所以就這一點來看，標竿對軟體銀行實在沒有多大好感；前陣子格爾利接受消費者新聞與商業頻道訪談時就提到，願景基金「把資本當武器」，他們投資的每個產業都因此變得扭曲。再加上WeWork最大金主軟體銀行和摩根大通，也對WeWork首次公開發行失去信心，所以有不少董事會成員相信有必要改變。布魯斯・鄧利維打算當週飛去紐約，和亞當見面。

• • •

星期天，WeWork官方推特帳號仍試圖向大眾傳遞正面訊息：「今天你要如何度過放鬆時刻？#星期天自己照顧自己（#selfcaresunday）」這星期大部分時間亞當都待在漢普頓，他逐漸明白自己即將失去控制權。現在他依舊掌控WeWork，假使董事會成員圖謀不軌、想把他趕出公司，他還有能力解散董事會——這是冒險的做法，但過去十年他早已經歷過一次又一次危機。可是話說回來，如果亞當待在公司真的會對公司不利，那麼一旦他堅持留下並公開宣戰，那麼他個人的資產淨值也會受到衝擊。星期六晚上，亞當回到紐約市區，在格拉梅西的住處與巴倫特、明森，以及協助他管理家族投資辦公室（family investment office）的伊蘭．史騰（Ilan Stern）共進晚餐。他們分析說，亞當原本擁有五億美元信用額度，如今已經使用了三．八億美元，之前銀行提供的信用額度是以WeWork股票價值做擔保。如果公司倒閉，亞當就無法償還債務。珍和亞提都認為，這時候亞當應該將專業的自我放在一旁，為家族的財務未來著想。

隔天，亞當與傑米．戴蒙在摩根大通總部四十三樓見面。亞當告訴戴蒙，他不確定繼續擔任公司執行長是否還有未來可言。戴蒙表示同意。沒有任何醜聞或決策迫使亞當必須下台，公司創業頭十年，亞當沒有做錯事，但過去一年卻接連出現一個又一個汙點。根據某位熟知兩人交談內容的人士表示，當時亞當詢問戴蒙：「事情怎麼會走到這一步？你說的所有事情我都照做了啊。」

「亞當，我說的事情你一件也沒做。」戴蒙回答。

但是這句話不全然正確。過去幾年，摩根大通、軟體銀行和WeWork其他投資人不斷給予亞當機會和鼓勵。然而，一旦亞當反覆無常的行為威脅到他們自身的名譽，他們便開始攻擊他。當天晚上，亞當在中城一間餐廳的私人包廂，與布魯斯．鄧利維、特地從以色列飛來紐約的麥克．艾森伯格，以及曾在二〇一二年投資支持WeWork的史蒂芬．朗曼共進晚餐。這群人是最早認可亞當、歡迎他加入他們社交圈的企業菁英。晚餐氣氛雖然有些緊繃，但是他們的態度相當誠懇。他們告訴亞當，選擇在他；他仍然控制整間公司。但是他們三個人都認為，他應該辭去執行長職務。等到星期二早上董事會開會時，亞當的命運已成定局。〔5〕

5 譯註：二〇一九年九月二十四日，WeWork董事會宣布共同創辦人亞當．紐曼辭去執行長職務，但仍將繼續擔任公司非執行董事，由公司總裁兼營運長亞提．明森與前任副董事長塞巴斯蒂安．康寧漢（Sebastian Gunningham）擔任共同執行長。

24 美麗新世界
Brave New World

亞當辭職後，亞提・明森和塞巴斯蒂安・康寧漢（Sebastian Gunningham）以共同執行長身分召開全體員工大會。他們決定無限期延後首次公開發行。[1]依照蕾貝卡要求設計、印刷精美的四千份公開說明書，依舊包著收縮膜，沒有拆封。在全體員工大會上，亞提告訴員工無須擔憂。「每個人都喜歡反敗為勝，這將會是前所未見、最令人驚奇的反敗為勝故事，」他說。明森表示公司將進行裁員、削減成本，但是他承諾會以人性化方式處理。接著他開放員工提問。

「嗨！」一位員工說，「這是我加入WeWork的第二個星期。」每個人都忍不住笑出聲。

首次公開發行被迫延期，WeWork的發展前景充滿不確定，再也無法依照原先期望籌募三十億美元，原本公開上市後可獲得的六十億美元貸款也就此泡湯。先前所有人忙準備著首次公開發行，根本沒有人留意公司的財務狀況。摩根大通邀請一家重組公司，仔細研究WeWork財報。原

1 譯註：二〇二一年十月二十一日，WeWork與特殊目的收購公司（SPAC）BowX Acquisition合併上市，交易首日股價上漲十三・五%，收盤時股價為十一・七八美元。

本外部預估，公司擁有的資金足夠撐到二〇二〇年春季，但是會計師發現情況比預期的還要糟。當時已是十月，如果沒有新資金挹注，WeWork在感恩節之前就會燒光現金。

九個月前，亞當和艾希頓．庫奇一起接受消費者新聞與商業頻道採訪時，曾推估手上資金還可支撐「四到五年」，如今實際情況和當初所說的相差甚遠。之前亞當設定的WeWork二〇一九成長目標原本就充滿風險，現在公司已經無法籌募到九十億美元，自然不太可能達成預估目標。WeWork燒錢速度快得嚇人，現金儲備從六月的二十五億美元，迅速縮減至大約五億美元，如果低於這個數字，WeWork發行的七．〇二億美元債券將會違約。

有人預估，公司必須立即削減五億美元成本，才有可能生存。明森和康寧漢開始將大刀揮向紐曼帝國。大約有二十名亞當的朋友和親戚，轉調至其他職務或離開公司，包括麥可．葛羅斯、克里斯．希爾、亞當．坎摩爾和蕾貝卡。WeGrow宣布在這個學年度結束後就正式關閉。在賽富時大樓，亞當的空中水療中心被拆除；在雀兒喜，蕾貝卡辦公室的粉紅色沙發被移除，亞當的辦公室改為會議室。公司打算拍賣威爾德古斯一世私人飛機，因為他們看到有位員工在內部分類廣告上張貼一則拍賣訊息：「替一位朋友出售灣流G650噴射機，六千萬美元，價格可議。」

WeWork決定關閉亞當在夏季時，以四千三百萬美元買下的千居公司；重新出售之前收購的多家公司，其中一家的售價僅有四月時收購價格的百分之十一。公司不再租用新空間，並退租部分仍在施工的地方。WeWork西岸團隊發現，他們很難向新老闆解釋，當初決定租下創新藝人經紀公司大樓是合理的決策，現在看來依舊是如此。位於西雅圖的全新開發案被迫終止，開發案原本包括成立第三個WeLive據點，來自軟體銀行的團隊開始聯繫WeWork競爭對手，討論接手WeLive所有據點的可能性。亞當希望WeWork成為下一個亞馬遜的希望徹底破滅：公司將亞當下一座城堡的地點——羅德與泰勒百貨公司大樓——賣給亞馬遜。

這次裁員是最痛苦的一次：一萬五千名員工當中有許多人將會被解雇。明森和康寧漢制訂了許多計畫。經理人被要求擬訂方案，裁減百分之二十、四十、甚至百分之六十的人力。由於員工選擇在家工作，或是經理人感到羞恥，不願面對自己的團隊，WeWork總部大部分空間閒置。某天，一位正職咖啡師想到有些同事即將失去工作，忍不住啜泣。唯一的好消息是，沒多久公司就意識到必須延後裁員計畫，原因是：當時已是十月中，再過幾星期公司就要燒光現金，無法支付遣散費。

• • •

WeWork再度需要新資金挹注。董事會指派布魯斯・鄧利維和劉・法蘭克福思考可能的救援融資（rescue-financing）方案。部分WeWork股東認為公司應該申請破產保護，再想辦法重整。明森和巴倫特開始和摩根大通協商新的貸款方案，希望在不失去公司控制權的情況下，挽救公司命運。銀行同意提供五十億美元貸款，但必須以WeWork所有資產做為擔保。

另一家有興趣提供融資的公司是軟體銀行，不過當時軟體銀行自身也陷入了困境。軟體銀行總計投資WeWork超過一百億美元。除了二〇一六年曾經和紐曼一起花了十二分鐘參觀WeWork大樓，孫正義幾乎再也沒有進過WeWork辦公空間，但這次他花了四天參觀WeWork在日本成立的某個辦公空間，他承諾會運用自身專業分析WeWork業務，思考未來的發展方案。孫正義和亞當一樣，總以為自己是最懂的那個人。

但即便是孫正義本人，也不再百分之百確信自己的判斷。某天與願景基金投資人召開電話會議時，孫正義承認他對亞當太有信心。「我們創造了一頭怪獸，」他說。他開始告訴願景基金投資的其他企業執行長，要「清楚知道自己的限制」。接近十月底時，軟體銀行高階主管前往沙烏地阿拉伯，參加該國舉辦的年度金融研討會，他們期望沙國兌現承諾，投資第二支願景基金。但無論如何，WeWork的問題必須解決，十月二十二日軟體銀行和WeWork談判，軟體銀行提出了另一份貸款方案，與摩根大通五十億美元債務協議類似，但另外附帶一項提議，目的是希望透過軟硬兼施手法說服WeWork接受。如果WeWork選擇軟體銀行的方案，軟體銀行將會提高之前承諾的十五億美元貸款額度，同時將還款期限延至二〇二〇年四月。但是，如果WeWork選擇摩根大通的方案，原本的十五億美元貸款將全數取消。

不過這份協議還有一項額外條件：軟體銀行希望亞當徹底與公司斷開。董事會已禁止亞當進入WeWork總部。亞當的對外名聲早已迅速崩盤，短期內再也沒有機會翻轉。無論WeWork後來如何反敗為勝，如果亞當繼續和公司維持關係，一旦他惹上愈多罵名，對公司的傷害就愈大。

亞當明確告訴軟體銀行，他們必須確保他能安心地離開公司。孫正義指派他在軟體銀行的重要副手馬塞洛・克勞雷（Marcelo Claure）主導與WeWork的談判。克勞雷表示，除了提供五十億美元債務融資，軟體銀行願意從既有股東手中，買下價值三十億美元的WeWork股票。如此一來，軟體銀行幾乎完全掌控了整間公司。在這項協議中，WeWork估值僅剩八十億美元，和九個月前孫正義與亞當共同宣布的估值相比，前者只有後者的六分之一。

根據協議內容，亞當未來可出售價值九・七億美元的股票，大約是他手中持股的三分之一。軟體銀行還會提供他五億美元貸款，用來償還他的信用貸款，並免除一百七十五萬美元未報銷的個人開支，另外還會支付一・八五億美元的顧問費用給亞當。交換條件是亞當必須放棄超級投票權股票，交出董事長職務，離開前必須簽訂競業條款，保證四年內不得再創辦辦公室空間事業，與WeWork競爭。「亞當，我們信任過你，」克勞雷說，「現在該輪到你轉身離開，徹底償還那份信任。」紐曼答應成交。

確保公司資金無虞後，WeWork終於有能力支付裁員需要的資遣費。儘管有些事情維持不變，但可以確定的是，無限制成長年代已正式結束。所有工作任務依舊有代號，裁員計畫不變。一切以赫胥黎為依歸。WeWork自此進入了美麗新世界。

接下來幾個月，亞當創辦的公司逐步分崩離析，員工漸漸流失。明森和康寧漢卸下共同執行長職務，改由資歷豐富的房地產高階主管桑迪普・馬斯拉尼（Sandeep Mathrani）接任執行長。部分WeWork員工離開公司，加入其他規模較小的共同工作空間公司，或是成立自己的公司。蕾貝卡向WeGrow買下課程版權，成立自己的學校，她打算取名SOLFL。為了削減成本，WeWork決定終止公司的起家厝——格蘭街一五四號大樓的租約。

亞當離開幾個月後，某天米格爾走路經過掛在WeWork舊蓋科總部、百老匯大道二二二號大樓外牆上的霓虹招牌，他突然停下腳步。招牌上寫著「不要停止做白日夢」。亞當被驅逐後，米格爾繼續留在公司，但是現在他扮演的角色比起以前更模糊不清。公司曾考慮讓米格爾接任產品長，重新負責WeWork實體空間設計，但是他不想重操舊業。

二〇二〇年六月，米格爾宣布他將離開WeWork。那年春天，他看到「黑人的命也是命」（Black Lives Matter）〔2〕運動熱潮達到新高峰，內心深受感動。「在結構性種族主義下，我不僅是共犯，更從中得利，」他在Instagram上寫說。他承諾未來會做更多，對抗社會的不公平。但是WeWork卻在這時候，決定放棄推動文化轉型。米格爾離開後空出來的文化長職務，未來不會有任何人接任。如今的WeWork，只是一個態度謙卑的房東。

• • •

被迫離開投入超過十年歲月的工作後，亞當不知道自己要做什麼。他躲在格拉梅西的住處，《浮華世界》雜誌團隊到他家裡採訪，記者在文章中描述亞當在桌上放了一張卡片，提醒自己希望從這段經驗中學到的教訓：**傾聽、準時、成為優秀的合夥人**。他考慮飛去東京和孫正義見面、寫信給他的員工，但是新上任的WeWork管理團隊阻止他這麼做。

二〇一七年特拉維斯．卡拉尼克被逐出優步時，曾有部分員工抗議，因為他們無法想像公司沒有卡拉尼克。但是亞當卻徹底激怒了WeWork每個人，從高階主管團隊到他從未謀面的約翰尼斯堡新社群經理等。短短六個星期，大家終於明白，亞當的咆哮、反常與自命不凡，正是他能夠說服投資人和員工，相信這家辦公空間公司有能力改變世界的重要原因，但同時也是導致公司陷入危機的關鍵因素。當員工和WeWork股東得知，軟體銀行打算支付紐曼十億美元離職金、只為了將他逐出公司，所有人臉色瞬間慘白。

但是查明事件經過後，WeWork員工認為，該受到責難的不只紐曼一個人。曾有人向他們保證，房間裡會有大人；有時房間裡的大人告訴員工，他們就是房間裡的大人。《華爾街日報》曾

2 譯註：最早出現於二〇一三年。二〇一二年，一位非裔美國青年被槍殺，開槍的社區自衛巡邏員於隔年獲判無罪，對判決不滿的非裔族群在推特上發起#BlackLivesMatter的活動。到了二〇二〇年五月，非裔美國人喬治．弗洛伊德（George Floyd）因為涉嫌使用假鈔遭到警察圍捕。雖然在過程中他沒有任何抵抗，但是白人警察卻強行將他壓制在地，以膝蓋抵住脖子長達八分多鐘，導致他窒息死亡。這起事件再度引爆美國非裔族群的怒火，「黑人的命也是命」運動再次在全美各地蔓延。

刊登一篇報導〔3〕，提到軟體銀行的董事會代表馬克．舒瓦茲（Mark Schwartz）在某次會議上大暴走，起身向所有人宣告：「我已經沉默太久了。」不過當時大家都認為，這時候說這句話已經太遲了，所以沒必要認真看待。至於亞當身邊的人，有些因為害怕，所以不敢挑戰他；另外有些人則努力實現他的野心，只要他們手中持股價值持續上漲就好。不論房間裡的大人是誰，比起那些小孩，他們更不值得信任。「他們只是想讓亞當看起來像瘋子，」就在紐曼離開公司幾天後，一位房地產專家對我說。「這些人都有投資，所以很清楚條件是什麼，也知道公司治理出了問題，但是他們卻告訴這個傢伙：『做你自己，做十倍的自己。』他們到底在期望什麼？」

到了二〇一九年底，亞當、蕾貝卡和他們的小孩搭乘商務客機，從舊金山飛往以色列。大約二十年前亞當來到紐約，夢想著致富以後返鄉，現在他確實做到了。紐曼全家在台拉維夫的富豪社區住了一段時間，之後搬到城市北邊坪數更大的濱海房屋，距離亞當的駕駛教練艾瑞．埃根費爾德住家不遠，這名教練在多年前就曾預測亞當日後的發展。如今亞當成了紐約的笑柄，但是在以色列，陌生人擁抱他，餐廳老闆免費送餐給他，當年的地方小男孩終於成功了。如果亞當回到他成長的基布茲社區尼爾阿姆，就會看到當初付出勞力的成果：以前他吃飯的食堂，現在已經改建為共同工作空間。

幾個月後，也就是二〇二〇年二月底，艾許．戈爾德（Asher Gold）聯繫我，詢問我是否願意和亞當聊一聊，當時他答應這位企業界最聲名狼藉的先生擔任其發言人，在他之前已經替換過好幾人。沒有人預期亞當會永遠離開紐約，他們曾經親眼見證亞當如何憑藉自身能力創造成功。戈爾德希望先私下進行電話訪談，之後或許再安排在市區見面。

但是電話訪談從未發生，亞當返回紐約的時間也不斷延後。如果說亞當領取十億美元離職金這件事，代表十年過剩與成長時代的最高潮，那麼剛開始席捲全球的新冠肺炎，則是永久終結了這個時代。對WeWork而言，局勢再度出現變化。全球各地陸續宣告封城，未來充滿了變數，軟體銀行決定背棄原先的協議。軟體銀行表示，由於WeWork存在諸多問題，包括證券交易委員會、司法部和多名州檢察總長都已開始調查其首次公開發行，因此拒絕購買價值三十億美元的WeWork股票，原本WeWork打算運用這筆錢支付亞當的離職金。亞當立即對他過去的貴人提起訴訟。在撰寫這本書之際，亞當的十億美元離職金命運，已經交到法院手中。[4]

孫正義撕毀協議幾星期後，將當年度財務報告交給軟體銀行的股東。這一次沒有附上任何活動票券，但即使有，也不確定是否有人想要參加。當年軟體銀行的營運虧損超過一百二十億美元，創下過去十五年來最高紀錄。孫正義的第二支願景基金岌岌可危，但是他希望大家保持耐心：在

3 譯註：原文標題為："The Money Men Who Enabled Adam Neumann and the WeWork Debacle," *Wall Street Journal*, Dec 14, 2019.

4 譯註：後來亞當和軟體銀行達成和解，軟體銀行將以四．八億美元價格收購亞當持有的WeWork股份，另外支付約五千萬美元給亞當，用來支付訴訟費用。可參考："WeWork's Path to Markets Is Cleared as Co-Founder and SoftBank Settle Suit," *New York Times*, Nov 19, 2021.

電話會議上孫正義對投資人說，他或許被他的時代低估了，就和耶穌基督一樣。

報告時孫正義播放了一張簡報，畫面顯示有幾隻獨角獸在攀爬一座山丘。在爬坡過程中，有幾隻獨角獸掉入了意外出現的壕溝：冠狀病毒谷。好消息是，他依舊期待願景基金投資的部分企業前景看好。接著他播放下一張簡報，畫面顯示其中一隻獨角獸生出了翅膀。但現在的WeWork似乎不太可能起飛。軟體銀行再次調降WeWork投資價值：僅剩二十九億美元，大約只有一年前估值的百分之六。歷經一連串風波後，如今WeWork估值大約和國際工作場所集團相當。

回頭來看，紐曼創辦的事業正好契合二〇一〇年代的經濟環境：運用大批新出現的自由工作者，填滿大片閒置的房地產，然後說服大型企業認同社群主義精神；另一方面，由於全球資本過剩，任何懷抱夢想、具備足夠膽量的人，都能成功建立自己的企業怪獸。但是歷經十年榮景後，一股遠比亞當性格還要強大的力量開始浮現，原本存在於公司內部的矛盾逐一被揭露。「當社群開始受到檢視，也就是出現麻煩的時候，」亞當在二〇一五年說道。但是亞當從沒有成功建立他所承諾的人脈網絡社群。他的事業之所以成功，實際上是靠著將人們塞進更狹小的空間，但疫情爆發後這項特點變成了惡夢。春季時，各大城市實施封鎖令。會員不能進辦公室，WeWork仍強迫他們繼續支付費用，同時施壓房東調降WeWork支付的房租。曾經一邊喝著約翰走路黑牌、一邊和紐曼達成交易，將自己名下大樓出租給紐曼，成為WeWork第二個據點的大衛．札爾，語氣委婉地告訴WeWork，希望WeWork說話算話，之前亞當也曾這樣對他說過。但是資本主義已無法挽救基布茲，公司的社群精神早已消散殆盡，實體社群網絡正被病毒瓦解。

• • •

如果亞當從未遇見孫正義，事情會如何發展？WeWork有可能在二〇一七年燒光私有資金，然後在成立十多年後以某個估值正式掛牌，成為上市公司。公司成長可能會放緩，運作趨於成熟的辦公大樓將會創造可觀營收。或許沒有太多時間、金錢和自由成立學校和健身房，也無法投資好幾家咖啡奶精廠商。至於亞當是否會繼續留在公司，則是另一個問題。WeWork股東可能會要求任命性格更為沉穩的領導人取代亞當，或者亞當自己體認到公司不再是他能繼續留下來的地方。他是夢想家、銷售員，但不是經營者。到最後，他可能會覺得無聊乏味。

我們很難知道，亞當或是未來的創業家，應該從亞當個人的興衰學到哪些教訓。（某天我和史黛拉．坦普洛相約吃午餐，她拿到的幸運餅乾字條上寫著：「忘記不值得記憶的事情。」）或許，會有人對現代資本主義推崇的行為提出警告，例如創投生態系超額投資、短視近利；或是有資深人士出面提醒，狂妄自大將會造成危險。但另一方面，也會有人提供某種成功藍圖。有位知名的矽谷創投家為了做測試，逐一詢問新創企業創辦人他們對亞當有什麼看法；正確的答案是：認清他的錯誤，但同時肯定他創造的驚人成就。

回到二〇一〇年，也就是亞當和米格爾創辦 WeWork、孫正義提出三百年願景的這一年，這位軟體銀行創辦人說，地球曾經歷五次大滅絕。四億四千萬年前奧陶紀（Ordovician）結束時，地表急速降溫，百分之七十的生物消失。八千萬年後，海洋發生變動，同樣造成類似傷害。兩億五千萬年前的流星和火山活動，再度使得大量生物消失；六千五百萬年前發生的事件，導致更多生物滅絕。就在孫正義宣布成立願景基金時，曾經在地球上生活的所有物種當中，百分之九十九點九都已滅絕。

孫正義想要傳達的重點是，企業也會經歷類似的滅絕時期。真正的夢想家不會讓災難阻撓他們的企圖心。他們會努力生存下來，不斷改變自己。現在，亞當將自己困在家中，他具備的技能暫時無用武之地；走進會議室、用個人魅力說服所有觀眾，類似這樣的事情再也不可能發生。沒有人知道後亞當時期會是什麼樣貌，但除非資本主義的裝甲武力徹底瓦解，否則很有可能在某個地方的某個人，願意給予一位富有個人魅力、懷抱願景的人一次機會。如果亞當能從他的前任導師身上學到教訓，而且愈早愈好，那麼他必定會再度回到世人面前。

作者說明
Author's Note

這本書是我花費十八個月採訪、累積而成的心血結晶，一切開始於二〇一九年初我為《紐約》雜誌撰寫的一篇報導，後來文章標題定為〈我們當中的我〉。書中內容來自超過兩百次的採訪素材，採訪對象包括WeWork最資深的高階主管；各階層員工以及所有部門；促成WeWork崛起的房東和投資人；參與首次公開發行計畫的銀行家、律師和顧問；以及紐曼的朋友、批評者、崇拜他的人與競爭對手。除了上述採訪材料，我還查閱了各類文件、法律起訴文件、內部電子郵件與紀錄、當前新聞報導，以及其他記錄娛樂活動的資料。

許多WeWork員工熱心地想和我分享他們的故事。WeWork首次公開發行失敗後，我和一名離職員工相約見面，這名員工建議直接在WeWork辦公室碰頭。有什麼好怕的？他只是想要向我證明，在他離開公司四年後，可用來免費使用公司印表機列印文件的密碼依舊沒變。另外他也想要盡可能確定，我會如何撰寫這本書。許多人只願意匿名受訪，因為他們害怕遭到報復或是覺得難堪，又或者只想繼續向前邁入人生的新篇章。他們分享的故事不只是關於一家公司，更是一個時代的縮影，反映了創投業大手筆金援新創公司的二〇一〇年代光景。但是在撰寫這本書的同時，那個時代已戛然而止。紐曼、WeWork和軟體銀行仍在打官司，另一個新時代正要開始，這個新時代與當時促成WeWork崛起的經濟衰退，倒是有許多相似之處。

致謝
Acknowledgments

首先謝謝為這本書提供支持的WeWork員工，願意和我們聊聊他們的經驗。許多人連續受訪好幾個小時或是接受好幾次採訪，卻沒有收取任何回報，他們說，就把我們之間的對話當作是免費治療。這本書如果沒有你們，就不可能完成。

這本書如果沒有以下記者同業協助，就無法變得完整，特別是：布朗、莫琳・法瑞爾（Maureen Farrell）以及我的同業兼室友、《華爾街日報》的大衛・貝諾特（David Benoit），《彭博社》的愛倫・休特，《快速企業》的布魯克與莎拉・凱斯勒（Sarah Kessler），《真實交易》（*The Real Deal*）、《商業內幕》（*Business Insider*）與《資訊》（*The Informaiton*）的員工，《喧囂》的莫伊・特卡齊克（Moe Tkacik），《紐約時報》的大衛・吉爾斯（David Gelles）和艾美・喬齊克（Amy Chozick），《錐子》（*The Awl*）的布蘭登・歐康納（Brendan O'Connor），《金融時報》的艾瑞克・普萊特（Eric Platt），《房地產週刊》的湯瑪斯・霍布斯，播客節目《WeWork的衰落》（*WeCrashed*）製作人以及其他許多人。吉德恩・路易斯－克勞斯（Gideon Lewis-Krauss）、艾瑞兒・李維（Ariel Levy）、瑪麗莎・梅爾策（Marisa Meltzer）、加布里爾・

謝爾曼（Gabriel Sherman）與安德魯・萊斯（Andrew Rice）等人，在這段探究WeWork的旅程中，一直扮演著慷慨大方的旅伴角色。

感謝薩凡納・路易斯（Savannah Lewis）、拉姆齊・哈巴茲（Ramsey Khabbaz）和提姆・法喬拉（Timmy Facciola）協助研究這本書，感謝梅拉夫・佐斯恩（Mairav Zonszein）在以色列迅速提供協助。我在《紐約》雜誌的同事布里奇特・雷德（Bridget Read）針對蕾貝卡・紐曼早期的生活經做了精彩報告。布蘭登・羅伊（Brendan Lowe）協助追查米格爾・麥凱爾維的大學籃球隊教練。彼得・拉赫曼（Peter Lachman）幫助我理解金融產業運作。我非常感謝傑克・比特爾（Jake Bittle）在龐大壓力之下依舊表現出色，盡可能確保這本書的內容正確。

在我擔任記者的生涯中，得到許多人幫助。這裡只能列出部分名單：凱文・阿姆斯壯（Kevin Armstrong）、多恩・特魯普（Don Troop）、布萊德・沃爾文頓（Brad Wolverton）、艾瑞克・努斯鮑姆（Eric Nusbaum）、麥可・霍夫曼（Mike Hofman）、大衛・歐文（David Owen）、彼得・坎比（Peter Canby）、布雷克・埃斯金（Blake Eskin）、艾美・戴維森（Amy Davidson）、蘇珊・莫里森（Susan Morrison）、班・麥格拉斯（Ben McGrath）、尼克・鮑姆加藤（Nick Paumgarten）、大衛・雷姆尼克（David Remnick）、威靈・戴維森（Willing Davidson）以及其他許多人。我特別感謝工作了五年的《紐約》雜誌所有人。諾琳・馬龍（Noreen Malone）給我機會，並從旁協助我完成〈我們當中的我〉這篇報導。邁克斯・里德（Max Read）重新調動文章順序，花了幾天完成編輯。尼克・塔波爾（Nick Tabor）、麗茲・波伊德（Liz

Boyd）以及雜誌的事實查核部門，幫我節省了不知多少時間。謝謝以下這些人的好脾氣與支持：詹姆斯・沃爾許（James Walsh）、艾莉森・戴維斯（Allison Davis）、莫莉・費雪（Molly Fischer）、露絲・史賓賽（Ruth Spencer）、麗莎・米勒（Lisa Miller）以及《紐約》雜誌編輯工會談判委員會的成員。謝謝亞當・摩斯（Adam Moss）讓我為他的雜誌寫稿，謝謝大衛・哈斯基爾（David Haskell）讓這本雜誌達到了新高度。謝謝安・克拉克（Ann Clarke）給我需要的時間撰寫這本書。謝謝帕姆・沃瑟斯坦（Pam Wasserstein）和她家族的努力經營，謝謝吉姆・班科夫（Jim Bankoff）和沃克斯媒體（Vox Media）延續這本雜誌驕傲的傳統。

謝謝克里斯・帕里斯－蘭姆（Chris Parris-Lamb）把握機會決定出版這本書，謝謝凡妮莎・莫布利（Vanessa Mobley）不顧過程中可能的阻礙，相信我有能力寫書。謝謝芭芭拉・克拉克（Barbara Clark）協助審稿，謝謝班・艾倫（Ben Allen）和湯姆・路易（Tom Louie）確定所有事情順利完成。謝謝伊莉莎白・加斯曼（Elizabeth Gassman）和莎拉・鮑林（Sarah Bolling）提供各種幫助，謝謝萊娜・里特（Lena Little）和艾拉・布達（Ira Boudah）將這本書帶給全世界。謝謝蕾貝卡・加德納（Rebecca Gardner）、賈斯潘・丹尼斯（Caspian Dennis）與休・阿姆斯壯（Huw Armstrong）將這本書帶到英國。

謝謝星期四成員在工作與生活上給予我指引，包括：鮑伯・費雪（Rob Fischer）、潔西卡・維斯伯格（Jessica Weisberg），特別是卡蒂亞・巴赫科（Katia Bachko）不顧隔離以及照顧學步幼兒的麻煩，讀完這本書的初稿。謝謝以下這些人提供住宿和精神支持：尼克・薩爾特（Nick Salter）和安東尼・

莫庫里奧（Anthony Mercurio）；凱莉・桑德蘭（Kylee Sunderlin）與拉拉・芬比納（Lara Finkbeiner）；以及路克（Luke）和珍娜・奧勒林（Jenna Oehlerking）。謝謝卡洛琳・威德曼（Carolyn Wiedeman）幫忙照顧我的貓。謝謝ＫＫ蘋果（KK Apple）和凱西・皮尤（Casey Pugh）幫忙分擔數不清的雜事。謝謝所有在堪薩斯市、紐約和其他地方的朋友和家人。

在撰寫這本書的過程中，我時常想起我的媽媽菲菲・威德曼（Fifi Wiedeman），她向我展現了真正的社群應該是什麼樣貌，以及建立社群必須投入多大心力。我每天都很想你。爸爸、山姆和凱蒂，我真的很愛你們。我最想感謝的是蘿倫・格林（Lauren Green），你的真心和智慧存在於書中每一個字。

FOCUS 29

億萬負翁

亞當・紐曼與共享辦公室帝國WeWork之暴起暴落

Billion Dollar Loser

The Epic Rise and Spectacular Fall of Adam Neumann and WeWork

作　　者　里夫斯・威德曼（Reeves Wiedeman）
譯　　者　吳凱琳
責任編輯　林慧雯
封面設計　蔡佳豪

編輯出版　行路／遠足文化事業股份有限公司
總 編 輯　林慧雯
社　　長　郭重興
發行人兼出版總監　曾大福
發　　行　遠足文化事業股份有限公司　代表號：(02)2218-1417
23141新北市新店區民權路108之4號8樓
客服專線：0800-221-029　傳真：(02)8667-1065
郵政劃撥帳號：19504465　戶名：遠足文化事業股份有限公司
歡迎團體訂購，另有優惠，請洽業務部(02)2218-1417分機1124、1135
法律顧問　華洋法律事務所　蘇文生律師
特別聲明　本書中的言論內容不代表本公司／出版集團的立場及意見，
由作者自行承擔文責。

印　　製　韋懋實業有限公司
初版一刷　2022年8月

定　　價　580元
I S B N　9786269584475（紙本）
9786269622320（PDF）
9786269622337（EPUB）

國家圖書館預行編目資料

億萬負翁：亞當・紐曼與共享辦公室帝國WeWork之暴起暴落
里夫斯・威德曼（Reeves Wiedeman）著；吳凱琳譯
一初版一新北市：行路出版，
遠足文化事業股份有限公司發行，2022.08
面；公分（Focus；29）
譯自：Billion Dollar Loser:
The Epic Rise and Spectacular Fall of Adam Neumann and WeWork
ISBN 978-626-95844-7-5（平裝）
1. CST: 紐曼（Neumann, Adam, 1979-）　2. CST: 企業經營
3. CST: 企業管理
494　　111006347